人力资源和社会保障部职业能力建设司推荐
冶金行业职业教育培训规划教材

炼钢厂自动化仪表
现场应用技术

张志杰　等编著

北京
冶金工业出版社
2012

内 容 提 要

本书以炼钢生产为背景,内容包括:常规自动化技术概述,核心自动化技术研究,关键连锁控制,实用案例剖析,电气、仪表、自动化配套规程与管理制度等。考虑到自动化专业应用的普遍性,不同工艺之间有共通之处,本书所涉及的技术案例,除适合炼钢现场外,在其他行业领域对于指导现场生产和维护也具有一定的借鉴价值。

本书可供从事工业仪表、自动化技术的科研设计人员和生产检修维护人员使用,也可作为电工、仪表工、操检人员二次培训提高的教材,同时也能满足大中专院校自动化、电气、仪表专业师生了解工业现场自动化技术实际需求状况的要求。

图书在版编目(CIP)数据

炼钢厂自动化仪表现场应用技术/张志杰等编著.
—北京:冶金工业出版社,2012.1
冶金行业职业教育培训规划教材
ISBN 978-7-5024-5771-6

Ⅰ.①炼… Ⅱ.①张… Ⅲ.①炼钢厂—自动化仪表—职业教育—教材 Ⅳ.①TF758

中国版本图书馆 CIP 数据核字(2011)第 216253 号

出 版 人 曹胜利
地 址 北京北河沿大街嵩祝院北巷 39 号,邮编 100009
电 话 (010)64027926 电子信箱 yjcbs@ cnmip. com. cn
责任编辑 宋 良 王雪涛 美术编辑 李 新 版式设计 葛新霞
责任校对 王永欣 责任印制 李玉山
ISBN 978-7-5024-5771-6

北京百善印刷厂印刷;冶金工业出版社发行;各地新华书店经销
2012 年 1 月第 1 版,2012 年 1 月第 1 次印刷
787mm×1092mm 1/16;15.25 印张;395 千字;226 页
40.00 元

冶金工业出版社投稿电话:(010)64027932 投稿信箱:tougao@cnmip.com.cn
冶金工业出版社发行部 电话:(010)64044283 传真:(010)64027893
冶金书店 地址:北京东四西大街 46 号(100010) 电话:(010)65289081(兼传真)
(本书如有印装质量问题,本社发行部负责退换)

委　员

宝钢集团上海梅山公司	朱胜才	吴文章	天津钢管集团公司	雷希梅
萍乡钢铁公司	邓　玲	董智萍	江西新余钢铁公司	张　钧
武钢集团鄂城钢铁公司	袁立庆	汪中汝	江苏苏钢集团公司	李海宽
太钢集团临汾钢铁公司	雷振西	张继忠	邯郸纵横钢铁集团公司	阚永梅
广州钢铁企业集团公司	张乔木	尹　伊	石家庄钢铁公司	金艳娟
承德钢铁集团公司	魏洪如	高　影	济源钢铁集团公司	李全国
首钢迁安钢铁公司	习　今	王　蕾	华菱衡阳钢管集团公司	王美明
淮阴钢铁集团公司	刘　瑾	王灿秀	港陆钢铁公司	曹立国
中国黄金集团夹皮沟矿业公司	刘成库		衡水薄板公司	魏虎平
河北工业职业技术学院	袁建路	李文兴	吉林昊融有色金属公司	赵　江
昆明冶金高等专科学校	卢宇飞	周晓四	津西钢铁公司	王继宗
山西工程职业技术学院	王明海	史学红	鹿泉钢铁公司	杜会武
吉林电子信息职技学院	张喜春	陈国山	河北省冶金研究院	彭万树
安徽工业职业技术学院	吴胡颂	秦新桥	中国钢协职业培训中心	梁妍琳
山东工业职业学院	王庆义	王庆春	有色金属工业人才中心	宋　凯
安徽冶金科技职技学院	郑新民	梁赤民	河北科技大学	冯　捷
中国中钢集团	刘增田	秦光华	冶金职业技能鉴定中心	张志刚

特邀委员

北京中智信达教育科技有限公司	董事长	王建敏
山东星科教育设备集团	董事长	王　继
北京金恒博远冶金技术发展有限公司	董事长	徐肖伟

秘　书

冶金工业出版社　　　宋　良（010-64027900，3bs@ cnmip. com. cn）

序

吴溪淳

改革开放以来，我国经济和社会发展取得了辉煌成就，冶金工业实现了持续、快速、健康发展，钢产量已连续数年位居世界首位。这其间凝结着冶金行业广大职工的智慧和心血，包含着千千万万产业工人的汗水和辛劳。实践证明，人才是兴国之本、富民之基和发展之源，是科技创新、经济发展和社会进步的探索者、实践者和推动者。冶金行业中的高技能人才是推动技术创新、实现科技成果转化不可缺少的重要力量，其数量能否迅速增长、素质能否不断提高，关系到冶金行业核心竞争力的强弱。同时，冶金行业作为国家基础产业，拥有数百万从业人员，其综合素质关系到我国产业工人队伍整体素质，关系到工人阶级自身先进性在新的历史条件下的巩固和发展，直接关系到我国综合国力能否不断增强。

强化职业技能培训工作，提高企业核心竞争力，是国民经济可持续发展的重要保障，党中央和国务院给予了高度重视，明确提出人才立国的发展战略。结合《职业教育法》的颁布实施，职业教育工作已出现长期稳定发展的新局面。作为行业职业教育的基础，教材建设工作也应认真贯彻落实科学发展观，坚持职业教育面向人人、面向社会的发展方向和以服务为宗旨、以就业为导向的发展方针，适时扩大编者队伍，优化配置教材选题，不断提高编写质量，为冶金行业的现代化建设打下坚实的基础。

为了搞好冶金行业的职业技能培训工作，冶金工业出版社在人力资源和社会保障部职业能力建设司和中国钢铁工业协会组织人事部的指导下，同河北工业职业技术学院、昆明冶金高等专科学校、吉林电子信息职业技术学院、山西工程职业技术学院、山东工业职业学院、安徽工业职业技术学院、安徽冶金科技职业技术学院、济钢集团总公司、宝钢集团上海梅山公司、中国职工教育和职业培训协会冶金分会、中国钢协职业培训中心等单位密切协作，联合有关冶金企业和高等院校，编写了这套冶金行业职业教育培训规划教材，并经人力资源和社会保障部职业培训教材工作委员会组织专家评审通过，由人力资源和社会保障部职业能力建设司给予推荐，有关学校、企业的编写人员在时间紧、任务重的情况下，克服困难，辛勤工作，在相关科研院所的工程技术人员的积极参与和大力支持下，出色地完成了前期工作，为冶金行业的职业技能培训工作的顺利进行，打下了坚实的基础。相信这套教材的出版，将为冶金企业生产一线人员理论水平、操作水平和管理水平的进一步提高，企业核心竞争力的不断增强，起到积极的推进作用。

随着近年来冶金行业的高速发展，职业技能培训工作也取得了令人瞩目的成绩，绝大多数企业建立了完善的职工教育培训体系，职工素质不断提高，为我国冶金行业的发展提供了强大的人力资源支持。今后培训工作的重点，应继续注重职业技能培训工作者队伍的建设，丰富教材品种，加强对高技能人才的培养，进一步强化岗前培训，深化企业间、国际间的合作，开辟冶金行业职业培训工作的新局面。

展望未来，任重而道远。希望各冶金企业与相关院校、出版部门进一步开拓思路，加强合作，全面提升从业人员的素质，要在冶金企业的职工队伍中培养一批刻苦学习、岗位成才的带头人，培养一批推动技术创新、实现科技成果转化的带头人，培养一批提高生产效率、提升产品质量的带头人；不断创新，不断发展，力争使我国冶金行业职业技能培训工作跨上一个新台阶，为冶金行业持续、稳定、健康发展，做出新的贡献！

本 书 序

目前，我国钢产量已连续多年居于世界首位，其中自动化技术的广泛应用与不断提高发挥了重要作用。自动化作为一门综合性较强的学科，广泛应用于系统运行、自动控制、电力电子技术、信息处理、试验分析、研制开发、电子与计算机技术应用等多领域、跨专业的范畴。在现代化的炼钢生产过程中，铁水钢水重量自动采集计量、副枪自动测温取样、转炉与钢包精确底吹、VD 与 RH 的真空度控制检测、连铸机漏钢预报等技术都离不开自动化仪表的支撑。这些技术能否精准高效地运行，不仅关系着炼钢生产的节奏与效率，更关系到新产品能否顺利研发、质量是否稳定、成本能否下降等多个环节。因此，基础自动化，尤其是自动化仪表，在业界一直被称为生产和设备的"眼睛"，为冶金生产特别是炼钢生产提供了强有力的信息化支持，起着不可替代的作用。

近年来，国内出版的介绍自动化理论、生产过程控制的著作相对较多，侧重介绍一线自动化技术实际应用的相对较少；侧重自动化仪表系统的硬件与软件结构、PID 组态和反馈控制的研究相对较多，结合现场生产工艺与维护的书籍相对较少，在一定程度上反映了理论与实际的脱节。从事科研和设计的工程技术人员，迫切需要了解现场实际应用的情况；现场一线人员也亟须总结在生产实践中获取的宝贵经验，提高处理实际问题的综合能力。本书作者以生产现场维护与应用为立足点，结合自身实践，对炼钢厂自动化仪表系统做了系统、全面、详实的阐述，其中不少技术的实践经验与国际先进经验是同步的，值得科研与设计人员借鉴。

尤其需要关注的是：国内钢铁企业先进自动化流水生产线的大量投运，客观上要求从事自动化技术维护的电工、仪表工提高综合素质，增强实际处理问题的能力，借助手传、口授等传统的"传帮带"方式，可以满足一般维护工作的需要，但生产中遇到的新技术和新员工的不断补充，不少的优秀案例、处理方法得不到很好的传承，当事者单凭大脑记忆的东西也会随着时间的流逝而模糊。本书恰恰填补了这个空白，书中的案例篇中列举了大量的案例，打破了以往各专业之间的界限，结合现场科研、维护、抢修的实际案例，汇总集成，成为本书的一大特色。

本书作者是在生产一线的管理者和工程技术工作者，无论是在技术应用的高度上，还是在处理实际复杂问题的能力上，都具有丰富的实践经验，而且掌握的生产一线实际案例相对较多。不难想见，作者在学术工作和文字写作方面所能占用的时间和精力是有限的，能够克服困难，笔耕不辍，倾注自己的心血，耗费大量的精力，把丰富的实践经验上升为理论知识，形成了指导性较强的技术诀窍总结，无形中彰显了作者对钢铁事业的挚爱情怀的奉献精神。

我一向钦佩作者的学识和文笔，承蒙信任，有幸审读了本书的初稿。作者扎根生产一线，在繁忙的工作条件下，不厌其烦地对书中内容进行修改、补充和完善，精神可嘉。我在审阅过程中也获得了很多新知识、新理念和新方法，受益匪浅，感受颇多。

值此我国钢铁工业综合实力迅速提升，产品结构不断优化，国家《钢铁工业"十二五"发展规划》正式发布之际，本书的出版，对于改善我国钢铁工业技术和促进自动化工程技术进步，会有具体而扎实的贡献。本书是自动化工程技术与现场维护相结合为数不多的技术专著之一，相信会受到广大冶金工作者的欢迎。

济南钢铁集团有限公司副总经理　徐有芳

2011 年 11 月

前　　言

统计显示，冶金、石化、电力是自动化仪表技术应用比较集中的三大行业，大量的电气、仪表设备加上 PLC、DCS 控制系统组成了一条条生产线的后台技术支持。它们虽然所处的行业不同，但从专业的角度讲，技术原理都是相通的。作者自工作以来，一直从事自动化工程技术应用与研究，接触了许多行业的电气、仪表、计算机项目现场安装、调试、检修与维护，积累了大量的处理现场问题的经验。作者在多次参加 120 吨、210 吨转炉建设项目的基础上，以 120 吨转炉、精炼、连铸机组成的炼钢厂为范例，详细介绍了从钢前到钢后的现场自动化技术应用情况。

自动化设备，尤其是仪表设备，一直被称为生产和设备的眼睛，在炼钢厂更是直接参与生产连锁，对稳定产量和质量有着举足轻重的作用。2000 年以前，国内炼钢厂 120 吨以上转炉不多，且集中在宝钢、首钢、鞍钢、武钢、唐钢、马钢、包钢、本钢等原部属大型企业。随后几年，情况发生了很大变化，以济钢、邯钢、安钢、沙钢、莱钢、酒钢、昆钢、三钢、日钢等为代表的冶金企业发展迅速，通过新建大中型转炉使钢产量大增，在钢铁产业格局中异军突起，占据了重要地位。

长期以来，国内出版的介绍自动化理论、生产过程控制的著作比较多，但侧重介绍一线自动化技术实际应用的著作相对较少，在一定程度上造成了理论与实际的脱节。而从事科研和设计的工程技术人员，迫切需要了解现场实际应用的情况；现场一线人员也亟须总结生产中的经验，提高处理实际问题的能力。本书突破了电气、自动化、仪表专业之间的界限，是在结合现场科研、维护、抢修实际经验的基础上撰写而成的。全书内容体系新颖，传统理论叙述较少，侧重现场实际，不仅可作为炼钢厂自动化仪表专业工程技术人员、操作人员和维修人员的参考资料和培训教材，也可满足自动化采购人员、设计人员以及高校师生对选型组态、了解现场实际情况的需求。

在本书的撰写过程中，柳润民、张海昆编写了第 2 章，唐立冬、李殿明编写了部分资料；刘华、刁承民编写了第 3 章，杜波、刘国华提供了部分参数；胡勤东、张炳光编写了第 4 章，张瑜、辛乐众、张仲良、曹先锋编写了部分现场案例。

本书在撰写过程中得到了济南钢铁有限公司邵明天副总经理的精心指导和帮助，在此表示衷心的感谢！

如何对现场工程技术及时收集与总结，并实现有效的传播，本书作者做了一定的尝试，但由于编者水平所限，尽管付出了极大的努力，在撰写过程中仍难免有不妥之处，恳请广大读者不吝赐教，恳请各位专家、学者批评指正。联系电子邮箱：0531zzj@163.com。

作　者

2011 年 7 月于济南

目　　录

1 炼钢现场常规自动化技术

炼钢厂自动化仪表技术主要涉及温度、压力、流量、物位、称量、通信、分析等常规检测仪表和由核心自动化仪表组成的过程控制系统（在后面章节详细讲解）。本章重点介绍现场铁水称量技术、新型工业电视技术、现场通信技术。

1.1 自动化仪表发展概述

自动化仪表技术是自动化科学的重要组成部分，看到"仪表"两个字，人们很容易想到电流表、电压表、示波器等实验室中常用的测试仪器。自动化仪表不仅仅是这些通用仪表，而是指生产自动化中，特别是连续生产过程自动化中必需的一类专门的仪器仪表，其中包括对工艺参数进行测量的检测仪表，根据测量值对给定值的偏差按一定的调节规律发出调节命令的调节仪表，以及根据调节仪表的命令对进出生产装置的物料或能量进行控制的执行器等。这些仪表代替人们对生产过程进行测量、控制、监督和保护，是实现生产过程自动化必不可少的技术工具。

自20世纪30年代以来，自动化仪表技术得到了惊人的发展，已在工业生产和国民经济各行业中起着关键的作用，自动化水平已成为衡量各行各业现代化过程控制水平的一个重要标志。过程控制通常是指石油、化工、电力、冶金、轻工、建材、核能等工业生产中连续的或按一定周期程序进行的生产过程自动控制，它是自动化技术的重要组成部分。在现代工业生产过程中，过程控制技术在实现各种最优的技术经济指标、提高经济效益和劳动生产率、改善劳动条件、保护生态环境等方面发挥着越来越大的作用，而自动化仪表是生产过程自动控制的灵魂。

自动化仪表的发展大致经历了以下几个阶段：

（1）仪表化与局部自动化阶段（20世纪50~60年代）。20世纪50年代前后，自动化仪表在过程控制中开始得到发展，一些工厂实现了仪表化和局部自动化。这是自动化仪表在过程控制发展中的第一个阶段。这个阶段的主要特点是：采用的过程检测控制仪表为地基式仪表和部分单元组合式仪表，而且多数是气动仪表；过程控制系统的结构绝大多数是单输入－单输出系统；被控参数主要是温度、压力、流量和液位4种工艺参数；控制的目的主要是保持这些工艺参数的稳定，确保生产安全；过程控制系统分析和综合的理论基础是以频率法和牛顿物理学原理为主体的经典控制理论。

（2）综合自动化阶段（20世纪60~80年代中期）。在20世纪60年代，随着工业生产的不断发展，对自动化仪表提出了新的要求；电子技术的迅速发展，也为自动化技术工具的不断完善提供了条件，自动化仪表控制开始进入第二阶段。在这个阶段中，工业生产过程出现了一个车间乃至一个工厂的综合自动化。其主要特点是：大量采用单元组合仪表（包括气动和电动）和组装式仪表。与此同时，计算机开始应用于过程控制领域，实现了直接数字控制（direct digital control，DDC）和设定值控制（statistical process control，SPC）。在自动化仪表过程控制系统的结构方案方面，相继出现了各种复杂的控制系统，如串级控制、前馈－反馈复合控制、Smith预估控制以及比值、均匀、选择性控制等，一方面提高了控制质量，另一方面也满足了一些特殊的控制要求。自动化仪表控制系统的分析和综合的理论基础由经典控制理论发展到现代控制理论。控制系统由单变量系统转向多变量系统，以解决生产过程中遇到的更为复杂的问题。

（3）智能自动化阶段（20 世纪 90 年代中期至今）。20 世纪 90 年代中期以来，随着现代工业生产的迅猛发展以及微型计算机的开发与应用，自动化仪表的发展达到了一个新的水平，实现了全车间、全工厂甚至全企业无人或很少人参与操作管理，过程控制最优化与现代化的集中调度管理相结合的方式，即智能自动化的方式；过程控制理论发展到现代过程控制的新阶段。这是自动化仪表发展的第三阶段。这一阶段的主要特点是：在新型的自动化技术工具方面，开始采用以微处理器为核心的智能单元组合仪表（包括可编程序控制器等）；成分在线检测与数据处理的应用也日益广泛；模拟调节仪表的品种不断增加，可靠性不断提高，电动仪表也实现了安全防爆，适应了各种复杂过程控制的要求。在过程控制系统的结构方面，由单变量控制系统发展到多变量系统，由生产过程的定值控制发展到最优控制、自适应控制，由自动化仪表控制系统发展到计算机分布式控制系统等，大量的工艺模型运用到生产实际中。在控制理论的运用方面，现代控制理论移用到过程控制领域，如状态反馈、最优控制、解耦控制等在过程控制中的应用，加速了过程建模、测试以及控制方法设计、分析等控制技术和理论的发展。

当前，自动化仪表控制已进入计算机时代，也有人称为计算机集成过程控制系统（computer integrated process system，CIPS）的时代。计算机集成过程控制系统利用计算机技术对整个企业的运作过程进行综合管理和控制，包括市场营销、生产计划调度、原材料选择、产品分配、成本管理，以及工艺过程的控制、优化和管理等全过程。分布式控制系统、先进过程控制策略以及网络技术、数据库技术等将是实现计算机集成过程控制系统的重要基础。可以预计，过程控制将在我国的现代化建设过程中得到更快的发展。

1.2　自动化技术在工厂中的作用

自动化设备，尤其是仪表设备，一直被称为生产和设备的眼睛，仪表设备采集的工艺数据直接参与生产连锁，对稳定一个炼钢厂的产量和质量有着极其重要的作用。从早期的 PLC、DCS、伺服及变频器等单一产品的安装与调试，到现在多种产品的组合应用，自动化仪表技术在其中扮演了不可替代的角色。

1.2.1　自动化仪表技术提高生产效率

随着时代的发展，仪表这一古老的专业正逐步向着自动化演变。在冶金企业，作为自动化仪表应用最集中的炼钢厂，生产过程中更是应用了大量的自动化技术，例如副枪自动化炼钢、精细化底吹控制、连铸机漏钢预报系统等自动化技术，不仅关系到生产的稳定，而且对保证产品的质量起着举足轻重的作用。

除此之外，制造企业需要确保制造工艺和生产车间之间衔接的有效性，以避免出现导致延误生产、废料过多和资源冗余等常见错误。如果不能准确地将数据从一个系统传送到另一个系统，或是将数据传送到错误位置，就会对生产调度、成本和产品质量产生严重影响。在小批量生产多种产品的市场订单需求下，要在正确的时间内协调并交付到正确地点的环境中，这种情况尤为常见。如果不能灵活指定转炉与连铸机的生产搭配，或者随机对钢种及其相关冶炼程序进行修改，就会直接降低生产效率；反之，如果不能对修改的记录进行及时有效的跟踪，也会给生产管理带来巨大的混乱。自动化仪表技术有效地解决了这些问题。大量带有记录功能的智能仪表与计算机控制系统有机结合，保证了生产有序进行和有据可查，较好地满足了炼钢生产的需要。

冶金行业的自动化技术经过多年的研究和发展得到了显著提高，有的技术处于国内领先地位，有的技术已经达到了国际先进水平，有的技术具有了自主知识产权并且其产品已经在行业内推广应用。之所以有这样的结果，一是在经济全球化、市场国际化的大环境下，企业认识到自动化仪表技术在企业发展中的重要作用，不采用自动化仪表新技术，就难以提高生产效率和产品质量，更难以在激烈的国际、国内的市场竞争中占有一席之地；二是企业看到了自动化仪表技术所产生的实实在在的效果和其给企业带来的巨大效益；三是企业在基建和技改项目上重视自动化仪表项目，肯于投资。

1.2.2 自动化仪表技术直接降低劳动强度

2005年之前，许多炼钢厂还没有设置转炉自动测温取样仪表，每次冶炼过程中间和出钢之前，都要依靠人工到倾斜的转炉前手动测温取样，岗位危险系数非常高。即使这样，取得的数据也只是接近钢水实际温度的参数，经常需要发挥操作人员的经验，用目测温度与仪表显示温度进行对比。

在炼钢厂，这方面较典型的例子是转炉的上料环节，最初的炼钢合金上料完全依靠人工推着独轮车完成，每个班需要安排3个人完成，后来演变成一个人操作卷扬按钮完成。现在的现代化钢厂里不需要为此设专人了，只需要安排主控工点几下鼠标兼职完成。

另一个典型的例子是连铸机结晶器的液位操作，以前由专人完成，一个班由两个人轮换操作，劳动强度很大，现在采用自动化控制，一个人就能胜任。有的钢厂甚至直接取消了这一岗位，直接由中包工兼任。

这方面的例子比较多，为了获得加热炉里的燃烧温度和火焰状况，生产工需要隔一段时间就到加热炉现场观察与测量，甚至爬到炙热的炉顶观测，现在借助测温系统和工业电视，在主控室里就可随时随地获得这些信息。

随着大量自动化仪表技术的推广应用，从装铁到炼钢，从精炼到连铸机，需要人工付出直接体力劳动的生产环节还局部存在，例如氧枪上粘挂的渣子的清理，但是这种环节已经越来越少了。自动化仪表技术的推广，为降低炼钢厂作业人员的劳动强度发挥着不可替代的作用。

1.2.3 自动化技术降低岗位定员

过高的劳动定员不仅增加人工薪酬费用，而且增加管理成本和相应的配套费用，通过提高企业的自动化程度，不仅可以充分发挥自动化的技术专长，有利于企业提高效率，而且还能降低人力投入，起到降低企业成本的作用。以炼钢为例，炼钢厂工艺流程有多种画法，图1-1和图1-2分别为炼钢厂简易流程和包含定员价值流信息的工艺流程图。

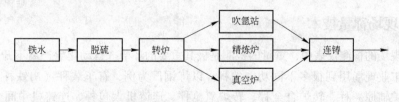

图1-1 炼钢厂简易流程

这是一幅通过现场实地统计得出的真实的现场流程，通过图1-2不难发现，一个现代化的炼钢厂真正需要的现场岗位人员数量与设计有极大的差距，即使与通常意义上的最少定岗人

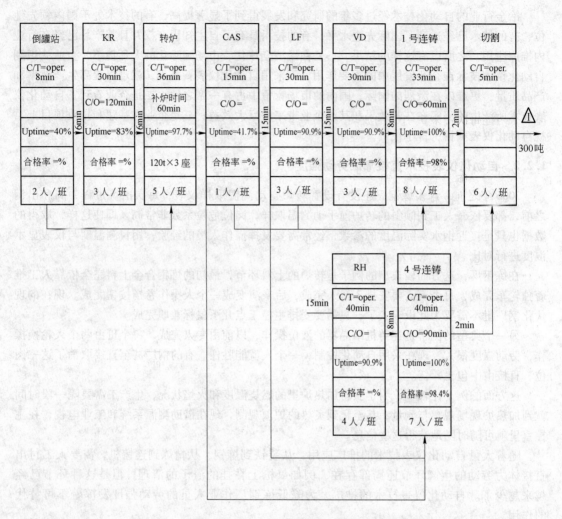

图 1-2　炼钢厂包含定员与价值流信息的工艺流程

员数量相比，也是相去甚远。毫无疑问，高度的自动化降低了实际需要的人员定额。

生产过程的自动化控制，是保证炼钢正常生产，提高生产率和改善产品质量的有效手段。可以说，在炼钢生产中，要把设备使用和工艺操作控制在最佳状态，主要取决于过程自动控制和检测仪表的精密程度。随着精炼、连铸技术的不断发展，需要在设备上配备精度越来越高的检测仪表和先进的自动控制装置，并应用计算机控制系统来实现连铸过程自动化。

1.3　工业现场称量技术

在冶金现场的检测仪表中，重量的检测是极其重要的环节。自动化生产离不开自动称量配料，因此，工业现场用到很多不同功能的秤。以炼钢厂为例，有车载秤（出铁秤、出钢秤）、废钢秤、转炉辅原料秤、转炉合金秤、转炉氧枪秤、连铸机大包秤、连铸机中间包秤、天车秤等。它们虽然用途各不相同，但基本是利用金属的弹性形变导致阻值变化的原理实现测量的，在现场遇到的问题也是类似的。考虑其对生产组织的影响程度，下面以车载秤为例加以介绍。

1.3.1　出铁秤（车载秤）

在炼钢厂，无论是采用混铁炉出铁方式还是采用鱼雷罐出铁方式，都要用到铁水车车载秤，也称为出铁秤，它是这个区域最重要的一个仪表设备，也是自动化炼钢的基础。尽管有经验的出铁操作人员可以根据铁水包壁的渣线出铁，但往往是每个包的耐火材料侵蚀情况并不一致，很可能每次带来 5~10t 的波动，这对于自动炼钢模型就是很大的影响了。一般从这里出来的铁水净重直接进入转炉的 L2 自动炼钢模型，采用自动化炼钢的钢厂很少有在输入界面预留人工设定窗口的，如果不能及时输入这一净重值，炼钢生产就会面临停产的危险。

济南金钟衡器等国内企业在铁水车设计、制造方面有较为成熟的经验，车载秤的设计成熟，车载秤应用技术处于领先水平。下面以此为例介绍一种比较可靠的铁水车车载秤设计。

通常工称 120t 转炉的铁水的装入量为 140t 左右，废钢的装入量为 20~26t，估计总装入量为 160~170t，出钢量在 152~160t 左右。考虑到配套的铁包重量（65t）及正常情况下载重包（约 210t）起落的冲击也在允许范围之内。这样在设计选型时，一般选择四个 100t 的传感器分置在铁水车的两侧，如图 1-3 所示。

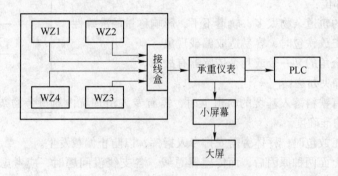

图 1-3　铁水称量车俯视图

图 1-3 中给出了一个以申克传感器和飞利浦显示表搭配的实例框图。考虑到 100t 申克传感器价格昂贵（约 10 万元），也有不少设计和使用部门开始采用余姚通用仪表厂、北京 701 研究所等国内有实力的传感器制造厂家的产品，实际效果也不错。现有的设计，基本满足了生产的需求，但从现场使用来看，还有改进的空间。因为对称重仪表传感器保护程度不够，以致造成整台地车无法使用的事例还是较为常见。例如，铁水车上的铁包经常一次出铁不能装满一包，需要长时间停在车上等待。如果没有冷却措施，铁包的温度会把传感器和信号传输电缆烫坏，影响正常出铁。因此，设计时需要重点考虑这个看似不重要的问题，在制造时配置冷却风管，到现场安装时再连接一根金属软管，通上压缩空气。金属软管不需要卷筒拖动，可以落在地面上或者悬在空中随车运动，一般情况下不会磨坏。压缩空气可以保证传感器内的温度不超过允许工作范围。

1.3.2　出铁秤现场常见故障

出铁秤与出钢秤类似，都属车载秤，是大型钢铁企业常用的计量衡器。它经常安装在炼钢车间的转炉前，用来称量转炉入炉的铁水。由于受到所处环境的限制，出铁秤常会出现一些故障。怎样快速排除故障，尽快恢复生产，是衡器技术人员面临的共同课题。

常见故障之一：拉线、烧线、短路使传感器及仪表烧坏。

故障原因及部位：

（1）用于称量铁水的车载铁包电子秤一般安装在混铁炉下面几米深的基坑中，有轨道可来回行进，当启动车速过快时易拉断传感器总线。

（2）出铁时，铁水四溅，如果传感器线缆无良好的防高温物质包裹，很容易把传感器总线及各支线烧毁。

（3）当车载出铁秤的电动机线与传感器各线同时烧成裸线时，电流可进入传感器及仪表内，传感器及仪表一同烧坏。

防止措施及解决办法：

（1）加强对现场人员的管理，使其对车体行程的距离长短、车速快慢有一定掌握。

（2）电动机线与传感器总线应分别安装在车载秤体两侧。

（3）为了防止电流进入传感器及仪表，在传感器总线处接一个保险装置。

（4）传感器总线及电动机线上各自串上电瓷管，外加蛇形金属管，并用石棉布包裹，这样就能非常有效地防止跑铁、漏铁时烧线及烧坏传感器。

常见故障之二：仪表显示称量包的重量与实际包重量误差过大。

故障原因及部位：

（1）秤体下的轨道杂物太多，轨道不平，影响称量的准确性。

（2）当天车工放铁包时，容易造成偏载现象。

（3）秤体四个角的某一个或几个传感器有故障。

防止措施及解决办法：

（1）当装铁有铁料落入基坑的轨道上时，需有专人清理坑内轨道旁的杂物，以保证秤体平稳，增强秤体的准确度。

（2）当天车工放包时，秤体旁需安排专人指挥，以防止偏载发生。

（3）当排除上面两种原因后，而传感器总线、各支线没问题时，应考虑是否是传感器损坏。此时应打开接线盒，将四个传感器中三条桥路的电位器线断开，留一个不动，用标准砝码去压保留传感器的秤体一角，记下数值，然后顺时针或逆时针逐一如上试法，通过记下的数值就会知道哪个传感器有故障。也可以通过将测量阻值与初始值做一个比较，就可以知道哪个传感器有故障。

从现场来看，由于出铁时铁水、渣子等高温液体的烫伤和反复运动对电缆的拉伸与折叠，信号传输电缆是最容易出问题的部位，这时最好的办法就是更换电缆。换电缆也很有讲究，首先建议选用 KVVRP6×1.5 带颜色的耐高温电缆，可以短时间避免一般的高温烫伤，但很难保证能够经受不停地来回反复的拉伸与折叠。如果有条件，可以直接选用拖链专用电缆，要比一般电缆耐用很多。每根芯子上最好带有不同的颜色，以便现场直接按照颜色对接。否则在线号印刷不清和现场倒罐坑昏暗的照明条件下，很容易接错线，既难以发现，又影响生产。

其次，最容易出问题的部位是传感器，这是因为有时铁水不足，不能一次出满一包铁，为了等铁水，半包铁水长时间（超过 30min）放在秤上，即使在传感器周围通了冷却风也很难避免传感器不被烫坏。有的传感器的耐温上限为 75℃，但时间长了传感器的阻值特性也会发生改变，造成出铁时铁水重量无规律波动，这时只能更换传感器。经济一些的办法是通过测量判断哪个传感器信号不稳，就更换信号不稳的那个传感器；更好的办法是同时更换 4 个，然后对下线的传感器送修。

除此之外，接线盒也会出现问题。接线盒平均一年出现两次问题，注意及时更换就可以了。由于设计一般选用申克公司的产品，价格大约在 3000 多元，也有不少厂家开始选择国产化的产品，因为两者在原理上是一致的，都是基于惠更斯电桥的平衡原理。

1.3.3 出铁秤的校准与数据传递

现场常用的校验方法是实物标定法，即先准备一个已经在更高一级计量秤上称好的实物包，重量与实际出铁重量接近，然后以此为准分别校验零点和量程。有时为了提高校验的精度，在两者中间设置一个中等重量的实物砝码，以便确保秤的线性；不过，现在的传感器制造技术已经很高，线性一般都比较好，可以忽略。但是，为了保证校准的可靠，建议还是按照计量程序进行。

首先进行空秤校准：将显示仪表通上电源，预热 30min，使衡器保持空秤状态。将后面的拨动开关"CAL"拨向 C 位置解锁，然后同时按下 B + T 键进入设置状态进行设置。按下 EN-TER 键，比如显示最大量程"230000"。按下 ENTER 键，提示进行空秤校准。保持空秤稳定，按下 ENTER 键，即完成空秤校准。按下 TARE 键，将后面拨动开关"CAL"拨回中间位置，返回称重状态。

第二再做称量校准：将铁水车开至装包区，然后执行带载校准。将标准包吊至铁水车上。键入标准包重量，按下 ENTER 键，将铁水车开至校验区，观察数值是否波动。如正常，重新进行一遍空秤校准，然后将后面开关"CAL"拨回中间位置，返回称重状态。计算

$$\Delta = A - B$$

式中，A 为称重显示值，kg；B 为标准值，kg。

若 Δ_{max} 的绝对值不大于允差的绝对值，判为合格，出具校准证书和原始记录，否则应检修调整，仍不合格者则禁用。铁水秤的校准周期一般为 6 个月。

现代大型冶金企业在自动化控制系统设计时，一般按照 L1、L2、L3 的模式进行配置。L1 是基础自动化级，负责收集现场传感器来的信号，控制现场元件；L2 是过程控制级，负责生产模型运算等；L3 是管理级，负责计划的下达。铁水重量信号一般参与 L1、L2 的控制，为了把从鱼雷罐到倒罐坑仪表显示的净重传到 L1、L2 网络中，可以通过 PLC 传递到转炉服务器，现场一般设置 2 台秤，可以共用一套 PLC。

如果现场的出铁秤不止一台，编程时需要分别定义不同的 PLC 的 IP 地址和内部寄存器地址。通过称重仪表的 4 ~ 20mA 输出送到 PLC 输入模块。例如，1 号坑，IP 地址为 172.17.48.83，寄存器地址：实型数（REAL）、400012 双整型（DINT）、400016 整型（INT）400018；2 号坑，IP 地址为 172.17.48.82，寄存器地址：实型数（REAL）400012、双整型（DINT）400016、整型（INT）400018。同类企业可以参照类似定义方法配置。

1.4 新型工业电视技术

视频监控是一门被用于安全的技术，早期的应用就是实时监视，作为报警系统的确认手段，一般称作工业电视系统。随着计算机技术的发展，又增加了记录复查功能。

在大型钢厂，工业电视是生产操作与调度组织中必不可少的两个部分，它对氧枪口、氧枪小车限位、汽包与除氧器液位、CO 煤气回收耦合器的监控，具有至关重要的作用。下面以天津三泰的工业电视系统为例加以阐述，重点讲述网络组态方法。

1.4.1 计算机网络结构工业电视组成

现在的电视技术已经突破了原来的视频输送,视频信号与计算机网络联系在一起,网络型工业电视不再是纯粹的硬件连接。现场的工业电视系统一般在调度室设置中心机房,采用计算机

网络控制,包括视频采集器、分控端主机、服务器和网络交换机,另外还有专门的软件系统。

机房放置三台采集器、六台主机、一台交换机、一台服务器及84in（1in=2.54cm）等离子屏幕。图1-4为此类设备现场布置的示意图。这些设备一般布置在靠近调度指挥中心的位置,能够及时观察与处理来自现场的各种图像。

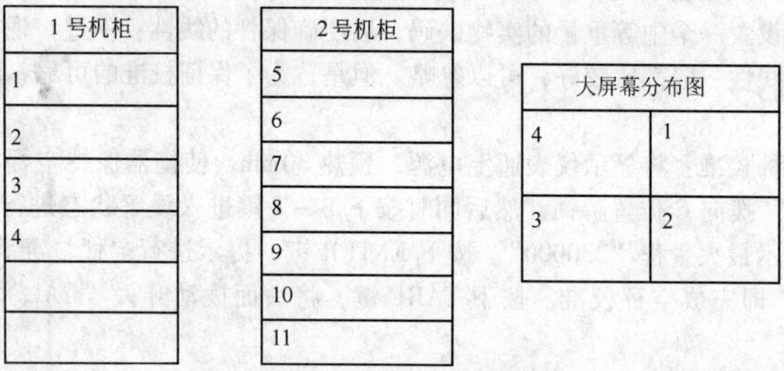

1号机柜
1
2
3
4

2号机柜
5
6
7
8
9
10
11

大屏幕分布图	
4	1
3	2

图1-4 机房设备布置图

1号机柜的正面示意图与地址设定:

1:服务器（HP）IP地址为192.168.0.12;

2:视频采集器IP地址为192.168.0.5;

3:视频采集器IP地址为192.168.0.4;

4:视频采集器IP地址为192.168.0.3。

2号机柜的正面示意图与地址设定:

5:网络交换机;

6:分控主机IP地址为192.168.0.11;

7:分控主机IP地址为192.168.0.10;

8:分控主机IP地址为192.168.0.9;

9:分控主机IP地址为192.168.0.8;

10:分控主机IP地址为192.168.0.7;

11:分控主机IP地址为192.168.0.6。

驱动屏幕的主机号11（192.168.0.6）对应4号屏幕,10（192.168.0.7）对应1号屏幕,9（192.168.0.8）对应2号屏幕,8（192.168.0.9）对应3号屏幕。

视频采集器共五台（十六路）,分控端主机六台,网络交换机一台（24口）,服务器（HP）一台。本次设计工作组为SUMTARGROUP,IP地址分段方法如下:

总分段地址为192.168.0.1～192.168.0.12;

视频采集器IP地址段为192.168.0.1～192.168.0.5;

分控端主机IP地址段为192.168.0.6～192.168.0.11;

服务器主机IP地址为192.168.0.12。

主机连接网络交换机顺序:

视频采集器连接顺序对应IP地址顺序为192.168.0.1-1,192.168.0.2-2,192.168.0.3-3,192.168.0.4-4,192.168.0.5-5。

分控端主机连接顺序对应IP地址顺序为192.168.0.6-9,192.168.0.7-10,192.168.

0.8 - 11，192.168.0.9 - 12，192.168.0.10 - 13，192.168.0.11 - 14。

服务器主机连接的 IP 地址为 192.168.0.12 - 17。

当前采集信号的数量及对应的主机：192.168.0.1 采集到 16 路信号，192.168.0.5 采集到 9 路信号。

为了便于生产人员观察，除了调度室设置大屏幕外，主控室也可以布置远程站，作为例子，一般在其中放置两台视频采集器和三个大屏幕，如图 1 - 5 所示。

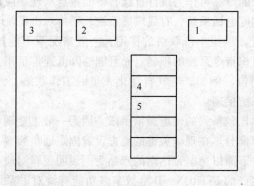

图 1 - 5　主控室设备布置图

图 1 - 5 说明：

1 是主控室左侧大屏幕；2 是主控室中间大屏幕；3 是主控室右侧大屏幕。

图 1 - 5 即为主控室 42in 等离子屏幕和机柜的示意图。驱动屏幕的主机号为 7（192.168.0.10） - 1，6（192.168.0.11） - 2，2（192.168.0.5） - 3。

视频采集器：

4：视频采集器 IP 地址为 192.168.0.1；

5：视频采集器 IP 地址为 192.168.0.2。

1.4.2　视频采集器和分控主机的设置与维护

每台视频采集器可采集到十六路视频信号，在视频采集器当中，只要启动服务段就可以了，进入系统后将锁打开，用户名和密码均为 super，注意是小写，采集器不能作为分控主机。

分控主机要启动分控端系统，然后输入用户名和密码（与视频采集器的相同）。在进行设置的时候，选择对话框下面的"小榔头"图标，左键双击"总部"，对于总部可以不进行设置，然后弹出"服务器"，在进行服务器设置的时候，注意想要看的采集器的 IP 地址和端口号为"5050"，然后进行"建立下级服务器"，现在即可以进行通道设置，在通道设置的时候，只需要注意"建同级服务器"，然后修改通道号，注意通道号不能重复。

在设置的时候，每台分控端主机均可对每台采集器每路进行信号连通，因为每台采集器的区别是 IP 地址不同，所以，当想要看哪路信号时，只需知道这路信号的采集器的 IP 地址和在采集器当中的通道号。每台分控主机每次只可显示十六路画面，所以，最大以十六位单位进行一次信号的开始预览。

维护中的注意事项：

（1）每台采集器和分控主机必须接入网络交换机，并且可以使 ping IP 地址能够相通。

（2）OA 系统要想看到的画面也要能够相通，每台 OA 系统中的主机都要装分控端软件

（在每台机器的包装里都可找到），同分控端的设置相同。

（3）出现断电现象时要重新启动机器，重新进行预览，否则将在大屏幕上显示死画面。本次设计的连接顺序，每台机器的 IP 地址和信号传输的设置均已描述。

1.5　现场广播通信技术

广播通信技术在现代工业企业中处于基础地位，也会影响到现场的生产是否顺畅。国内鞍山红盾、西湖电讯等厂家的产品可作为设计首选，下面重点从现场应用的角度阐述。

现场广播通信包括调度电话系统、有线广播系统、手持对讲系统等。调度电话主要面向工厂内部各个生产岗位布置，承担生产联络的作用，一般情况下不能与普通行政电话连接。这样，不仅可以保证生产组织指令系统的顺畅，而且能够降低通信费用。手持对讲系统功能定位在现场移动性比较强的岗位，例如，电气自动化人员的工作联络，天车和地面指挥人员的协调。一般也禁止与电话系统接通。

有线广播系统是一项比较新兴的现场通信手段，因为一般工业现场环境比较嘈杂，普通电话和对讲机无法滤掉噪声部分。在现场关键的地方设置固定通信装置，通过编程组态实现比较嘈杂环境下的通信联络。下面以德国音达斯的产品为例说明逻辑对应关系。

德国音达斯超尼克生产的 INTRON—D 全数字多功能有线对讲系统，提供用户在特定环境下对工业通信的特殊应用。全数字系统不仅保证了该系统与其他系统互不干扰，而且最低成本的两芯线技术使系统布线及故障判断达到最简化。固有的数字集中放大器辅助分组器及分组控制器，通过编程对扬声器进行智能化分组，带来特有的抗噪功能。独有的噪声补偿技术，在环境噪声高达 115dB 的情况下能保持清晰通话。另外，从优先等级考虑，系统设有 26 个优先等级，保证了生产指挥、广播、报警的畅通。数量众多的多种对讲话站，具有适应各种工业现场环境特点的全天候式、防爆式、嵌入式、台式、PC 对讲站等多种话站。

除此之外，系统考虑设计了最具安全性的非接触式室外话站功能。室外话站采用扳键式设计以及与使用者口、耳高度相当的麦克风及扬声器，通话时只需按下扳键听说，现场技术人员戴手套操作即可避免冷、热及有毒灰尘对人体的伤害。

对现场人员来说，唯一比较困难的是现场编程。维护时首先观察模板指示灯的状态，当出现红色状态表示此组话站存在故障，需要立即排查；指示灯为绿色状态代表正常，指示灯为绿色闪烁代表正在通信。出现故障首先用万用表测量线路两侧的电压是否正常，没有显示或者大于 60VDC 分别表示断路和短路，需要分别逐段检查线路，一般在与话站连接的地方容易出现松动。表 1-1 给出了部分站点之间的联络关系，可供现场维护人员借鉴参考。

表 1-1　1 号 CCM 有线对讲按键功能组态书

2 CAS	3 CAS	2 CCM	3 CCM				
			故障灯				
1 号切割室	垛板台	加热炉	2 号 LF	调度室	LF/VD	1 号 CAS	浇注平台
				脱引锭旁	中间罐维修	设备维修	连铸 L1 室
				连铸 L2 室	连铸 3 号配水室	连铸 2 号液压站	连铸值班区
				连铸 1 号配水室	连铸 2 号配水室	连铸 1 号液压站	硫印间

2 炼钢厂核心自动化仪表技术

本章重点对转炉副枪技术、连铸机漏钢预报技术、结晶器液位自动控制、VD/RH真空度控制技术等炼钢厂的关键技术加以阐述，这些技术不仅可以大幅度降低操作强度、提高自动化控制水平，而且直接影响炼钢厂生产的节奏与产品质量。CAS与LF精炼精细化底吹、RH真空处理、连铸机ASTC技术是仅次于前者的技术，也直接关系到产品质量与品种开发。这些内容会在随后的章节中加以描述。

2.1 脱硅工艺中的自动化仪表技术

2.1.1 脱硅工艺简介

为了及时降低铁水中硅元素的质量分数，可以用载流气体（$\varphi(N_2) \geq 99.9\%$）把铁精矿粉和CaO粉末加入到铁水包中，其中精矿粉末量不大于70%，粒度分布为0~0.5mm的占92.7%，0.5~2mm的占7.3%。脱硅剂堆密度约为2.2t/m³，脱硅剂中水分含量不大于1.5%。借助铁水的冲击，完成脱硅反应。但由于现场实践经验少，实际应用成功的案例并不多，这与自动化仪表控制的设计精度高低也有一定关系。

从现场应用来看，脱硅是一项新技术，脱硅过程中要严密监视铁水温度下降情况，铁水温度过低时要立即停止喷吹作业。脱硅过程中还要特别注意泡沫渣的形成，必要时应加入消泡剂。脱硅的料仓与铁水包的距离越近越好，否则难以避免粉末料的板结和堵塞。

2.1.2 脱硅工艺中的自动化控制技术

在整个脱硅处理中，称重系统是基础，因为由于秤的状态不稳或者精度太低，会造成过量喷入脱硅剂，引起剧烈氧化反应，造成喷溅。料仓设置电子秤连续称量料重，实现料位检测，控制室HMI显示料位，称量精度为±50kg。控制室的HMI上实现料仓高料位和低料位报警。喷吹罐内料量的称量设置大屏幕现场显示，并具有远传功能，称量精度为±5kg。

在脱硅工艺操作中，控制系统是关键，不但要把脱硅站气力输送设备中的压力、流量、称重等仪表信号，全部送入PLC系统，在HMI上显示和控制，还要保证料仓向喷吹罐中正常下料，同时考虑必要的电保温措施以防止脱硅剂在料仓中结块。料仓上部除尘器要求具有良好的除尘效果，排放气体含尘量标态不超过100mg/m³。除尘器为布袋式，设置脉冲电磁阀定时反吹，控制室设置反吹定时，料罐车向料仓加料时停止反吹，否则环境太差会引起操作人员无法操作而放弃。料仓下部应该设置电液动插板阀，用于设备检修，要求实现控制室HMI和现场两地控制。喷吹罐向铁水包内的加料速度一般在0.4~0.85t/min范围内，最大加料速度为1.0t/min。喷吹罐向铁水包内喷吹发送脱硅剂时，在输料管道末端的气流出口速度要求控制在2m/s范围内。

2.1.3 脱硅工艺中的主要自动化仪表

在脱硅处理中，气力输送设备的阀组中流量调节阀、压力调节阀至关重要，必须可以实现远程流量和压力设定，其动作要求灵敏、可靠。选用的仪表设备要求技术先进、质量可靠，可以使用国内有代理商或者从国内可直接采购的进口品牌。仪表包括所用的一次检测元件的连接件、取压管路、取压阀门、连接法兰、排污阀门等，气源部分包括过滤器、气动阀、流量调节阀、压力调节阀（带密封件、紧固件及配对法兰）。脱硅的主要仪表设备与功能见表 2 - 1，脱硅的主要 PLC 设备与安装位置见表 2 - 2。

表 2 - 1　脱硅的主要仪表设备与功能

设备名称与功能	数　量	型号规格	附　件	厂　商
一体化孔板流量计	4 台	3051SFP PN1.6MPa	三阀组	ROSEMOUNT
压力变送器	4 台	3051S1TG 0 - 1.0MPa	取压件	ROSEMOUNT
不锈钢压力表	14 台	G1/2B	取压管	GREATWALL
金属转子流量计	4 台	DN25 PN1.6MPa	法兰组	KROHNE
振动式料位开关	2 台	VIB43 G1 - L1200	法兰组	VEGA
气动调节阀	4 台	501T DN25	法兰组	KOSO
气动切断球阀	4 台	310K DN25	法兰组	KOSO
气动切断蝶阀	2 台	710E DN200	法兰组	KOSO
耐磨衬气动切断球阀	4 台	DN100 PN1.6MPa	法兰组	合资
称量装置	4 套	PR5610/PR6211	U 形架	PHILIPS
上料仪表控制盘	1 套	W600 × H2200 × D400	数显表	RITTAL
电气配电控制盘	1 套	W800 × H2200 × D600	电气件	RITTAL
现场操作箱	2 套	W400 × H500 × D300	按钮	RITTAL
阀站机械阀门	2 套	DN50 及以下	配管	RITTAL

表 2 - 2　脱硅的主要 PLC 设备与安装位置

名　称	型号及规格	数　量	安装位置
数字量输入模块	6ES7 321 - 1BL00 - 0AA0	4 块	仪表盘
数字量输出模块	6ES7 322 - 1BL00 - 0AA0	2 块	仪表盘
模拟量输入模块	6ES7 331 - 7KF00 - 0AA0	1 块	仪表盘
模拟量输出模块	6ES7 332 - 4BH00 - 0AA0	1 块	仪表盘
CPU	CPU315	1 块	仪表盘
电源	PS307 5A	1 块	电气盘
操作员画面	HMI/PC	2 台	操作台
40 针前端连接器	softlink	6 个	电气盘
20 针前端连接器	softlink	2 个	电气盘
适配器	softlink	1 个	电气盘
编程电缆	softlink	1 根	仪表盘
编程软件	Step7（开发版和运行版）	1 套	PLC
工控软件	WinCC（开发版和运行版）	1 套	HMI

2.1.4　仪表 P&I 系统原理

脱硅的设计和布置有很多种，但必须坚持靠近投料现场的原则，否则容易造成堵料。图 2 - 1

所示为一个脱硅处理的典型流程控制图，从现场来看，可以在现有基础上继续简化。毕竟喷吹是一个单一的流程，应该尽量减少自动化复杂程度，以确保系统稳定。

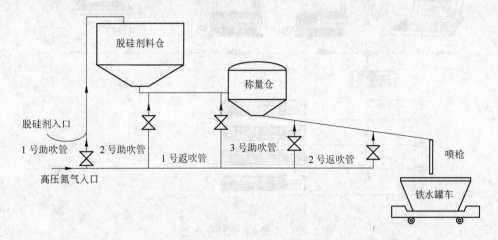

图2-1 脱硅处理流程控制图

2.2 KR脱硫生产中的自动化仪表技术

KR是机械搅拌法铁水预处理的简称，它是采用一个快速搅拌头在铁水内进行旋转，通过控制转速，使其形成强大的向下的铁水涡流，利于反应剂进入铁水深处，加快反应剂与铁水融合的处理速度，提高反应剂的使用效率。实验表明，这种机械搅拌法具有反应速度快、效率高、稳定性及可靠性较高的特点，能够大幅度降低新区高炉铁水有害杂质，减轻转炉冶炼负担，提高后续冷、热轧卷板产品质量，同时优化现有冶金工艺，为发展优势钢种、提高综合效益、提升产品的竞争力奠定基础。实现铁水预处理脱硫、脱硅、脱磷一步到位，是国内炼钢行业共同的追求，但成功的较少，目前大部分集中在脱硫。

相比之下，KR配置自动化仪表设备虽然较多，但大多集中在压力、氮气流量、铁水温度、脱硫剂的料位和称重等部位；也有企业设置部分硫、磷、硅成分检测仪表。根据现场故障概率统计，主要出现故障的部分是计算机网络和称重系统。

2.2.1 PLC自动化网络配置

KR的自动化网络相对比较直观，PLC的配置原则分为两个部分，一部分为脱硫剂供料和除尘，另一部分为脱硫站本体；相应的HMI监控着整个系统，并留有二级接口，一个本体站有一台独立的PLC和HMI（Human Machine Interface，一般指上位机画面）进行设备运动控制。

随着时间的推移，现场网络容易出现氧化和积灰，造成现场网络故障。出现故障的环节一般在网络的接头，时间长了会出现松动与氧化，表现为通信时好时坏，参见图2-2。

2.2.2 KR自动化仪表易出故障部位

由于炼钢厂恶劣的现场环境，在炼钢厂KR自动化仪表系统中有几个部位故障率高，维护量大。

（1）地车（钢包车、渣罐车、铁水车）。

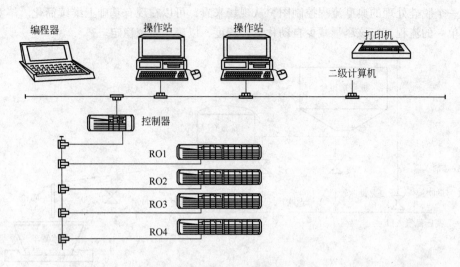

图 2 - 2　常规 KR 自动化布置图

采用传统的接触器加频敏电阻控制方案，经常出现控制回路元件烧灼、短路故障。目前，随着交流调速控制技术的迅速发展，变频调速控制系统成为交流传动的主流调速控制方案，应用变频控制系统，系统定位准确，故障率低，可以很好地满足生产工艺的需要。

（2）料仓高低料位报警、连锁。

料位开关粘料后无法正常旋转，导致始终输出一个开点或者闭点信号。

（3）锥形阀。

锥形阀由阀体、汽缸、阀板、气动系统组成。气动系统包含气动三大件和电控换向阀。气源由车间压缩空气管道提供。介质是压缩空气，压力为 0.4～0.7MPa。常见故障是因为气源压力低汽缸不动作和气源中含有杂质造成电控换向阀不换向。

（4）给料泵。

给料泵由泵体、流态化装置、氮气管、送料管等组成。整个装置通过三个传感器吊挂于支座上，并实时显示重量值。常见故障除了送料管堵塞外，还容易出现称重传感器机械挤压，造成仪表计量值不准确。

（5）扒渣机。

扒渣机不能前进、后退。除了检查钢丝绳松紧外，主要查看大臂是否返回中心和中心限位，限位卡死也会造成连锁条件不满足，必要时检查操作台控制信号线是否脱落。实际使用中，汽缸漏气、压缩空气压力低、管道与过滤器有水等也会出现不动的现象。

扒渣机不能下挖、抬起。先检查上下限位是否被卡，并在现场操作箱操作，如果正常，则可以判断是操作台手柄控制故障，需要检查信号有无。升降汽缸串气也会造成此类故障，判断的方法比较简单，检查是否有进出气声音，一般是电磁阀内部阀芯卡死不能换向造成。

2.2.3　KR 自动化仪表设备配置

铁水预处理是实现现代化炼钢厂优化生产工艺流程，即：铁水预处理——顶底复吹转炉——炉外精炼——全连铸和热送热轧的工艺路线的重要环节，作为新建的大型现代化钢厂，铁水预处理已经成为不可缺少的一部分，对于钢种的开发、钢材质量的提高起到重要的作用。铁水预处理主要分为脱硅、脱磷、脱硫。在本系统中铁水预处理设备主要由扒渣机、铁水倾翻台车、受渣台车组成。自动化设备所占比例相对较少。表 2 – 3 为与 KR 有关的主要自动化仪表设备信息,可供工艺设计和维护人员参考。

表 2 – 3 与 KR 有关的主要自动化仪表设备信息

序 号	设 备 名 称	数 量	功 能 描 述
1	压力变送器	10 台	氮气压力
2	差压变送器	5 台	氮气流量
3	孔 板	5 个	形成差压
4	料位开关	3 个	脱硫剂料位
5	料斗电子秤	1 台	称量投料量
6	气动薄膜开闭球阀	7 台	控制投料
7	自力式压力调节阀	5 台	压力减压设置
8	气动调节阀	3 台	粉仓压力调节
9	轨道衡	1 台	铁水重量称量
10	铁水温度测量装置	1 套	测 温
11	温度及重量显示装置	2 台	生产工用看板

2.3 转炉副枪测温取样技术

2.3.1 副枪技术概述

对于现代化转炉炼钢来说,顶底复吹技术的运用有效地提高了转炉的冶炼效率,但转炉炼钢的发展趋势是基于静态控制和动态控制的自动化模型炼钢,只有这样才能为全连铸及时提供合格的钢水。静态炼钢是指吹炼前通过对物料平衡和热平衡的理论计算,统计分析由相近炉次的实际值与其计算值的差异进行修正的增量法建立起的数学模型,通过计算机进行废钢、铁水、吹氧量及其他辅料设定,从而确定吹炼方式与吹炼时间,但在吹炼过程中不作任何测试和修正。在原料条件和工艺操作比较稳定,并较符合实际模型等条件下,静态控制的终点命中率为 60% ~70% ,比人工控制高 10% 左右。动态炼钢是指为了进一步提高终点控制的命中率,在吹炼过程中设法获得钢液温度和成分、炉内造渣情况等信息,通过较高的动态控制模型进一步调整吹炼制度,及时修正冶炼进展的轨迹,使之达到命中区。

随着自动化仪表检测水平的提高及其在工业领域中应用范围的扩大,采用副枪技术实现自动控制炼钢越来越成为可能。转炉副枪技术是一种快速、间断检测转炉吹炼过程中熔池温度及碳、氧含量等数据并取样的方法,它是转炉炼钢实现过程全自动化控制不可缺少的重要工具,它为操作人员及动态数学模型提供实时数据。副枪装置与其他的检测手段相比较,有下列长处:

(1) 功能较多,外接探头式的结构可以装不同功能的探头,以达到不同的检测目的。

(2) 枪体采用水冷结构,有较长的使用寿命。

(3) 结构中采取的安全措施很多,运行安全可靠。

测量速度快,精度高,在操作熟练后,碳含量和温度的命中率可达 90% 以上。

2.3.2　副枪技术的构成

下面以达涅利公司的副枪系统为例进行说明（图 2 - 3），该系统通过对冶炼过程中钢水的温度、碳含量、氧含量进行自动测量及自动取样，并通过与静、动态模型结合实现全自动炼钢。该系统主要包括四个组成部分：

（1）一个旋转平台或一台横移小车，上面装有一台卷扬机，用于与平台或小车相连的副枪体的升降；

（2）一个带有探头贮箱的自动探头安装系统（图 2 - 4），可确保探头安全存放，可自动选择探头和将探头自动装到副枪体上；

（3）装在转炉烟罩上或位于烟罩上方的设备，如一个副枪水冷插入口、一个密封罩和一台清渣装置；

（4）电气和仪表设备，如 DIRC，一台用于检测结果记录和解释的计算机。计算机与可编程序逻辑控制器相连，可作为转炉操作控制室计算机系统的连接设备使用。下面主要对副枪电气和仪表设备的测量系统硬件组成、电气控制系统、仪表测量原理、系统软件功能进行详细阐述。

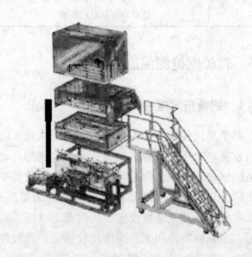

图 2 - 3　旋转式副枪　　　　　　　图 2 - 4　自动探头安装系统

2.3.2.1　副枪电气和仪表设备的测量系统硬件组成

副枪电气和仪表设备的测量系统由 DIRC5 信号处理单元、DIRC5 服务器、副枪系统 PLC、测量探头、探头连接器等组成，其中 DIRC5 信号处理单元由模拟量输入、高速 A/D 转换、信号处理等组成。为保证系统精度，DIRC5 系统配有一套校准装置，完成系统的校验。

2.3.2.2　副枪电气控制系统

副枪电气控制系统包括副枪提升驱动系统、副枪旋转驱动系统、APC 系统（探头自动装卸装置）、DIRC5 仪表系统。整个副枪控制系统由一套 PLC 系统集中控制，PLC 系统由 CPU、

NOE、EHC、DDI、DDO、ACI、ACO、XBE 等模块组成。副枪的自动控制过程分为连接周期、测量周期、复位周期3 个周期。

A　副枪提升驱动系统

副枪提升驱动系统的设备主要位于卷扬平台上，包括 1 台 55kW 三相异步电动机、AC 抱闸、减速机、用于速度控制的测速发生器和两个用于高度测量的脉冲发生器。电动机的速度调节依靠两套变频器来实现。

提升驱动参数（AC 电机）：VVVF 高速：2.5m/s；中速/事故速度：0.6m/s；低速：0.2m/s；定位速度：0.1m/s；定位精度：+/-1cm；最大行程：18.8m。

B　副枪旋转驱动系统

副枪旋转驱动系统的设备包括一个带抱闸 3kW 三相鼠笼电机、减速机、脉冲发生器、测速发生器。旋转速度由变频器控制，定位由脉冲发生器通过 PLC 完成，接近开关确定实际位置，超程开关用于硬接线停止。

旋转驱动参数：常规速度：1.33r/min；定位速度：0.27r/min；定位精度：+/-1cm；旋转半径：5900mm；最大旋转角度：104°。

C　APC 系统

APC 系统包括探头存储箱、探头选择和喂装部分、探头倾动臂、探头拆卸装置等。

（1）探头存储箱：有 5 个独立的存储室，每个可容纳 20 个探头。

（2）探头选择和喂装部分：喂装部分接在存储箱的底部，通过汽缸旋转喂装架选择所需探头。

（3）探头倾动臂：包括框架、导向漏斗、探头夹、AC 电机等。

（4）探头拆卸装置：安装在探头回收槽上方。测量之后，气动的探头拆卸装置夹住探头，提升副枪，使探头与其脱离。打开探头拆卸装置将探头送至探头收集槽。

D　DIRC5 仪表系统

DIRC5 仪表系统主要是将探头所测的数据进行分析处理，并将其结果（温度、碳含量、氧电势、氧活度、熔池液位置）显示在 HMI 画面上，存储在外接 PC 机中，便于进一步分析。

2.3.2.3　系统仪表测量原理

当副枪测量系统接收到来自 PLC 系统的启动测量指令时，首先将测量探头测到的模拟量信号通过模拟量输入模板送到高精度模数转换单元，然后进入信号处理单元，经过处理后的信号送到测量值显示单元进行显示。DIRC5 的数据采样周期为 40ms，采集的数据包括钢水温度、结晶温度（决定碳含量）、钢水中的氧含量、熔池的液位。整个探头的最长测量时间为 24s。DIRC5 信号处理单元是该系统的核心。当启动信号评价程序后，系统自动进行各个测量系统的评价，采用质量码判断给出测量值及精度。针对不同的测量信号，采用直接测量和间接测量两种方式进行数据处理。

直接测量是一种对熔池中钢水温度、结晶温度和钢水中的氧含量信号采用直接测量显示的方式。下面以钢水温度为例进行说明，表 2-4 为熔池中钢水温度信号评价的质量码定义。为了对测量结果进行评价，定义窗口由温度偏差 ΔT 和时间组成，并将其分成 6 个时间段，对应 7 个采样值，根据质量码的定义对采样值进行比较评价。利用质量码规定的窗口，在整个采样曲线上首先与质量码 1 进行比较，如不相符，则使用质量码 2、3 或 4，重复这个过程；如果找不到相符的质量码，则系统输出测量无效。

表2-4　熔池中钢水温度信号评价质量码定义

质量码	ΔT/℃	时间/s	采样数量	采样周期/s
1	1.5	1.2	7	0.2
2	2.5	1.2	7	0.2
3	3.5	1.2	7	0.2
4	4.5	1.2	7	0.2
F	无　效			

　　结晶温度及钢水中氧含量的信号评价原理与钢水温度类似，在此不再重复。

　　间接测量是指通过计算获得数据的方法。副枪浸入深度采用间接测量获得。在吹炼结束时，使用 TSO 探头进行测量，在测得熔池中钢水温度和熔池钢水中氧含量的同时，通过信号评价系统可得到浸入深度。其原理是：当探头以低速通过渣与钢水的接合面时，温度信号值和氧含量信号值将产生一个明显的跳变，通过二者曲线跳变关系及信号测量评价，可以间接测量副枪探头的浸入深度。

2.3.2.4　系统软件功能

　　DIRC5 系统的软件由一系列功能模块组成，如图 2-5 所示，主要由主程序模块、扫描模块、测量模块、数据显示模块、数据存储模块和通信模块组成。

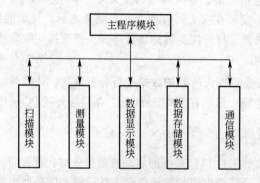

图2-5　软件结构框图

　　主程序模块：创建和释放缓冲存储区，启动、停止和监视 DIRC5 的整个处理过程。

　　扫描模块：对系统的开关量和模拟量输入信号进行扫描，扫描周期为 40ms。

　　测量模块：当副枪执行测量周期时，熔池温度、结晶温度、氧含量和副枪浸入深度通过测量模块完成信息的处理。测量模块由温度计算、碳含量计算、氧含量计算、副枪浸入深度计算 4 个子模块组成。

　　数据存储模块：DIRC5 信号处理单元的所有数据都进入到通用存储区。

　　数据显示模块：用于显示存储区里的数据。

　　通信模块：完成两个功能：一是 DIRC5 系统与副枪 PLC 之间的通信，通信协议为 ModBus；二是 DIRC5 系统与 DIRCPC 的通信，通信协议为 TCP/IP，该模块由数据接收和发送两个子模块组成。

2.3.3 副枪系统的性能和使用价值

（1）缩短出钢周期，提高生产能力。

副枪系统取消了人工取样和测温，既可节省时间，又不需要对操作人员有过高的要求。由于在取样和测温时，不再需要倒炉，因此可缩短出钢周期，从而提高转炉生产能力。

（2）提高冶炼效率和经济效益。

SDM 静态和动态控制模型可提高冶炼效率、吹炼终点温度和碳含量命中率。利用 SDM 系统，通过合适的过程控制，可为用户带来下列好处：

1）提高冶炼效率；

2）提高吹炼终点温度命中精度；

3）提高吹炼终点碳含量命中精度；

4）减少补吹次数；

5）降低炉渣中铁含量；

6）延长转炉炉衬的使用寿命；

7）优化废钢熔化效率。

（3）提高炉龄。

自动探头安装机构布置在远离转炉炉罩的位置，为操作人员提供一个更有利的工作环境。副枪系统关键设备采取的布置方式，使它们不会暴露在危害设备完整性的恶劣环境中。工艺过程优化和取消倒炉作业，都使用户能够有效提高转炉炉龄，使转炉在不采用溅渣护炉的情况下，出钢炉数增加量可高达 40%。

（4）提高设备利用率。

事实已经证明，达涅利康力斯副枪系统的总体设备利用率可达到很高的水平。各个钢厂安装的副枪系统总体设备利用率均已超过 93%。

（5）提高吹炼终点命中率。

吹炼终点命中率可用于说明控制模型的性能。如果设备运行正常，铁水、废钢和添加剂质量符合规定要求，达涅利康力斯副枪设备吹炼终点命中率可超过 90%。控制模型精度可通过最终产品主要技术指标的标准差来评价。标准差则反映目标值或预测值与实际检测值之间的偏差。

采用副枪系统可提高现有钢厂的生产能力，减小新建钢厂规模，降低投资费用；可改善钢材产品质量，同时降低吨钢生产成本。采用副枪系统、SDM 静态和动态控制模型，将有助于满足政府对污染物排放越来越严格的限制要求，并为操作人员提供一种更为安全舒适的工作环境。快捷高效的测量技术，为实现全自动模型炼钢打下了良好的基础，因此副枪技术在钢铁企业具有一定的推广价值。

2.4 钢包精细化底吹技术

在炼钢生产中，无论是转炉冶炼还是炉外精炼，都可以通过对钢包钢水进行底吹氩搅拌，有效均匀钢水温度及成分以改善钢水质量。长期以来，大部分冶金企业的钢包底吹搅拌系统一般靠两套阀门控制的底吹管线（每条管线装有切断阀和调节阀），来完成对钢包内钢水的底吹搅拌。

这种设计可保证正常情况下的钢水搅拌，但由于受阀门本身精度和动作速度的限制，在实际生产中很难根据工况变化实现灵活调节，有时还会出现钢水沸腾现象，与工艺要求有一定距离，因此开发一种动作迅速并可任意调节底吹流量大小的系统已很有必要。

根据对120t炉外精炼炉底吹氩的现场观察，对生产中常用的流量值建立模糊控制库，再借助排列组合和电路并联的原理，可开发基于电磁阀组的无级调节流量的底吹装置，在节约大量稀有气体的同时也获得了较佳底吹搅拌效果。

2.4.1　系统测量的数学原理

一座120t的转炉钢包吹氩流量，通常保守的设计为每条支路按$60 \sim 100m^3/h$考虑。根据多年观察，在正常搅拌过程中一般不会吹如此大量的氩气，操作人员希望按照更小的计量单位（（标态）L/min）随时进行调整，这样很容易达到最佳的底吹效果。常用的基本流量设定值见表2-5。此外对一座120t转炉钢包每一管路来讲，流量设定的最大值一般不超过600L/min（标态）。

表2-5　底吹搅拌中常用流量设定值（标态）　　　　　　　　（L/min）

支路1	支路2	支路3	支路4	支路5	支路6
10	20	40	80	160	320

运用排列组合知识计算：

$$10 + 20 + 40 + 80 + 160 + 320 = 630(L/min) > 600(L/min) \qquad (2-1)$$

如果6支管路同时打开，实际通过的气体流量值高于生产工艺的需求，完全可以满足生产工艺对底吹流量的上限要求；以10L/min为步进值，低于此上限值的设定值，也可以轻松获得。例如，流量设定为210L/min时，可由下式获得：

$$10 + 40 + 160 = 210(L/min) \qquad (2-2)$$

考虑到电磁阀具有快速开关的特性，表2-5中的支路1到支路6可以换成6个不同规格的电磁阀，通过上位机和PLC完成随机切换，使得流量调节就像开汽车换挡一样轻松。该方法巧妙之处在于根据现场实际的变化，不管是否出现部分透气砖堵塞，均可以任意修正设定数据。首先应用处理模糊和不确定性知识能力很强的粗集属性约简理论，减少非线性映射的输入纬度，按最小条件属性构建新的现场数据库，建立预测模型，以适应现场环境的变化。

2.4.2　系统的硬件构成与功能

考虑到实际生产中需要对压力检测，硬件中需有压力变送器，并在上位机上显示；用到的气体还有氮气，并需要考虑极端情况，因此设计了高压旁路，用来完成透气砖堵塞时的强吹。无级调速的钢水底吹搅拌系统如图2-6所示。

为便于理解系统的功能，在表2-6中对每个部件做了详细的解释。

钢包底吹系统工作时，操作人员首先可以选择底吹气体类型（氩气或氮气），通过电磁阀A1、A2的开闭选择使用何种气体进行搅拌；同时操作人员可对两路管线的气体流量进行设定，流量的选择由电磁阀a1~a6、b1~b6开闭组合完成；如在正常搅拌过程中出现钢包透气砖无法打开情况，此种情况可由出口管线压力检测元件1号管路出口气体压力高检测（PSH3）、2号管路出口气体压力高检测（PSH4）以及1号管路出口气体压力超高检测（PSHH1）、2号管路出口气体压力超高检测（PSHH2）完成。此时操作人员也可选择使用旁路搅拌，由电磁阀a7、b7完成控制，气体将以全压进行搅拌；如还无法吹开透气砖，操作人员可选择使用高压氩气进行吹堵操作，由电磁阀a8、b8完成此功能。

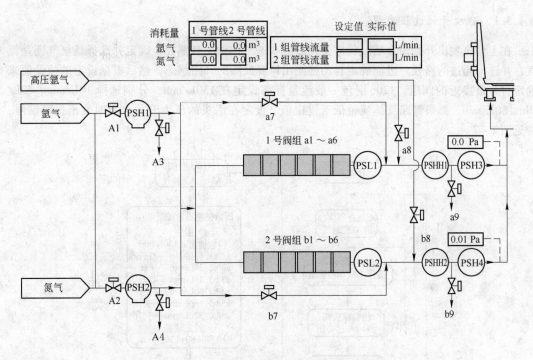

图 2 - 6　钢水底吹搅拌系统基本组成框图

表 2 - 6　元件代号及作用

设备号	作　用	设备号	作　用
A1	氩气入口阀	b8	2 号管线高压氩气阀
A2	氮气入口阀	b9	2 号管线出口释放阀
A3	氩气入口释放阀	PSH1	入口氩气压力检测
A4	氮气入口释放阀	PSH2	入口氮气压力检测
a1 ~ a6	1 号管线阀组	PSH3	1 号管路出口气体压力检测（高）
a7	1 号管线旁通阀	PSH4	2 号管路出口气体压力检测（高）
a8	1 号管线高压氩气阀	PSL1	1 号管路气体压力检测（低）
a9	1 号管线出口释放阀	PSL2	2 号管路气体压力检测（低）
b1 ~ b6	2 号管线阀组	PSHH1	1 号管路出口气体压力检测（超高）
b7	2 号管线旁通阀	PSHH2	2 号管路出口气体压力检测（超高）

2.4.3　系统的控制逻辑与软件组态

在实际生产中，为降低操作人员的劳动强度，整个底吹搅拌系统的各种工作状态均为自动操作，同时操作员可根据搅拌情况在人机界面上进行人工干预。人工干预操作一般在以下情况时使用：当操作人员根据钢水的搅拌要求设定气体种类及搅拌流量时，或者在搅拌过程尤其是开始搅拌阶段，根据搅拌情况决定是否使用旁通搅拌及是否使用高压氩气吹堵操作。以下为各阶段状态流程。

2.4.3.1 底吹开始过程流程

在上位机发出开始命令后,程序要判断底吹的气体种类和路径。确定并选择是氩气还是氮气,并选出通过的路径。进而确定自动检测出口释放阀的开闭状态,然后根据设定的流量值来确定打开最接近的阀组。120t 钢包一般流量标态设定在 130L/min,分别选择 10L/min、40L/min、80L/min。如果管路气体流量低于设定值,设定在后头的压力开关会及时发出报警信号,参见图 2-7。

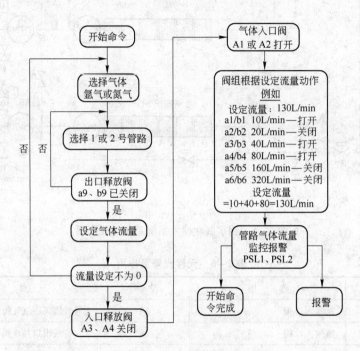

图 2-7 一般底吹开始流程

同时在上位机上显示出实际流量,假如显示值与实际值存在较大偏差,应根据偏差值检查对应的电磁阀。例如发现打开 a1、a2、a3 后流量标态应该为 70 L/min,实际显示 50,此时要重点检查 a2 的状态,测量线圈是否得电,内部是否被堵。

2.4.3.2 底吹停止过程流程

当达到搅拌目的后,可以在上位机发出停止命令,PLC 把 1 号或 2 号管线上的入口电磁阀关闭,出口释放阀打开,延时 30s 后入口电磁阀打开。无论是在正常的设定完成后还是突然中断,为保护阀门的密封性不受高压气体的破坏,在程序中增加了入口和出口释放阀的打开操作,这是自动完成的,在压力不高于 0.8MPa 的情况下也可以不予考虑,参见图 2-8。

受高压气体频繁冲击的影响,实际生产中往往会发生出口释放电磁阀动作失灵的情况。为避免影响生产,可以将此电磁阀的线圈插头拔出,这样做仅仅会使残余气体存在阀组内。长期运行证明,这是现场应急处理的一个有效办法,也是将来设计制造中有待改进的地方。

2.4.3.3 底吹过程旁通操作流程

在正常的底吹途径之外增加旁通设计,可以有效避免生产中的被动局面。首先确认出口气

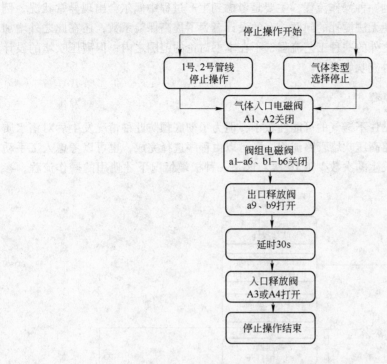

图 2 - 8　底吹停止流程

体的压力，然后从 HMI 开始选择 a7、b7 旁通阀打开，此时无法设定流量，一般根据经验确定搅拌时间，结束再自动关闭。一般不采用这种搅拌方式，除非正常的底吹无法工作时才会使用，参见图 2 - 9。

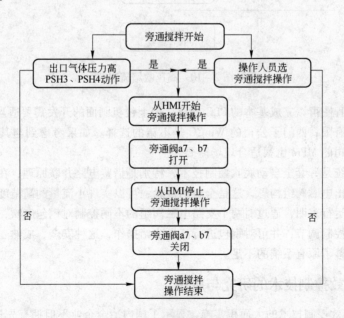

图 2 - 9　底吹旁通流程

这是仅次于正常搅拌的一种操作流程，主要是考虑到生产过程中偶尔会出现异常状况，例如掉电或死机等，可以避免无法搅拌的问题。有的设计者为了提高保险系数，还在此之外增加顶部吹氩，这是底部吹氩之外的一种工艺流程，不在本书讨论的范围之内；但高压吹堵的设计是近年来经常出现的一种补充吹氩手段。

2.4.3.4　高压吹堵操作流程

虽然整个钢包完全被粘住不透气的可能性较小，但为了彻底预防此种情况发生后对钢水质量的影响，一般应设计一路高压吹堵管路流程。既可以由程序选择完成，也可以考虑人工手动操作，毕竟这种情况一年发生的次数少于 10 次。这是一种极端情况下才使用的操作流程，参见图 2 - 10。

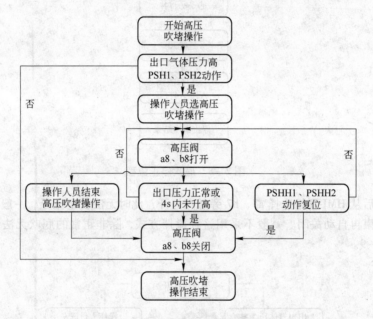

图 2 - 10　高压吹堵流程

根据以上流程图可以完成基本的 PLC 程序，但上位机画面的开发需要适当考虑，因为整个系统控制的变量有限，西门子公司的 WinCC 是不错的选择。如果考虑到与其他大型系统交换数据，施耐德公司的 MPro 也很适合现场需要。

钢包底吹系统是一套全自动底吹控制技术，特别是借鉴电路并联原理，在同一气腔上并联多个电磁阀，提出电磁阀组构思，这是全新的概念，可以实现小流量的高精度控制。

多年的现场运行表明，通过对两个支路电磁阀组的不同控制对钢包底吹，可实现两个支路气体流量的无级控制调节，并可对钢包进行高压吹堵操作，这种安全、成熟、可靠的钢包底吹控制技术大大改善了原有系统的不足。

2.5　LF 炉高效控制技术的研究与应用

LF 精炼炉高效控制技术的大面积实施，显示了国内冶金企业不但拥有先进的 LF 钢包精炼生产技术，而且还拥有全套 LF 炉高效控制与装备技术。LF 装备从少到多，从最初的整套引进到完全自主技术升级，不但实现了 LF 装备的大部分国产化，而且使装备控制技术达到了国际先进水平，充分体现了国内企业引进、消化吸收、再创新的能力。

2.5.1　LF炉高效控制技术研究

2000年以前，LF装备作为比较先进的精炼设备，国内冶金企业从国外整套引进了不少当时最先进的120t LF装备，其中以美洲、欧洲公司的居多，引进设备的同时也包括了当时尚处开发阶段的许多技术。进口LF装备一般采用单独的液压调节及数字调节器，可实现电极快速、准确定位控制。由于LF装备系统是比较复杂的精炼设备和生产工艺，在设备运行初期故障率高、生产能力低、功能单一，加上备件昂贵，投产后1~2年内不一定能达到设计能力。

多年来，国内各钢厂通过不断优化，并对部分设备做了局部改造，如L1级MB+网络，将环形通信改为冗余树状网络，底吹氩气调节由固定参数改为可人工干预调节，使进口LF装备产能完全释放，并通过消化吸收积累了一定经验，基本掌握了LF装备生产工艺技术和装备局部改造能力，开发出了不同规格的新产品。

2003年以后，国内陆续从150t LF炉开始，开发了大量国产LF装备，特别是国内300t LF炉的出现，作为国产化率最高、吨位较大的精炼处理设备，引起了国内外众多精炼设备成套商的关注。150t LF炉作为在已有厂房内部改扩建工程，通过结合以往LF设备布置情况，优化组合，独创性的工艺设备布置，最大限度地利用了现有厂房及设备，相比进口设备，节约了大量资金，使工艺流程更顺畅，即在现有厂房内条件（需避开现有厂房基础、平台和天车）限制情况下，本装置主体设备占地面积仅是同类设备的50%。

国产大型LF装备，通常采用纯国产电极调节液压控制系统，液压系统压力提高到12MPa；在现场工艺设备排列中一般使用集中对称式布置，最大限度地利用了现有厂房和设备，节约了大量静态投资。例如某厂仅厂房、皮带送料、风动送样分析、除尘四项工程就降低工程投资1050万元，并使生产工艺流程顺畅。

2.5.2　150t LF炉主体装备组成

LF炉主体装备包括电极加热系统、合金与渣料加料系统、底吹透气砖搅拌系统、喂丝系统、炉盖冷却系统等，具体的设备有导电横臂、电极提升立柱、钢包水冷炉盖、吹氩设备、钢包车、测温设备、喂丝机、专用变压器等。

为了便于了解与电气、自动化仪表有关的设备，以应用比较广泛的150t LF炉的装备情况为例，表2-7列出了主要工艺技术参数。

表2-7　150t LF炉主要工艺技术参数

项　目	单　位	工艺技术参数	项　目	单　位	工艺技术参数
公称容量	t	120	二次最大电流	A	45000
目前钢水处理量	t	150	最大升温速度	℃/min	5
变压器容量	MV·A	26	电极直径	mm	450
一次电压	V	35	精炼周期	min	40
二次电压	V	230~320	钢包净空	mm	900

涉及电气的部分主要有精炼变压器（26MV·A）一台，一般用ABB公司设备，进线柜为35kV高压开关柜，变压器受电柜采用中压配电柜，变压器配套设备A03、A04滤波器各一套。

自动化控制分为一级、二级自动化控制系统，一级系统主要采用施耐德concept2.5系列、

ModiconQuantum 系列 PLC 控制。一级控制 Quantum 系列主要包括 LF、RMH 部分，喂丝机采用 Modicon 控制。整个网络通过 TCP/IP 通信，事故搅拌枪、电极、喂丝机等采用 MB + 通信。HMI 由 3 台上位机组成，软件是 Monitor pro。

二级控制系统主要完成精炼的过程控制，采用几套数据模型优化精炼工艺，提高产品品质。精炼二级计算机控制采用的是当前流行、性能稳定的 Client/Server 模式，该模式又称分布式应用处理或协作应用处理。该系统有 3 个主要部件：数据库 Server、客户应用程序、网络。其中数据库 Server 作为后台服务器的功能包括：1 个单独的用户管理数据库、控制对数据库的访问和其他安全性要求、备份和恢复功能。

对所有的客户应用程序集中实施全部数据完整性约束。客户应用程序的主要任务是为用户提供交互界面（即 HMI），便于完成各种工作，管理各种显示逻辑，验证数据项，向数据库服务器请求及接收来自服务器的数据。

传动控制主要采用软启动、矢量变频控制技术，通信方式为 MODBUS 协议与 PLC 构成多点通信网络。

2.5.3　LF 炉高效控制技术的实施

2.5.3.1　产能与控制关键技术研究

LF 炉外精炼技术是一项提高产品质量，降低生产成本的先进技术，是现代化炼钢工艺不可缺少的重要环节，具有化学成分及温度的精确控制，夹杂物排除，顶渣还原脱 S、Ca 处理，夹杂物形态控制，去除 H、O、C、S 等杂质，真空脱气等冶金功能。采用白渣精炼工艺。下渣量控制在不大于 5kg/t，一般采用 $Al_2O_3 - CaO - SiO_2$ 系炉渣，包渣碱度 $R \geqslant 3$，以避免炉渣再氧化。吹氩搅拌时避免钢液裸露。合金微调与窄成分范围控制。据试验报道，使用合金芯线技术可提高金属回收率，齿轮钢中钛的回收率平均达到 87.9%，硼的回收率达 64.3%，钢包喂碳线回收率高达 90%，ZG30CrMnMoRE 喂稀土线稀土回收率达到 68%，高的回收率可实现窄成分控制。

LF 炉采用电弧加热与控温，热效率高，钢水平均升温 1℃耗电 0.5 ~ 0.8kW·h。LF 炉升温速度决定于供电比功率（kV·A/t），而供电的比功率又决定于钢包耐火材料的熔损指数。因采用埋弧泡沫渣技术，可减少电弧的热辐射损失，提高热效率 10% ~ 15%，终点温度的精确度不大于 ±5℃。

A　热处理基础模型分析

LF 炉的技术核心在于加热的控制，表现为升温速度与功率分配。根据以往 120t 炉的生产节奏、熔池面积、搅拌强度，选择升温速度 4 ~ 5℃/min，给出下列经验值：

单位面积（m^2）上的功率输入小于 2.1MW/m^2（最大 2.5MW/m^2），电弧长度大于 6cm（最大 9cm）。

在适宜的氩气搅拌、钢渣量及成分条件下，120t 转炉配套钢包的面积约为 7.8m^2，功率输入按照 2.3MW/m^2 考虑，需要的功率输入值为：

$$2.3MW/m^2 \times 7.8m^2 = 17MW$$

然而，当钢水要达到 150t，在局部升温速度大于 5℃的条件下，变压器的额定功率需要：

$$S = U_{SEK} \times I_e \times 1.0 \times \sqrt{3}$$

$$S = 0.325 \times 45 \times 1.0 \times \sqrt{3} = 25.3MV \cdot A$$

式中，S 为视在功率，MV·A；U_{SEK} 为二次电压，kV，变压器二次侧对应的最高电压值；I_e 为电极电流，kA。

根据上述计算结果，考虑钢包上限最大容量160t，需要配置26MV·A炉用变压器，方可满足150t出钢量的要求，具体生产操作中，LF的加热关键在于合理配置电压与电流曲线。

根据电压值及冶炼过程的各阶段需要的输入能量计算电流值，然后根据实际情况调整。比较三相电流瞬时值，绘制功率分布图，参见图2-11。

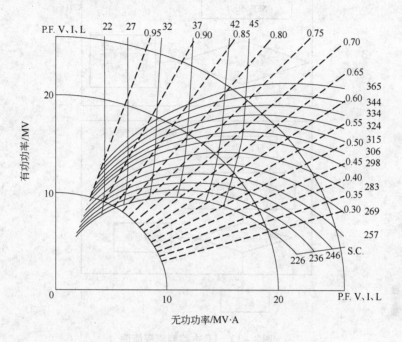

图2-11　基于三相电流平衡试验下的电路功率曲线

图中，L代表作业率，I代表电流，V代表电压，变压器额定容量为26MV·A，一次侧电压为35kV，二次侧电压依次为354.5V、343.7V、333.5V、323.8V、314.8V、306.2V、298V、283V、269.4V、257.1V、245.8V、235.5V、226V。

在完成程序内部关联后，最终给出的150t条件下的操作模式可以3/4～5/8挡切换。

B　电极调节控制模型的研究

在设计中电极控制采用一套独立PLC可编程控制器组成的电极升降自动调节系统，电极调节公式为：

$$K_i \times I - K_v \times U = 0$$

通过信号变换电路及输入模块采集系统各相弧压、弧流、变压器电压等级以及其他相关的给定信号。先将弧压、弧流运算处理，并将运算结果与给定值进行比较，将输出信号（差值）送至液压系统电极升降比例阀，实现电极位置自动调节，从而控制输入到炉内的功率，按最佳功率曲线运行，满足冶炼工艺要求，参见图2-12。

在电极自动调节过程中，结合经验公式：$D = V - 35$（mm），并且可以随时手动干预。

C　程序调整

以自动升温模式为例，在目前的升温模式下国产系统灵敏度比进口LF设备反应慢，且稳定性差。通过对电极动作响应参考电流值的细化，使电极更及时跟踪电流的变化而作出反应，

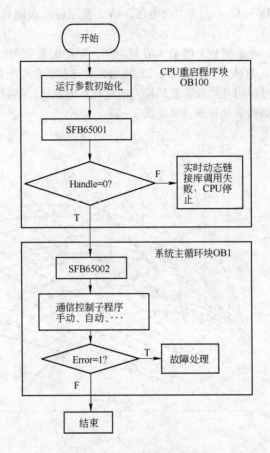

图 2 – 12　LF 主控制流程简图

将电流进一步稳定在设定点附近。

以 U 相电极为例，参见图 2 – 13。

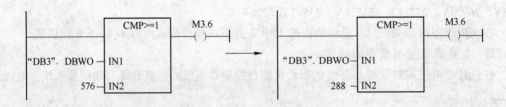

图 2 – 13　电极精度控制程序图

图中"DB3". DBWO 为 U 相电流差，与刻度 576 进行比较；改造后将"DB3". DBWO 与刻度 288 进行比较，从而使灵敏度和精度等级提高一倍。结合工艺要求，在程序中配置类似的部分达 30 多处。

2.5.3.2　静态滤波功率引述补偿技术

考虑钢铁企业供配电系统中的高次谐波除来自外部电源外，主要产生于非线性负荷用电设备，如变流装置和电弧炉等。为节省投资，在设计之初 LF 炉区域一般不设 LF 炉变压所，分别接受由动力厂其他变电所送过来35kV动力电源。在LF炉区域分别设置35kV中压室、26MV·A变压器室和35kV滤波室。但由于现场实际温度、导电粉尘以及精炼炉运行时可能注入各级电压线路中的最大谐波电流和可能引起的35kV母线电压总谐波畸变率（THD）存在偏差等因素的影响，为了确保长期投运，需对滤波器容量进行重新选择。

滤波补偿容量的计算，以满足35kV供电系统功率因数达到0.92以上为原则。滤波器具有功率因数补偿和谐波滤波双重作用，但因其功率因数补偿容量远大于滤波容量，故取功率因数补偿容量作为滤波器容量。计算时超高功率的LF炉的自然平均功率因数取为0.76，功率因数从0.76提高到0.92所需的补偿容量为：

$$Q_c = apq_c = 0.75 \times \frac{26}{0.76} \times 0.427 = 11(MV \cdot A)$$

式中　Q_c——需要补偿的无功容量，MV·A；

　　　a——平均负荷系数，取0.7~0.8；

　　　p——总有功计算负荷，kW；

　　　q_c——补偿率，kV·A/kW，查表为0.427。

滤波支路电容器与电抗器参数的选择见表2-8、表2-9。

表2-8　滤波支路电容器参数	
滤波支路	3次
安装容量	11MV·A
单只容量及额定电容	400kV·A、6.7μF
额定电压	13.85kV
额定电流	28.9A
连接方式/相	双星形

表2-9　滤波支路电抗器参数	
滤波支路	3次
额定电压	35kV
额定电流	131A
额定电感	70mH
额定频率	50Hz
使用台数	3台

对150tLF炉滤波电流及无功冲击容量计算后确认，不需动态无功补偿装置和滤波装置，而仅需要增加静态补偿装置即可。仅此一项，大大降低了维护成本和运行难度。滤波器自调试投运以来，35kV侧功率因数能达到0.92以上，同时通过对"PS-3型电能质量综合测试分析仪"的测试结果分析，注入系统的各次谐波电流和母线谐波电压含有率均能满足国标要求。

2.5.3.3　自动底吹氩工艺技术实现

精炼处理过程中吹氩能促进钢渣反应，促进脱氧和脱硫，均匀钢水成分和温度，有利于钢中夹杂物的上浮，钢包吹氩是LF精炼各种处理手段的基础。一般钢包采用双透气砖分路控制工艺，根据LF各处理阶段的不同工艺要求，采用分阶段控制工艺。

但原来国内外的吹氩技术都是沿袭阀门控制，控制精度不够，过度吹氩造成钢水温降重复升温和稀有惰性气体浪费。最新自行设计制造的吹氩设备在保留顶吹、高压旁吹功能的基础上，通过采用电磁阀组并联无级控制，不但把精度由 m^3/h 提高到 L/min，而且可以人工干预，满足现有全部钢种的吹氩要求。参见图2-14。

图中将 $A1$、$A2$、$A3$、…制成可调节的 $1:2:4:\cdots:2n$ 的不同面积组合，将上述综合面积组合，由开关阀的通断来实现。不同的二进制信号，对应不同的开口面积，当二进制信号按一定规律变化时，就可以得到与二进制信号成比例关系的供氩气面积，进而得到与二进制信号变化成正比例关系的流量。同时系统中要求设计稳流装置，使流量不受外界因素的干扰，满足了各

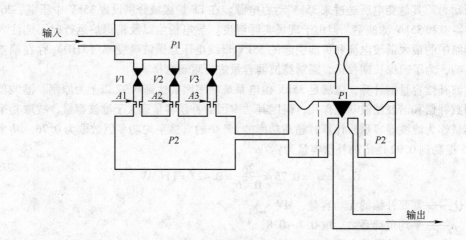

图 2 - 14　精细化吹氩控制管路原理图

种炼钢工艺的要求。

　　加热过程中控制适当的氩气流量，确保有足够的吹氩搅拌功，以免在加热过程中上部温度过高，同时可避免由于流量过大，钢、渣剧烈翻腾造成电极振动。在加入渣料，进行合金微调、均匀成分和温度时采用大流量，促进渣料的快速熔化以及成分和温度的快速均匀。随着氩气流量的增加，脱硫速度增加，因此在 LF 炉深脱硫阶段，加大氩气流量。喂线结束后的后搅拌是促进夹杂物上浮的重要手段，此时应降低氩气流量，避免钢水的二次氧化和吸气，后搅拌时间要控制适当，以确保夹杂物充分上浮，同时避免因时间过长造成钢水中重新生成 Al_2O_3 夹杂。由于透气砖的透气性不同，因此在实际生产过程中不能单纯以氩气流量来判断底吹流量，而应通过观察钢包液面的情况调整氩气流量。电磁阀组的概念，改变了传统的单一管道阀门调节。在完成钢水搅拌过程中的气体流量监控、压力监控等功能的同时，操作人员可以根据钢水情况实现对搅拌流量的任意无级设定调节，以达到最佳搅拌效果。通过现场运行证明，该系统具有较好的安全性、良好的可移植性和稳定性，可改善炼钢生产钢水质量。

2.5.3.4　高效节能技术的研究

　　国内很多自主建造的 LF 炉，使用中面临电极不定期折断、电极响应慢、电极消耗高的难题，导致钢水升温时间长、电耗高、增碳严重，以致不能正常生产；相比之下，引进设备的情况要好得多，但也经常发生频繁报警、连锁停机。

　　究其原因，导电横臂的自重是导致此现象发生的主要原因。在 LF 炉上使用复合板导电横臂，在近年的设备中越来越多的被采用。根据电流的趋肤效应，采用纯铜板导电横臂除了增加自重和改善导热性外没有太多优点，相反还会降低电极控制精度，加大电极的摆动以及对立柱的磨损。相比铜钢复合板，如果采用铝钢复合板，目前国内已有少量的厂家采用，重量可以减轻 50%。自重的大幅下降，不仅提高控制精度，而且还避免了液压系统大量浪费能源。

　　电极的突然折断与计算机的运行速度有一定关系。计算机的运算速度和控制速度如果滞后于系统的势能，也面临着急刹车的不利局面，此时可以将当前使用的 PLC CPU 进行同类升级。一般使用的 CPU 型号为西门子 S7 - 300 系列的 6ES7315，其相关参数为：128KB 内存，执行 1000 条指令周期 0.1ms；CPU 采用 S7 - 300 系列的 6ES7317 升级后，其相关参数为：512KB 内存，执行 1000 条指令周期 0.05ms。通过升级，CPU 程序存储能力提高 4 倍，程序执行能力提高2倍。为程序扩容提供内存空间，并提高了电控系统响应能力，实现了整个电极调节系统的更快速响应。

LF炉的二次导体由7m×2800mm²水冷电缆、水冷导电铜管、补偿器组成。补偿器等元件的连接接触面均采用特殊导电涂料喷刷，可以确保接触电阻最小，降低了二次导体回路的阻损，在确保有功率输入的前提下，降低阻抗。

根据$D_x = (X_{max} - X_{min}/X_{average}) \times 100\%$，三相阻抗的不平衡系数不大于4%，适当缩短短网长度，可降低回路阻抗。当电极最短（例：电极臂在最低位置）及电极节圆最小时，在变压器二次端和熔池之间的平均相阻抗，按照IEC676（1980）的规定测量保证值，$X \leqslant 0.65 + j2.45m\Omega/$相，可以缩短短网长度490mm。

对于整个LF炉的阻抗，主要从减少管网阻抗、提高电极液压系统控制精度、优化有载调压档位设定三个方面加以遏止。空间三角形结构、不平衡度小于5%时，阻抗由2.55mΩ降低到1.30mΩ。系统灵敏度与控制器比例因子K_p和电极升降比例阀死区电压值U_p有关。当K_p变大，控制器的输出电压升高，加在比例阀上的电压就大，电极调节速度就快，反之则慢。实际输出最小电压U_s，作用是使电极能及时跟踪电流的变化作出反应，将电流稳定在设定值附近。据此，适当提高U_p，使系统灵敏度提高。第一次加热2~3min后，改用5/5挡或更高挡加热等级加热，可以缩短加热时间。

2.5.3.5 生产现场设备、基础自动化连锁与网络连接优化

从调查统计看，喂丝机换丝与电极更换时间占整个精炼工序时间的15%左右。国内外普遍采用双工位喂丝，虽然使得操作方便，但对现场空气污染严重，而且影响天车操作人员吊包视线。如果改为集中喂丝，不但可以借助炉盖除尘系统消除二次污染，而且能直接降低投资约50万元。

一般设计考虑采用生产线上的240t天车更换电极、备料，每班占用生产线时间1h。由于炉盖上一个小小的设备故障就能造成停机，每月停机率平均10%。单根电极更换时间大于0.5h。单炉作业周期一般在35~40min。出现故障对生产运行可造成很大的影响，不但影响了生产节奏，而且由于运输时间长，产生了大量的钢水温降，经常出现"低温钢"回炉或二次加热的生产情况。现在通常设计专用的悬臂吊可以解决这个问题。

150tLF炉控制系统通常配置电极调节、本体检测控制和投料系统3套PLC，每套PLC又为双机热备。经过多年的比较观察，许多级网络接通、轻度报警等不必要的连锁条件完全可以屏蔽，采用1套S7-300技术即可满足对电极、喂丝、吹氩、投料、检测的控制，而且尽可能地取消了远程站，避免了整个系统对网络的依赖性，参见图2-15。

2.5.4 缩短LF炉处理周期的技术应用

连铸机高效化控制技术实施后，高质量的铸坯对钢水质量提出更高的要求。为了满足生产的需要，应该对LF精炼炉进行高效优化。将LF炉精炼时间保证在30min左右，可以采取的措施有：

（1）增加经LF炉处理的炉次和CAS顶渣加入量。由目前的800+250kg增加到1200+400kg，通过在CAS强搅拌，保证顶渣熔化，可以减少在LF炉到站后加入第一批渣料搅拌化渣时间2~3min。同时减少LF炉渣料加入量，缩短了LF炉处理周期。

（2）提高转炉出钢温度，控制LF炉加热时间在15min内。保证LF炉加热次数在2次即达到目标温度。

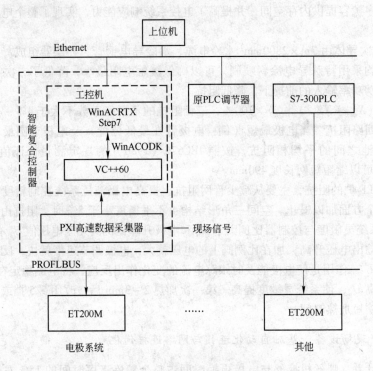

图 2-15 系统总体结构图

（3）出钢成分按目标成分控制，尽量避免在 LF 炉调整成分。

（4）提高钢水取样化验速度，缩短 LF 二次调整成分等待的时间。

（5）第一次加热 2~3min 后，改用 5/5 挡或更高挡等级加热，缩短加热时间。

（6）转炉冶炼节奏要均衡，避免 LF 炉等钢水，或钢水等 LF 炉时间过长造成钢水温降大。

（7）降低转炉终点硫含量，避免部分硫含量要求低的钢种由于到站硫含量过高造成 LF 炉处理时间长。

（8）由于 LF 炉连续处理更换电极操作时间无法保证，通常利用生产间隙及时进行更换。

通过上述措施的实施，基本实现了 LF 炉处理周期由原来的 40min 左右缩短到了 30min 左右。

2.5.5　150t LF 炉高效控制技术创新点

国内 LF 炉设计与装备部门目前能够自主开发完善三电控制系统和冶金工艺控制模型，产能达到设计要求。国内一般采用精细化吹氩控制，采用简捷实用的静态滤波技术，以确保该部分设备能够长期运行。合理配置独臂吊、悬臂吊、中央喂丝机喂丝等配套设备与技术，巧妙地解决了更换电极、吊运保护渣对主线受钢跨天车的依赖。国内 LF 炉项目完成后可以实现如下功能：

（1）加热快、产量高，能够满足后续铸机的高拉速要求；

（2）加热位高位喂丝无二次污染和卡丝；

（3）LF 炉盖特殊设计，减少了电极消耗及钢从大气中的吸气量（O_2、H_2、N_2），钢水处理环境好；

（4）基础自动化采用开放式系统结构，监控站与控制站采用 TCP/IP 实时以太网连接；

（5）现场信号采用硬线连接，避免出现网络瘫痪停产问题。

以 150t LF 钢包精炼炉为代表的 LF 高效控制技术配置先进、合理，特别是在国内首次应用精细化吹氩控制、全程静态补偿等先进技术，较好满足了钢厂容器钢、高强钢等高附加值钢种的工艺要求。

LF 炉的投运为降低成本、扩大品种、提高质量奠定了基础。通过创新，LF 炉处理的炉数大大增加，其脱氧和脱硫效果更好，成分和温度控制精度更高，精炼周期大大缩短，对电极消耗、钢包耐火材料消耗等都有降低；特别是市场形势不好的情况下，对高附加值的产品需求逐渐增加，精炼比进一步增大，因此，综合经济效益会更加可观。

2.6　VD 自动化仪表控制设备常见故障分析及维护

VD 是真空脱气（vacuum degass）的简称，它作为管线钢、油罐钢为代表的品种钢生产的重要工艺手段，越来越受到冶金企业的关注。截至 2006 年，120t 规模 VD 炉在南京钢厂已创下连续生产十几炉的国内较高纪录，鞍山钢铁集团公司 VD 炉在业内应用水平也很高。2007 年上半年济钢一度达到了每班连续生产 15 炉的目标，以后很少有更高的报道。

VD 炉作为一套自动化仪表高度集中的设备，95% 的控制与检测来自仪表设备，51% 的故障与自动化仪表设备有关。该设备除有自动化、应用电子特点外，还与机械、热工专业相关。不少企业仪表维护技术力量薄弱，新建 VD 设备没有充分发挥作用。下面作者根据 2001 年接触该设备以来多次处理停机故障的经验，结合在鞍钢培训和济钢现场中遇到的具体故障现象，从技术角度作一分析。

2.6.1　自动化仪表设备故障分析

（1）HMI 显示真空度不准确。

图 2-16 所示为 VD 脱气的基本原理，这是 VD 设备最常见的设备构成。该泵主要由多级主、辅泵体与三个冷凝器两大部分组成。各级泵体均由拉瓦尔喷嘴、吸入室和扩压器组成。冷凝器由筒体、淋水板和冷却水布水管组成。水、汽系统包括冷凝水、蒸汽、汽水分离器等。控制部分含 PLC 电气控制系统和仪控系统。

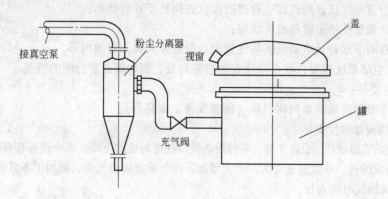

图 2-16　真空脱气示意图

顺序启动多级主、辅喷射泵，通过拉瓦尔喷嘴将工作蒸汽的喷射速度提高到 1.5 马赫以上，利用产生的压差，使之与吸入口处的高温炉气混合成为混合气体，在经过扩压器喉部后减速增压进入后级冷凝器内，经过后级冷凝器冷却后，被冷凝物质随冷却水一起由冷凝器底部的下水口流至热井水封池内，部分被抽炉气由冷凝器上方的出口排至下一级喷射泵或排放大气中，在这过程中产生的真空，使大气和真空室之间形成压力差，迫使钢液中的气体溢出，并在氩气的搅拌作用下，底部钢液中的气体和杂质不断上浮，随炉气排出，完成钢液的脱气过程。由此可见，真空的形成和保持是实现钢液脱气的关键。

投产初期和生产稳定一段时间后容易出现真空度下降速度的故障，此时首先要检查测量真空度的两个变送器，尤其是低压 0~20kPa（0~200mbar）的变送器，可能会出现因为灰尘和钢渣堵塞测压管道的情况，使得无法及时准确地测量压力。除此之外，重点检查蒸汽喷射真空泵，如果出现真空泵喷嘴脱落或者偏离轴线，也会出现这类问题。

1）真空系统泄漏。

所谓系统泄漏，也就是通常说的外漏，一般发生在仪表阀门连接法兰、阀芯上部，由于整个系统都是负压，极难发现。在现场通常的处理办法有两个：一是点燃一支香烟，贴近可疑点，观察烟雾的飘向；二就是用很薄的纸张贴在可疑点，如果吸附住了，说明漏气严重。

2）喷嘴接头垫片内漏气。

真空泵由三部分组成，喷嘴是较易出故障的部位，特别是连接喷嘴的法兰，在高温蒸汽冲洗下出现松动的概率很高。根据经验，100~300 炉就应该做一下检测，最迟在 500 炉时打开，否则很快就会出现内泄。只有打开并拆洗喷嘴，更换垫片并把紧法兰，才可能避免漏气。

3）系统真空管道法兰、仪表取压管焊缝、罐盖处漏气。

由于 VD 真空脱气系统，是将钢包置于一个真空室里进行脱气处理，故系统的真空容积比较大，达 250m³ 左右（包括管道）。整个系统的法兰密封点达 100 余处，其密封线的展开总长达 180m 左右。对于泄漏的处理办法一是补焊、紧固螺栓或更换新垫；二是检查是否存在下列情况：

① 摄像镜头观察窗密封条损坏；

② 真空罐的硅橡胶密封条压坏、破损、老化或密封条接口处出现间隙；

③ 焊缝处存在裂纹；

④ 喂丝后丝线处理不当，使真空盖与真空罐之间造成漏气；

⑤ 真空仪表阀阀口损坏；

⑥ 真空管道充气仪表阀或真空管道放水仪表阀处于开启状态；

⑦ 流量计测量孔堵头脱落或者堵塞；

⑧ 冷凝器的下水管及启动泵的排气管出口没有伸入到水封池内等。

对 VD 真空罐系统泄漏，重点应检查动态密封处，例如罐盖密封圈的情况。

内泄漏主要是：

① 与主冷凝器连通的单向阀损坏（阀盖脱落、偏移等）；

② 喷嘴接头处垫片损坏。

由于系统的管路较长，设备欠修，有的设备接口处密封性能下降，单个设备存在裂纹，尤其是逆止阀失灵造成的内、外泄漏量增大，大大增加了排气系统的排气量，增加了各泵的排气负荷。

（2）系统抽气时间太长。

VD 设备通常可在 6~8min 把真空度降低到 200Pa（2mbar）以下，只要不超过 10min，270mm 厚度的连铸机 0.8~1.0m/min 的生产节奏不会被打乱。但是在故障情况下，抽真空时间再长也降不到 200Pa 以下，因为已经利用蒸汽抽出来的真空与漏进来的空气达到平衡状态，除非堵住漏洞，或者加大抽真空能力，否则真空永远达不到 200Pa 以下。

根据现场维护的经验，采集真空度的压力变送器是比较关键的设备，有时因为前面的过滤网堵塞会引起系统抽真空时间加长，此故障比较隐蔽，需要清理积灰才能恢复。

1）真空泵喷射器的喷嘴堵塞与侵蚀。

通常真空泵被设计成五级，所有蒸汽喷射泵是串联工作，将烟气逐级压缩。喷嘴采用不锈钢制成，加工精度很高，堵塞或侵蚀都会影响拉瓦尔喷嘴处蒸汽的膨胀效果，所以有必要定时清洗，并确认蒸汽喷嘴在底座上的固定状态，因为泵体与蒸汽喷嘴的同轴度有非常高的安装精度要求。利用检修停炉时间拆开喷嘴清洗异物（如图 2 - 17 所示），必要时吹扫进汽管道。

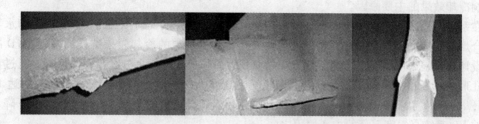

图 2 - 17　喷射泵喷嘴上附着异物示意图

某级喷射器的喷嘴堵塞，功能退化或喷射器的扩压器喉部积灰太多，阻塞气流通道。扩压器喉部积灰达到一定的厚度时，会改变扩压器的轴心线，此时拉瓦尔喷嘴喷出的高速蒸汽会在扩压器内部产生一种紊流现象，从而造成泵的工作特性明显下降，影响泵的抽气性能。

2）冷凝器水嘴侵蚀与堵塞。

在检查电磁流量计等检测仪表正常的基础上，分析进入冷凝器的水的流量变化。由于喷嘴和蒸汽的接头处多为普碳钢材质，侵蚀现象一般较为严重，该处发生故障不仅较为隐蔽，而且将直接制约抽真空能力，因为紊乱的蒸汽气流最终可能扼制抽真空的能力，但此时仪表处流量通常会变大。

水喷嘴是普通的 Q235 材质，极易锈蚀，在长期大水量冲刷下，容易脱落，结合仪表处流量的变化可以定期打开人孔检查喷嘴作为月计划检修的内容，同时可以检查是否有堵塞现象。对于使用年久、磨损腐蚀的元件，利用大修检查、更换新件，必要时更换新泵。

3）真空系统积灰。

真空系统积灰是一种常见的故障根源。在真空罐到真空主切断仪表阀之间设有粉尘分离器，需要定期打开清灰（100～300 炉）放灰。同时真空泵体内壁需要定期清理，否则内壁积灰太多会影响真空度，如图 2 - 18 所示。

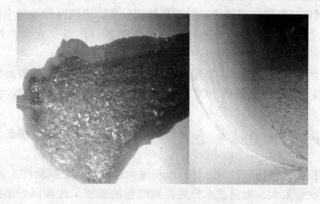

图 2 - 18　真空管道内的积灰

4）冷凝水温度与水质的影响。

系统中设置冷凝器的目的是凝缩除去来自前段的可凝性气体，减少后段喷射泵的负荷，而冷凝器的作用原理是通过冷却水与蒸汽间的相互对流，最终由冷却水吸收蒸汽，并将蒸汽冷凝成为冷凝水，由冷凝器的下部排水口排放至水池内。在冷凝蒸汽的同时，被分离出来的炉气由排气口排放至大气或下一级泵内。冷却效果不好时，高温烟气中的可凝性气体不能完全凝缩为液态，冷凝器中的烟气含量大，会造成真空度下降。而冷却水量、水温、水质及冷凝器的结垢是影响冷却效果的主要原因。

在系统其他条件一定的前提下，增大冷却水与高温混合烟气的接触面积，延长冷却水与高温混合烟气的接触时间是使它们充分进行热交换，获得理想的冷却效果的设计基础。VD 冷凝器的设计思想是采用冷却水与高温烟气接触面积大的筛板式冷却水分配盘，使冷却水通过盘上的钻孔形成水滴和水柱向下流动。但由于脱气中高温烟气含尘量高，分配盘表面结垢达 10 ~ 20mm，$\phi 8mm$ 的钻孔几乎全部堵死，实际形成了溢流式分配盘的效果，冷凝器的功能下降，成为影响 VD 系统真空度下降的主要原因之一。

此时必须对冷凝器定期清洗以及进行水质净化处理。冷凝器各喷淋孔是否畅通，直接关系到系统的冷却效果，从而与抽真空的能力密切相关。实践中发现，冷凝器很容易被杂物堵塞及结垢。处理措施是：

① 在冷、热水泵的进口处设置防护网，挡住外界混入的颗粒较大杂物；

② 增设水质净化处理设备，提高水质，延缓系统内部的积垢。

首先，应该确保水的洁净度，不含杂质，不结垢，否则容易引起冷凝器冷凝孔不畅通，其次，在总水量基本确定的条件下，冷凝器内过大的水流会扼制真空泵的能力，所以对各级冷凝器的水分配至关重要。所以，各阀门的开度大小在真空调试时就已经确定下来，轻易不做改动；若需要改动，最好留有标记，以便恢复原位。

冷却水的温度偏高，严重影响和制约了抽真空能力，使抽真空时间延长甚至无法达到应有的真空度。所以，定期检修测温仪表是不可缺少的步骤。

5）罐盖摄像机气幕流量过大。

为及时了解生产中钢水的状态，一般在 VD 罐盖上设计人工视窗和自动摄像两种观察方式。前者不往罐内充入气体，后者从保护镜头角度考虑，设有气幕，会往罐内充入一定数量的仪表压缩空气。一般是在生产降盖时打开，因罐盖热辐射很强，电磁阀根本无法长期工作，此处连锁通常被置于常开状态。如果压力和流量不合适，吹入罐内的气体会造成抽气时间长。

（3）喷射器与管道出现异常喘振声。

此类问题比较明显，根据在现场遇到的现象整理分类，出现这种故障应该注意以下方面：

1）工作蒸汽压力过低，致使冷凝水增多，出现类似"水锤"现象，此时应该提高蒸汽压力。

2）冷却水量不足或温度过高，冷凝器工作不正常。这是一种常见的故障，一般此时要提高水压到 0.45MPa 以上、降低水温到 30℃ 以下，效果较好，并适当调节各级冷凝器进水阀的开度。

3）喷射器的扩压器喉部积灰太多，阻塞气流通道。这种现象除了检查清理没有别的解决办法。

4）对使用年限长久、磨损腐蚀的元件，应利用大修检查、更换新件，必要时更换新泵。

5）工作蒸汽含水量太大，加强汽水分离器和汽包的疏水、改善锅炉操作，检修或更换疏水器。

6）工作蒸汽的温度过高，蒸汽的过热度大于 $20 \sim 30 ℃$。调节或检修蒸汽降温装置，把过热度控制在 $0 \sim 15 ℃$ 范围内。

7）HMI 出现仪表阀门红色报警，检查出现报警的部位。此时需要对出现报警的部位的限位适当调整，一般可以恢复；如果属于阀门动作不够灵敏，需要检查汽缸和气源压力。

8）自动化仪控网络通信故障一般会发生在远程站的网络连接处，此时会造成一片阀组无法正常工作，需要对网络的接头定期检查，避免氧化和松动。

2.6.2　自动化仪表设备维护

（1）真空脱气系统仪表设备的检漏。

为了使真空脱气系统的泄漏量降到最低，检漏是必不可少的步骤，并贯穿在系统各部件出厂检验和现场组装调试的全过程之中。整个系统主要分成三大区域：

1）真空泵区域仪表。

真空泵各部件出厂前须经试压检漏，管道出现漏气的可能性微乎其微，但安装大量的检测仪表后情况变得复杂，在现场整体组装后还须经正压皂泡法检漏，充 $0.15 \sim 0.2 MPa$ 的压缩空气，保压 24h。有关标准为每小时平均压降不超过 2%，实践表明，每小时平均压降小于 0.4% 是完全可以达到的。

2）真空管道区域仪表设备。

此区域组装后，亦须经正压皂泡法检漏，特别是各种仪表阀门的部件，更是检漏的重点。

3）VD 真空室与真空计。

VD 真空室需最终做好负压检漏后验收，其泄漏率不大于 $1000Pa \cdot L/s$，如果真空室容积为 $170m^3$，则压升应小于 $20Pa/h$，同时可以检测 $0 \sim 2 \times 10^4 Pa$ 低压变送器是否工作正常，这对于炼钢脱气系统足以满足使用要求。

（2）真空管道内壁清洁度对抽真空的影响。

从理论上讲，管道内壁越清洁越有利于提高抽真空的能力，但在生产实践中，确定了较为严格的衡量标准，即清除内壁垃圾必须做到表面平整，无明显凹凸不平处，钢板见本色。人员在进入真空泵之前要确认内部无 CO，并且要有足够的氧气（大于 18%），同时要带防尘面具。

（3）冷却水流量对抽真空的影响。

从理论上讲，抽真空并非冷却水量越大越好。因为，冷却水量过大，一方面，蒸汽上升所占的面积小，阻力增大，流速慢，排气速度小，系统真空度提高速度慢；另一方面，由于冷凝器的直径是根据最大冷却水量设计的，水量过大，而排水速度一定，可能会出现冷却水反窜到喷射泵中，引起类似于"虹吸"现象，造成水面上升，挤占冷凝器空间。但在实际工作中，往往从出水温度偏高来简单判定冷却水量不足，盲目增大冷却水量，结果却适得其反。行之有效的办法是：

1）根据冷、热水的实际测得流量及温差（水温差及钢水温度损失）和经验系数来判定冷却水量是偏大还是偏小，据此调节水量；

2）根据冷、热水泵的实际扬程检查相应水泵曲线表间接判定冷却水量的大小，并据此调水量；

3）调节水压，降低水温，调整各级冷凝器进水阀的开启度。

（4）外泄漏点对真空度的影响。

由于整个系统管路较长，连接面较多，外泄漏的可能性相应增大。虽然每点的外泄漏对真空度的影响相对较小，一般在 $60 \sim 260Pa$（$0.6 \sim 2.6mbar$）左右，但各点的累加则影响较大。

为了快速有效地排除各泄漏点，除了检查紧固件如法兰连接螺丝等，还应在连接面外缘包一层保鲜膜，效果极佳。

（5）自动化仪表设备维护周期。

1）每日维护：从控制台上的 HMI 图中检查阀的工作状态。

2）每周维护：清灰、检查限位开关、软管接头与密封件。

3）每月维护：检查排放阀、压缩空气过滤器、蒸汽开关阀、主切断仪表阀密封件、冷凝器。若冷凝器排放管是冷的，极有可能冷凝阀出了问题。

4）每年维护：拆开冷却器，检查清洗；清洗热井，检查一级到三级喷嘴是否松动。

现在国内很多企业都在生产 VD 钢种，其实差别是很大的。在 200Pa 真空度下生产出的产品品质与 300Pa、400Pa、500Pa 的品质是不同的，一般用户鉴别钢水品质很困难。有的企业生产出的 100×10^{-6} 钢水品质与达到 50×10^{-6} 以下的钢水品质差别很大，这些问题最终还是需要依靠提高自动化仪表控制水平和进一步降低真空度来解决。

目前，我国制造业对高端冶金材料的需求加大，VD 工艺在各冶金企业生产流程中也将占有一席之地。提高对 VD 设备特殊性的认识，特别是对自动化仪表设备在生产工艺中的特殊地位的认识，才有利于 VD 技术的潜力释放。

2.7　150t RH 精炼炉自动化仪表控制技术研究与开发

炉外精炼一般指 CAS、LF、VD、RH 等在一次熔炼炉（转炉、电炉等）外进行的冶炼过程，主要进行脱气、去除夹杂物、调整成分等。RH 真空处理是炉外精炼中的一种更加重要的工艺和设备，它是由德国鲁尔（Ruhrstahl）公司和贺利氏（Heraeus）公司共同设计的，故名 RH 法，如图 2-19 所示。该设备通过下方两根环流管脱气室，脱气处理时，将环流管插入钢水，靠脱气室抽真空的压差使钢水由管子进入脱气室。同时从两根管子之一（上升管）吹入驱动气体（通常为氩气），利用气泡泵原理抽引钢水通过脱气室和下降管产生循环运动，并在脱气室内脱除气体。

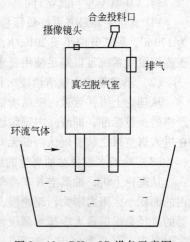

图 2-19　RH-OB 设备示意图

由于 RH 法的特点及优越性，其技术不断扩展，伸展为 RH-KTB（KTB 为川崎钢铁公司顶吹氧）、RH-OB（OB 为带吹氧升温功能的循环真空脱气处理）（图 2-19）、RH-PB（PB 为带喷粉处理功能的循环真空脱气处理）等。国内 RH 数量近年来增加比较迅速，截至 2007 年国内有 RH 装置 24 套。山东省济钢、莱钢各一套 RH 装备；国内比较先进的典范——上海宝山钢铁和河北邢台钢铁，已经精炼出 $w([C]) < 100 \times 10^{-6}$ 的钢种。目前宝钢有 RH 装备 5 套，在产量与规模上占有优势，邢钢在连续生产组织、班产量（最好时达到 36 炉/天）方面占有优势。

2.7.1　150t RH 精炼炉的现状

2.7.1.1　RH 真空处理装置的特点

（1）采用双室交替平移式真空室，依靠钢包车运送加液压顶升钢包方式作业。

（2）高位料仓加料，设有贮料能力大、数量足够的料斗，以满足多钢种的开发要求。

设有高精度称量装置，能精调与细调铁合金称量和加料系统，以确保合金化的精度和速度。

（3）借用转炉和电加热蒸汽喷射真空泵技术，装备有真空度自动控制系统；但无高压水清洗装置。

（4）采用地下皮带运输机和半垂直皮带运输机相结合的方式把铁合金由地面运送到高位贮料仓，占地面积小。

（5）设有 RH 顶吹氧枪，通过吹氧加热，可以提高内衬温度并防止内衬结瘤。

（6）设有在线自动喷补机、真空室部件更换和维修设备，以缩短辅助作业时间。

（7）设有铁合金上料及称量时的收尘装置，增设喷补除尘装置。

2.7.1.2 RH 自动化仪表系统组成与功能

A 系统配置

150t RH 真空处理装置自动化系统配置如图 2-20 所示，采用了仪表、电气一体化技术。系统中采用西门子公司的 S7-416-3 型 PLC 执行测量、控制与监控等功能，其控制范围包括钢包顶升系统、真空泵系统、铁合金上料与加料及称量系统、测温与取样及定氧系统、真空室煤气加热系统、真空室插入管吹氩系统、设备冷却水系统、真空室底部及插入管烘烤系统、能源及水处理系统等。

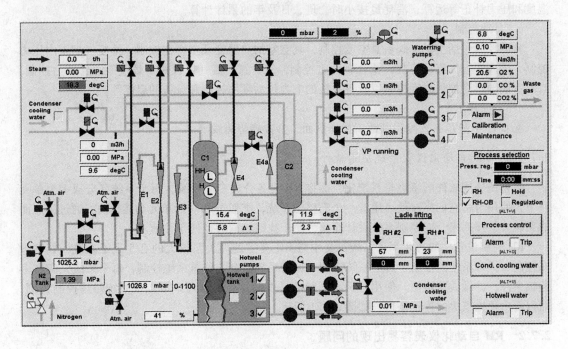

图 2-20 RH 真空系统部分图

RH 自动化系统分为：

（1）Level 0 级现场设备；

（2）Level 1 级 PLC 控制；

（3）Level 1.5 级 HMI 人机画面；

（4）Level 2 级过程管理系统；

（5）Level 3 级工厂管理系统。

系统配备的主要检测仪表有引进仪表和国内配套仪表。引进仪表包括钢水测温、定碳、定氧装置，真空烧嘴自动点火器，真空计，西门子称重模块系统等；国内配套仪表包括部分底吹阀门、料位计（测量料仓料位）。

B　主要控制功能

a　数据采集

采集的数据包括钢包顶升系统的液压参数，真空室系统的内衬温度，真空泵系统的冷凝器冷却水流量、压力和温度，蒸汽总管流量、压力和温度，蒸汽喷射泵的蒸汽压力，废气流量、压力和温度，真空室真空度等；铁合金系统的各料仓料位，$1m^3$、$1.5m^3$ 和 $4m^3$ 真空料罐真空度；真空室煤气加热系统的主烧嘴煤气、氧气、空气的流量和压力，点火烧嘴煤气及压缩空气压力，真空室加热温度，排气烟罩内压力；钢水测温定氧系统的钢水温度和氧含量；真空室插入管吹氩吹氮系统的氩/氮支管流量和压力；设备冷却水系统的各冷却点的冷却水流量、压力和温度；真空室底和插入管煤气烘烤系统的煤气和空气的流量、压力；真空处理水系统的净循环水水位、温度、压力和流量；能源介质系统的压缩空气、氧气、氩气、氮气、焦炉煤气、水等总管流量、压力等。

b　数据处理

对所采集的数据进行处理和存储，以供控制、显示之用，主要处理包括差压流量的开方、温度和压力补正等运算，消耗量按小时、班、日及年的累计计算。

c　自动控制

自动控制包括主真空阀后真空度控制，真空室加热温度及空燃比控制，排废气烟罩内压力控制，插入管氩气流量控制，铁合金称重控制，氧、氩、氮气以及焦炉煤气等总管压力控制，真空室底部烘烤加热温度控制以及各系统的电力传动顺序控制和设备的启停等。

d　画面显示

在 CRT 上显示工艺流程画面、操作画面、参数趋势曲线等。

2.7.1.3　RH 自动化仪表系统应用软件

本系统应用软件的特点是系统化，即将 RH 设备分成多个系统，每个系统又分成多个单元环节，使用时将它们集成就可组成一个完整的系统，类似于 PLC 的单元功能模块，通过组态而成系统。这样一来，使控制系统设计简化，便于找错，同时也便于移植。

RH 控制设备一般有 8 个子系统，其中与 RH 真空处理关系较大的有 5 个子系统，如钢包车控制、提升系统的控制、真空系统控制、加料系统控制、称重系统控制，每个系统又有许多连锁条件，并做成逻辑图，使用时只需要判断是否满足条件即可。以顶枪系统烘烤控制为例，可以看出顶枪点火的连锁条件，如图 2 - 21 所示。

2.7.2　RH 自动化仪表容易出现的问题

RH 工艺技术与控制技术，不仅直接制约产能的提升，而且还影响钢水的品质。实际生产中一般会遇到下列问题：

（1）真空控制复杂，抽真空时间长，易漏气。

（2）称量系统无校验装置，一旦出现称量不准，秤将无法使用引起停产。炼钢厂和炼铁厂料斗秤很多，又直接为生产服务，一般应设有高精度校验装置。特别是引进称量模块技术后，软故障较多，用砝码标定很不现实。只有通过设置校秤装置，才可能做到快速校秤和修复

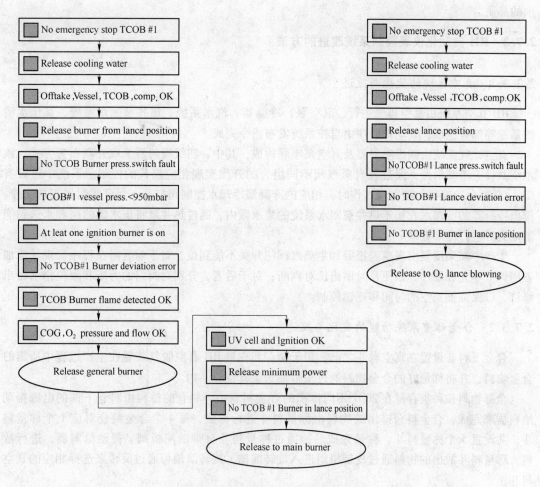

图 2-21　顶枪系统点火控制逻辑图

故障。

RH 炉秤设在真空罐内部是一个十分严重的问题，根据现场故障统计，每月秤的故障不少于 3 次，自动化仪表维护人员进入到里面维修存在巨大的安全隐患，需要充氮气且无照明，每次维修时间平均一个班，对生产影响很大，难以满足多钢种的开发要求。

（3）缺乏全面的能粗调与细调合金称量的加料系统，以确保合金化的精度。特别是铝仓加料秤，当称量小于 20kg 时就无法操作，在一定程度上影响了品种钢开发。

（4）测温系统直接接触高温介质，容易烧损和老化，有测温系统热电偶直接接触高温介质，容易烧损和老化，无法准确指导上部槽、下部槽耐材烘烤的实际温度情况。

（5）烘烤点火系统，RH 顶枪系统经常不能点火，导致顶枪的冶金功能有时无法正常使用。

（6）维修台车和钢包车无法交叉作业，甚至当钢包车运行到喂丝位时，维修车也不能开始喷补，每次耽误时间 6~10min。

（7）钢水循环提升气体，随着 RH 产量的增加，以及对于品种钢开发的需要，特别是 DDQ 级深冲的生产对 RH 设备提出了更高的要求。如果 RH 提升气体流量和控制方式不能满足这一需求，RH 炉吹氩环流系统经常会出现氩气环流管路堵塞问题，造成氩气流量不足，影响了钢水的品质。

2.7.3　RH 自动化仪表控制系统改进的方法

2.7.3.1　真空系统的优化与改进

RH 真空系统由真空排气主管、真空泵、冷凝器、汽水系统、热井泵回水系统、高压水清洗系统等部分组成，其动作顺序由自控系统发布指令完成。

真空排气系统由四级喷射器及真空泵串联构成，其中，四级喷射器采取并联布置方式。该系统共设五个喷射器，通过各自蒸汽阀不同组合的开闭实现相应模式的控制。系统中还设有 C1、C2 两台冷凝器。喷射器工作时，相应的冷凝器冷却水控制阀打开，保证喷射器正常工作。排出冷凝器的冷却水收集于热井泵回水系统的集水罐内，通过热井泵将集水罐的高温水送到能源动力厂进行冷却处理。

生产中如果反复出现高温报警和主蒸汽阀门开关不能到位，对于前者需在程序和现场增加备用调节单元和硬件，以便及时做出比对判断；对于后者，分别对阀门的力矩和限位指示做出修订，以保证抽真空的时间和连锁控制。

2.7.3.2　合金称重系统功能的优化与改进

合金下料斗设置在真空料斗之前，用于储存和称量 RH 真空脱气装置在生产过程中所需的合金物料，并将称量好的合金物料通过皮带输送至真空料斗内。

全部物料按种类存储在 20 个不同体积的合金料仓中，料仓的排料由料仓下部的电磁振动给料器来完成，合金料仓排出的物料由称量料斗进行称量，每 4 个合金料仓对应 1 个称量料斗，共设置 5 个称量料斗。称量完成后，通过称量料斗自带的闸板阀、振动给料器，进行放料。称量料斗放出的物料通过皮带机组进入旋转溜槽，旋转溜槽可通过旋转来选择相应的真空料斗。

RH 合金称重系统分为 5 台合金称量系统和 3 台真空称量系统。对于 5 台合金称量系统，在使用过程中出现的主要问题有：

（1）料斗称重值不准，其零点不准，易漂移，影响系统精度；

（2）原设计合金料斗校验采用标准砝码进行标定，每台合金料斗秤上装有安装砝码的钢结构钩子，用来加载标准砝码，每个砝码重量为 200kg，每次校验需 30 个砝码，总重为 6000kg，即 6t。此法耗时长，而且非常费力，在正常生产使用过程中，一旦发生问题，不可能有足够的时间来进行砝码校验；

（3）校验及清零等常用称重功能需用笔记本电脑连接称重模块后方能实现，由于 RH 称重远程站在距现场 29m 的平台上，每次需要实现上述功能时都必须到现场操作，既浪费时间又费力。

针对此情况，提出了改进的措施如下：

（1）彻底调整称重系统的机械导引装置部分，使真空料仓的整体重力完全作用在称重传感器上，以保证称重系统的稳定性；

（2）每台称重系统增加校验用校验装置一套；

（3）把需要的称重功能通过 PLC 程序与 HMI 画面的通信功能移植到 HMI 上进行操作，实现上位机画面的自动校验与清零等操作。

2.7.3.3 RH 测温系统的优化与改进

针对测温系统热电偶直接接触高温介质，容易烧损和老化，无法准确指导上部槽、下部槽耐材烘烤的实际温度情况，可以采取如下方案：

（1）增加热电偶在真空罐的插入深度；

（2）用外壳为陶瓷的防高温热电偶替代原来的热电偶，以提高热电偶的使用寿命；

（3）将靠近真空罐附近热电偶的传输电缆增加防高温套管以避免电缆被烧损；

（4）在真空罐车上增加热电偶的快速连接插头，既可以提高热弯管在线更换速度，又可以避免真空罐上线后靠近真空罐进行接线。

2.7.3.4 钢包车、浸渍管维修车程序优化

针对浸渍管维修车程序存在缺陷，出现问题不好解决；操作人员经常将液压站电机常开，导致液位计烧坏及液压油温度过高的情况，将程序做了以下修改：

（1）液压电机由只能在刮渣位启/停，修改为可以在任意位置启/停。避免了操作人员在刮渣完毕，将维修车开出刮渣位，电机不能停止的现象。

（2）液压电机启动运行时间设定为 15min，即液压电机启动运行 15min 后自动停止，如需再次启动，只要把转换开关由启→停→启即可。

（3）修改液压液位报警信息，将液压系统所有程序集中在一个功能块中，便于查看及处理故障。

FC3 NW2 修改溢流阀的控制如图 2 – 22 所示。

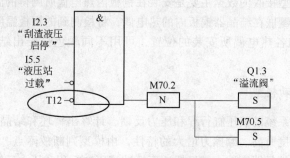

图 2 – 22 RH 程序修改图

钢包车与浸渍管维修车之间存在安全连锁，当浸渍管维修车在待机位时，钢包车可以在自动/手动操作模式下自由运行；当浸渍管维修车不在待机位时，钢包车不能运行。当钢包车在吊包位或喂丝位时，浸渍管维修车可以自由运行；当钢包车不在吊包位或喂丝位时，浸渍管维修车不能运行。

在钢水处理完毕，进入喂丝位进行喂丝时，浸渍管维修车进入刮渣位或喷补位进行刮渣、喷补，当钢水喂丝完毕，钢包车由于浸渍管维修车不在待机位不能运行，这样影响生产的顺利进行。为了提高生产效率，现把钢包车程序进行优化，修改如下：钢包车在喂丝位时，无论浸渍管维修车在什么位置，钢包车都可以从喂丝位到吊包位单方向运行。

2.7.3.5 热弯管在线更换技术

RH 精炼炉生产现场一般设热弯管 3 个，每次在线更换热弯管，仅更换摄像监控系统就需

要进行拆换夹子、法兰、密封盖等操作，需要 1 个多小时，加上环境温度高，没有作业平台，作业难度非常大。通过进行在线快速更换改造，对每个热弯管增加相同的硬件接口，可以做到不拆线更换。

2.8　连铸机漏钢预报技术

漏钢事故不但造成停产，而且降低连铸机作业率，造成设备损坏。为了避免漏钢事故的发生，许多连铸机配备了结晶器漏钢预报技术，以便在生产中起到预报漏钢的作用。但由于现场工况的影响，此技术能长期运行的不多。

某炼钢厂板坯连铸机于 2003 年 3 月 1 日投产，配有一套奥钢联公司的漏钢预报系统。在投产后的半年时间内，在保证生产稳定运行中发挥了重要的作用。但是随着钢产量的大幅提高，连铸机作业率明显上升，加上原系统设计时未充分考虑现场高温、高湿度、连续振动等不利因素，部分元器件性能下降，直接影响了整条生产线的生产进度。下面从理论和现场应用角度做一阐述。

2.8.1　漏钢预报系统原理

漏钢预报系统也称为结晶器专家系统，一般包括结晶器热力学模型和结晶器振动模型两个模型包。其模型使用的数据来自两个方面：安装在结晶器内元件采集的模拟信号和通过总线采自其他系统的模拟信号（如振幅、拉速等）。

2.8.1.1　结晶器热力学模型

结晶器热力学模型接收的数据主要是安装在铜板内热电偶所测得的温度信号和检测结晶器冷却水的仪表信号。镶嵌在结晶器铜板内的热电偶，将检测到的铜板温度传送到系统中。系统根据检测到的信号和各热电偶所安装的位置，可用不同颜色描绘出结晶器内铸坯各部分的温度。

2.8.1.2　结晶器振动模型

根据结晶器振动系统的液压缸行程和压力反馈，计算出铸坯和结晶器铜板之间的摩擦力。根据在黏结处铜板温度升高、摩擦力增大的特性，由模型判断故障点，显示在计算机画面上，实现漏钢预报。其中结晶器摩擦力是根据液压振动液压缸行程和压力反馈计算的，有两种不同的操作状况：浇注过程中的振动为"热"，离线的振动为"冷"。两种状况下的摩擦力不同，可得出结晶器摩擦力。此计算方法是基于物理工作的离线冷力和在线热力，在线热力由结晶器专家系统测得的振幅和压力计算得出，包括离线冷力和铜板与铸坯之间的摩擦力，所以，必须测量离线冷力。离线冷力主要与振幅有关，其计算公式为：

$$离线冷力 = a + b \times A + c \times A^2$$

式中，a、b、c 为常数系数；A 为振幅。

漏钢信号发出后，控制系统可以自动或通过操作人员手动降低拉速，避免漏钢事故的发生。

2.8.2　漏钢预报现场应用分析

每一个漏钢预报系统在投运之初都可以实现预报功能，但如果放松后期维护，就不能保证系统能够稳定运行。通过现场实际经验的积累，除了提高结晶器铜板的装备质量外，还需要在生产实践中完善和加强系统硬件改进，以便不断提高漏钢预报系统的准确率，实现真正的漏钢预报。

2.8.2.1 电偶与连接缓冲器

漏钢预报系统的主要数据来源是热电偶，由于热电偶属于微型精密产品，在现场使用中经常出现故障，当上线后出现波动时，为保证正常拉钢，被迫加以屏蔽。经过现场实际观测，对热电偶尺寸进行修改，可获得图 2-23 所示的数据。

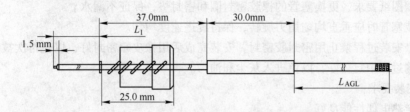

图 2-23 改进型结晶器热电偶尺寸

把热电偶头部由密封改为裸露，反应速度由平均 10s 提高到 2.3s，有关的产品型号和参数如表 2-10 所示。

表 2-10 部分结晶器用热电偶产品型号和参数

型 号	L_1/mm	L_{ext}/mm
TC – K – D2 – L103 – E – BJSS – AGL2900	103	2900
TC – K – D2 – L103 – E – BJSS – AGL3300	103	3300
TC – K – D2 – L103 – E – BJSS – AGL3800	103	3800
TC – K – D2 – L103 – E – BJSS – AGL4200	103	4200
TC – K – D2 – L103 – E – BJSS – AGL4600	103	4600
TC – K – D2 – L103 – E – BJSS – AGL3600	81	3600

针对结晶器振动剧烈的特点，为克服振动台在生产中产生的振动影响，保证测量数据实时可靠，开发了统一尺寸的热电偶与塞管连接器（图2-24），以保证每个连接件都准确可靠。特别是对该件中固定弹簧弹力加大的设计，缓解了两个耳轴旋进塞管后在常规条件下的振动影响，可保证热电偶一次安装运行到位。通过多次试验，实现了电偶、配套产品国产化。

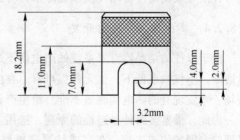

图 2-24 热电偶连接缓冲器结构示意图

2.8.2.2 结晶器检测部位密封性的优化

针对连铸机高温、高湿度的特点，首先测绘计算全部 44 个热电偶安装的深度和公差，提出热电偶塞管在加工安装时的技术标准，并设计制作专业工具；针对高压水难以密封的问题，定制柔性和硬度适中的内径分别为 $\phi12 \times 3$、$\phi14 \times 3$、$11.5 \times 5 \times 3$ 的 3 种密封器件，解决了因密封不严造成的温度失真难题。为了提高铜板热电偶密封技术，在现场观察的基础上统一了塞管和热电偶的安装技术要求。

塞管的安装要求：

(1) 确认塞管符合尺寸要求，销子合适。

(2) 清理铜板上安装塞管及热电偶的凹槽，保证清洁无锈迹。

(3) 清理塞管。

(4) 塞管加润滑油，保证塞管不生锈。

(5) 依据图纸要求，更换塞管的橡胶密封圈和密封垫，保证不漏水。

(6) 安装塞管时应垂直均匀用力旋转，保持旋进速度均匀。

(7) 整个安装过程禁止用密封胶密封，安装完成后用橡皮帽密封好，以免再次被弄脏。

(8) 运输过程中封盖好，以免进入灰尘和油污。

热电偶安装要求：

(1) 确定热电偶性能良好。

(2) 保证热电偶外保护套管完好，具备保护效果。

(3) 安装热电偶应轻轻插入，以免损伤热电偶尖端。

(4) 安装好的热电偶应不高于背板平面，同时热电偶线要全放入汇线槽内，并镶入橡胶片，橡胶片高度也应不高于背板平面。

(5) 安装插针、插帽时序号、位置准确无误，补偿电缆长度符合图纸要求。

(6) 热电偶安装好后应及时热试，有问题的热电偶应及时更换，同时做好热试记录。

(7) 结晶器在整备台组装完成后，紧固热电偶插座，接好冷却风管。保证热电偶插座清洁干燥，无灰尘污物。

(8) 结晶器在整备台组装完成后，再进行一次热态测试，每点测试时间不小于 3min，每隔 10s 记录一次数据。确认完好后，方可上线运行。

2.8.2.3　大容量热电偶信号中继补偿导线的开发

由于漏钢预报系统在现场使用中会出现信号衰减，有时信号丢失；为保证信号在高温高湿度环境中传输可靠，仪表维护人员可以开发一种大容量热电偶信号连接件，即开发国产微型 K 信号补偿导线，制作备用传输线路 2 条，可保证上百个信号 100% 的准确传递。

2.8.2.4　离线仿真系统的开发

由于以往的结晶器专家系统的热电偶不进行热态离线测试，主要依靠人工经验和万用表测量通断，不仅效率低下，也无数据可言。在前期的生产过程中，多次出现维修后结晶器安装到现场，才发现有的热电偶测量不准，给生产和维护带来极大不便。

为此，借鉴多路计量巡检的原理，选用了热电偶离线测试仪，通过专用航空插头完成与结晶器热电偶的快速连接。在完成结晶器维修后，可对热电偶的性能和安装线路进行数字量化检测。

为了更加真实地模拟生产状态，开发了电动热风枪加热式离线仿真系统，通过一台温度可调热风枪（0 ~ 600℃）输出不同温度的热风，对结晶器铜板加热，模拟生产线条件下结晶器的热态温度变化，在测试仪上实时显示。这样，维护人员可将所有需测试的热电偶的冷态和热态信号记录下来，从而对热电偶的性能和安装情况进行检查和对比，实现离线测试功能。

2.8.3 应用软件分析与优化

2.8.3.1 接口数据的研究

漏钢预报系统就是通过检测出可能出现漏钢的趋势后报警，并自动降低拉速或者通过 HMI 提醒操作人员手动降低拉速，从而避免漏钢的发生。但有时会发生系统发出漏钢报警，而铸机的拉速却没有自动降低的情况。通过分析发现，启动漏钢预报的前提条件是液位波动 ±5mm 和拉速大于 0.8m/min，有时候现场实际没有满足程序中漏钢预报条件，通过研究程序可以消除"误报警"。

2.8.3.2 优化上位机显示画面

为了避免来回切换影响操作人员对信号的观察，决定根据现场要求对画面集成，在一台电脑画面上同时显示热流、温度、摩擦力及振幅等，通过这种画面，可以第一时间发现现场出现的波动，使漏钢预报系统的运行更加可靠和准确。

在程序中，根据结晶器振动系统的液压缸冲程和压力反馈，计算出了铸坯和结晶器铜板之间的摩擦力。利用在黏结漏钢前黏结处铜板温度升高和摩擦力增大的特性，可以发出漏钢预报信号。经过实践观察，图 2-25 是最典型的报警图像。

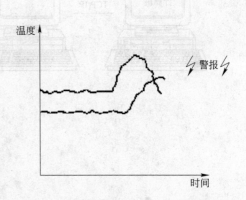

图 2-25 典型的粘钢预报图像

2.8.3.3 实际运行效果对比

通过对引进设备的国产化改造，系统功能有了大幅度提高，在新改造的系统投入运行前由于检测系统不稳定造成的误报警平均每周 5 次，每次都会造成连铸机拉速波动，也影响结晶器液位自动控制系统的投用。新系统投用后，误报警次数大大减少，平均每两周出现 1 次，误报警率降低 90%。同时预报警次数从投运前的每周 3 次提高到每周 6 次，综合平均漏钢次数从投用前的 10 次/年降低为 4 次/年。

2.9 自动铸坯锥度控制技术（ASTC）

2.9.1 ASTC 控制原理

ASTC（automatic strand taper control）即自动铸坯锥度控制技术，应用于连铸机扇形 7~14 段，通过减少铸坯内部疏松、缩孔来提高铸坯内部质量。铸坯出结晶器后，表面形成一层很薄的坯壳，经过弯曲段、扇形 1~6 段，铸坯内部开始凝固，由于液态钢凝固时会收缩，导致铸坯产生疏松、缩孔，形成铸坯内部缺陷。如果此时能减小扇形段的开口度，在外力的作用下，压实铸坯，减少铸坯内部的疏松、缩孔，就可以提高铸坯的内部质量。

ASTC 技术就是应用该原理，根据冷却水量、浇注温度、浇注速度、钢种等技术参数，绘制出铸坯内部冷却过程图，并储存在计算机系统中。在浇钢开始时，通过选定钢种、浇注速度、浇注温度、冷却水量等参数，系统自动生成铸坯内部冷却过程图，同时通过计算机自动改变扇形7~14段的开口度，将铸坯压实，减少铸坯内部的疏松、缩孔。

2.9.2　ASTC系统的构成

铸坯锥度自动控制（ASTC）技术与SMART智能扇形段联合实施，通过减轻中心偏析而显著改善连铸坯内部质量。辊缝锥度可以远程调节，借助动态轻压下能够满足在过渡浇注条件下的特殊要求。ASTC技术可理想地用于各钢种的板坯和大方坯连铸生产。

ASTC系统包括两个模型包：客户端模型包和服务器过程控制模型包（图2-26）。

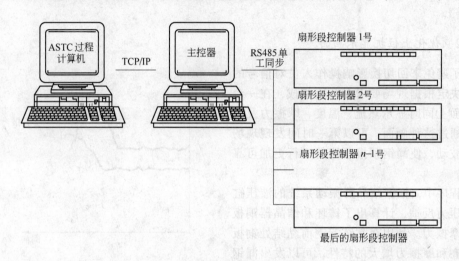

图2-26　ASTC控制模型结构图

2.9.2.1　ASTC硬件组成

A　过程控制计算机

过程控制计算机也即ASTC服务器，所有信息的发送都是从服务器发出，所有模型的计算也在服务器中完成。

B　MC计算机

MC计算机是连接就地控制单元和过程计算机之间通信的物理单元。要想实现通信，需要安装PCI1000 6RS485卡，其软件设置如图2-27所示。

C　扇形段控制器

扇形段控制器本身集成CPU，采用CAN总线将采集到的现场信号经过处理后传输到过程计算机上进行程序运算。利用网线将现场控制器和便携式编程器连接起来。在维修PC上运行专用维护软件（Maintence pc V3.1 Modbus）进行通信设置和位置的监控。这样，维护人员可以利用通信手段通过有效快速的方法对扇形段进行校验。

2.9.2.2　ASTC软件构成

A　MC APPLICOM软件

现在使用的版本是V3.4+SP1，安装在MC控制计算机上（图2-28）。通过运行该软件，可以在线观察扇形段控制器是否已经连接到主控PC。

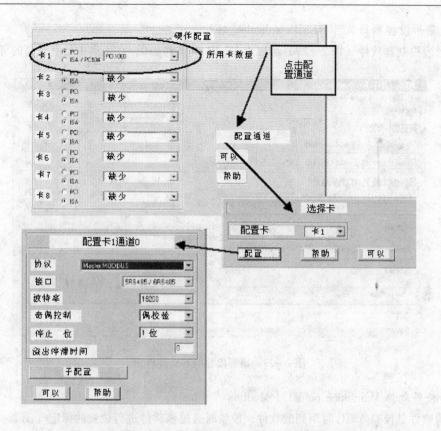

图 2 - 27 PCI1000 6RS485 卡软件设置

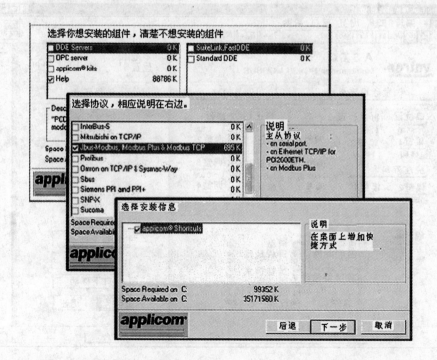

图 2 -28 MC APPLICOM 软件安装设置

B　扇形段控制器软件 RESIDownloader_ F2

扇形段控制器软件（图 2 - 29）可以由 V2.01 升级到 3.0，在生产中具有较高的可靠性。

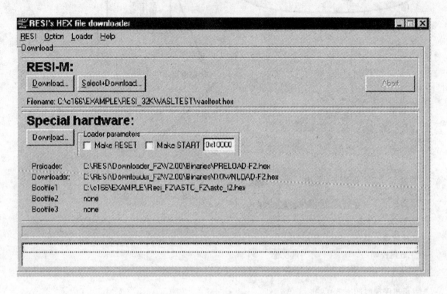

图 2 - 29　扇形段控制器软件界面

C　校验软件 Maintence pc V3. 1 Modbus

校验软件是校验 ASTC 时用到的软件，校验时通过该软件进行位置的标定（图 2 - 30）。

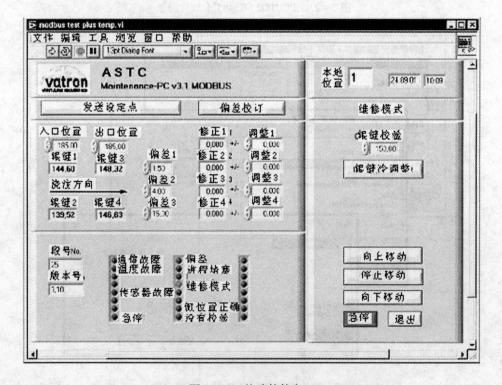

图 2 - 30　校验软件窗口

2.9.3　ASTC 技术应用

　　根据设定的钢种参数、浇钢温度、拉速、铸坯厚度，计算机可自动设定冷却水量，根据数学模型计算出钢的液态凝固点，并绘制出铸坯内部冷却过程图。根据液态钢凝固点冶金长度的位置及铸坯厚度计算出夹紧缸的压下量，控制扇形段夹紧缸位移，夹紧缸上的位置传感器检测油缸位置的精确度，从而完成整个控制过程。

　　扇形段由内外框架、4 个带位置传感器的夹紧液压缸、4 个控制夹紧缸动作的阀块、1 个驱动辊液压缸及电气控制箱（图 2 - 31）（为扇形段的一个夹紧缸）及其控制部分（其他部分类似）组成。扇形段夹紧缸单独控制，可以保证每个夹紧缸的压下量。扇形段夹紧缸的运行速度为 1mm/s，可使控制精度更为准确，确保扇形段的开口度压实铸坯。

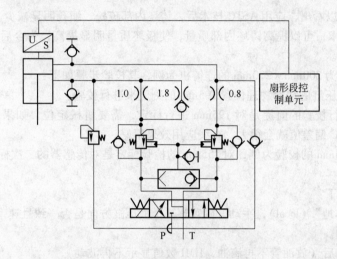

图 2 - 31　扇形段夹紧缸液压控制图

　　图 2 - 32 是 Q235B 的铸坯内部冷却过程图，其设定参数为：

拉速：1.2m/min；

铸坯尺寸：宽 1.6m，厚 200mm；

浇钢温度：1537℃。

　　图中的曲线是铸坯内部液芯温度曲线，在图形中可以看到有一个拐点（即液芯凝固点），表明铸坯在 1395℃时凝固，此时的冶金长度为 17.5m，即在扇形 7 段夹紧缸开始压下 2mm，夹

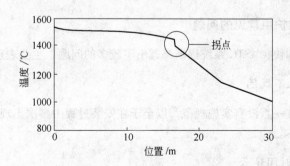

图 2 - 32　铸坯液芯冷却过程图

紧缸上的位置传感器校正油缸的位移，以确保铸坯内部的中心疏松和缩孔被压实。

偏析是指微量元素在钢材中分布不均，部分富集，部分极少，致使钢材的材质不均匀，进而产生缺陷，影响其力学性能，如承载力、塑性性能等。Q235B 应用 ASTC 技术前后铸坯内部质量指标见表 2 - 11。

表 2 - 11　应用 ASTC 技术前后 Q235B 铸坯内部质量指标

Q235B	中心偏析级别	中间裂纹	三角区裂纹	中心疏松
未使用 ASTC	B 类 1.0	2.0	1.0	1.5
优化研究前使用 ASTC	B 类 0.5	1.0	0.5	1.0
优化研究后使用 ASTC	C 类 1.0	0.5	0.5	0.5

由表 2 - 11 可以看出，应用 ASTC 技术后，铸坯内部疏松、缩孔明显减少。钢厂通过研究、优化应用 ASTC 技术，可以提高铸坯内部质量，使板坯质量明显提高，为今后生产高质量的钢板提供了技术保证。

现以一台断面为 200mm × 270mm 的连铸机为例，其校验步骤如下：

设定校验前液压缸的初始物理位置 195mm 的刻度来进行校验。

在对 ASTC 进行校验的前提是对 195mm 进行标定，需要机械定位。如果在这方面标定不准，校验后的 ASTC 偏差值就会很大，在线应用效果不好。

再以 ASTC 255mm 的校验为例，对 255mm 的检验标定是对传感器的二次标定，从而可确定传感器的相对位置。

其校验步骤如下：

（1）选到"本地"（local），手动升降观察 4 个液压缸方向是否一致且速率是否相同。

（2）排气放油。

（3）待放完油后（放油管不再滴油，HMI 数值显示不再波动）。

（4）将模式选到"calibration"，然后按下确认键（即右下键"对号"）。

（5）选"本地"（local），通过笔记本设定左右侧传感器的初始位置值为"255.00mm、255.00mm"，点击"发送"（send）。

（6）选到"远程"（remote），此时扇形段抬到 255.00mm 的位置。

（7）实际校验对比该值是否是 255.00mm。

（8）记录 HMI 显示数值和对应测量误差。

（9）HMI 显示数值与 255.00mm 差值和对应测量误差之差绝对值小于等于 0.05mm。

（10）校验完毕。

2.9.4　ASTC 校验维护中常见的问题

随着生产节奏的加快，ASTC 系统逐渐暴露出了较多的问题，主要表现在以下几个方面。

2.9.4.1　传感器安装不规范

对于传感器的安装一直没有实施规范，以至于在安装过程中多次出现传感器和总线的损坏现象，增加了维护成本。

2.9.4.2　ASTC 校验时间延长

ASTC 投运一段时间后，由于现场环境的恶劣以及设备的不断磨损，设备性能在客观上已经与投产初期相比有所下降，利用原校验方式已经不适应现场设备的需求。校验时间和次数的逐渐增加，不利于生产的正常组织。

2.9.4.3　校验精度降低

ASTC 校验精度由原来的 0.01mm 降到现在的 0.05mm，虽在允许的偏差之内，但从整体的校验精度分析来看，校验精度明显下降。

设备的磨合以及利用原来的校验方法不但增加备件的损坏程度，更重要的是延长了校验时间，浪费了大量的人力，同时使校验精度不断降低，给生产的正常组织和产品的质量造成了很大的影响。

2.9.5　现场生产中对 ASTC 技术的开发研究

2.9.5.1　电气元件的安装步骤优化规范

在具备良好的软件环境的前提下，有一个检测系统是保证 ASTC 系统可靠稳定运行的基础。针对所处环境高温、高湿度的特点，一般首先改造了 CAN 总线及电磁阀电缆的路由，使其尽量避免外部干扰和损伤，必须保证传感器和磁环安装的正确性和标准化，防止因安装或外部干扰对其校验数据产生波动。

其安装工作步骤如下：

（1）用压缩空气对安装传感器的洞孔进行吹扫，保证里面没有水、铁屑等其他杂质。

（2）安装铜环，按所标的方向进行安装。

（3）安装传感器，保证传感器与外罩没有接触，安装时没有卡滞现象。

（4）安装传感器和电磁阀电缆，保证线路安装的正确性。

（5）安装航空插头，送电，手动点动升降电磁阀，确认四个缸升降方向的正确性。

（6）安装电磁阀盖。

2.9.5.2　校验计算公式研究开发

按原设计的校验方法，每次输入的数据均为实际测量偏差值，但因现场设备的实际损耗等客观原因，造成多次校验不符合要求，因此在多次校验摸索和总结测试基础上，研究出一套测试公式，对校验 ASTC 在速度和精度上都有了很大的改观，其精度控制在 0.02mm 以内。

假设在对扇形段进行校验时，HMI 显示偏差为 X1（相对于 255mm），而实际所测偏差值为 X2，计算公式如下：

若 $|X2| > 0.45mm$

则偏差值直接入 X2

即 $\Delta Y = X2$

进行修正

若 $0.10mm \leqslant |X2| < 0.45mm$

$\Delta Y = X2/2 + X1$

若 $0mm < |X2| < 0.1mm$

$\Delta Y = X2 - X1$

为了方便计算，开发计算程序，校验时，将相关参数 X1、X2 输入即可得出 ΔY，方便可靠，如图 2 – 33 所示。

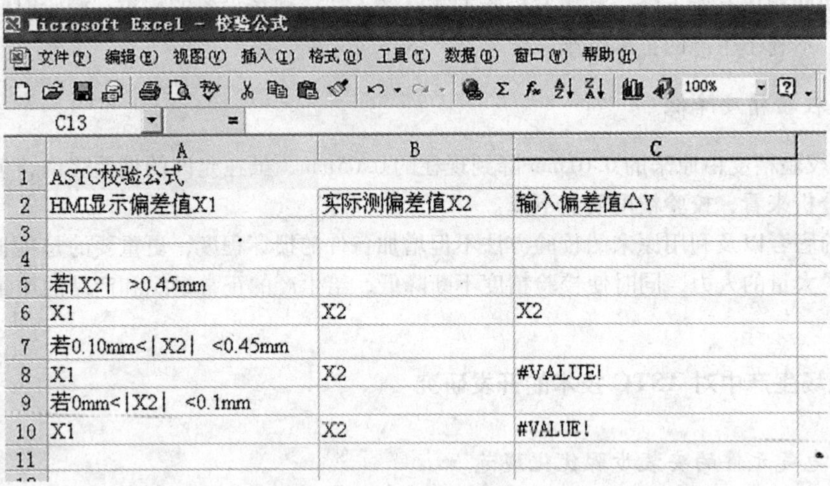

图 2 – 33　校验计算公式

2.9.5.3　利用软件程序修正偏差条件

拉坯过程中，会根据拉速、温度和二冷配水等因素对 ASTC 进行动态调整，但有时会调整不及时，现场控制器发出报警，系统会以当前值对调整值进行封锁后，在规定的时间内以设定的增大偏差值对实际偏差进行调整，最终调整到与实际值相差 ±0.35mm 以内停止调整，此时为了尽快让系统进行调整，需要对参数进一步优化，如图 2 – 34 所示，将 Tol. time he Tol. incr 进行相应的修改。

Position	15	SegmentController local position eg.：15
Segment	50	Segment no. eg.：50
Electronic	000	SegmentController electronic temperature
Segment	000	Segment temperature （optional）
Tol.lnit	01.50mm	Initial Freeze Tolerance eg.：1.5mm
Tol.lncr.	00.10mm	Tolerance increment　eg.：0.1mm
Tol.time	035s	Tolerance time　eg.：35s
Tol.Track	02.35mm	Actual tracking tolerance eg.：2.35mm
Tol.Freeze	01.50mm	Actual freeze tolerance eg.：1.5mm
Emerg-Tol	04.00mm	Emergency tolerance 1　eg.：4mm
Mech.Tol.	15.00mm	Emergency tolerance 2　eg.：15mm
DEBUG 0		Not relevant

图 2 – 34　拉矫参数图

2.9.6　ASTC 技术使用中的注意事项

实践证明，通过对 ASTC 系统的研究和攻关，最大限度地发挥了 ASTC 的潜力，有效降低了在线校验时间和硬件损坏率，提高了系统运行的可靠性、精确度，改善了铸坯质量，为连铸机的正常生产运行提供了可靠的保障。在现场维护中需要注意以下几方面。

2.9.6.1　安装规范的制定

原系统创新改造前，CPU 的损坏率平均为 1 块/2 个月，位置传感器损坏率平均为 1 个/月。

制定规范后，CPU 的损坏率平均为 1 块/年，位置传感器损坏率平均为 1 个/半年，大大降低了硬件损坏率。

2.9.6.2 校验公式的开发研制

利用原校验程序校验一个扇形段需要约 60min/段，新开发的校验程序的投入应用大大缩短了校验时间，校验时间约为 15min/段，给生产的正常组织奠定了基础，其精度也由原来的 0.05mm 提高到 0.02mm 以内，提高了 ASTC 的控制精度。

2.9.6.3 程序参数的调试

根据现场客观实际，对偏差调整范围进行了优化调整，使偏差调整更适应现场实际的需要。

在对 ASTC 在线检测研究和优化后，铸坯如 Q235B 的中心偏析由原来的 B 类 1.0 到现在的 C 类 1.0、中间裂纹由原来的 1.0 到现在的 0.5、中心疏松由原来的 1.0 到现在的 0.5，大幅度地提高了铸坯质量。铸坯内部质量合格率由原来的 98% 提高到 99.8%。

2.10 连铸机高效自动化控制技术

在现代钢厂建设一台 120t 级以上的连铸机已经变得越来越普遍，但大型铸机投运后遇到的问题也往往让管理层苦恼。例如频繁的漏钢，有的钢厂一个月出现几次，一年出现十几次；有的每次停机后的检修，仅人工测量辊道缝隙就需要两个多小时；更严重的是有时出现铸坯质量不合格，却很难找到原因。下面从自动化控制的角度作技术分析。

2.10.1 连铸机基础自动化仪表控制技术

2.10.1.1 大包、中间包自动称重

称重系统是进入整个连铸机控制系统的第一道大门，没有自动称重，后面的生产节奏将完全受制于人工经验。目前最成熟的设计就是采用"四点平衡"大包秤和"三点式"中包秤技术，一般分别采用 100t 和 50t 申克传感器，毫伏信号通过桥式端子盒进入西门子称重模块（SIWAREXU），该模块配有 U 系列动态称量软件，具有称量精度高、软件校验、参数可存储等优点，在冶金行业广泛应用（图 2-35）。

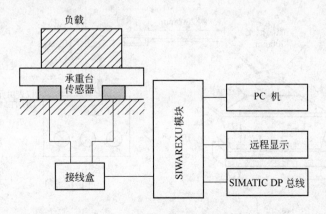

图 2-35 SIWAREXU 称重配置图

图 2 - 36 给出了典型软件校验画面，通过 RS232 串口连接编程器与模块，点击 SIWATOOL 软件，设定称量单位、小数点、通道，然后把参数传给 SIWAREXU，把秤面清空，按下 "SET AS ZERO"，再加满欲标定砝码，按下 "ADJUST"。

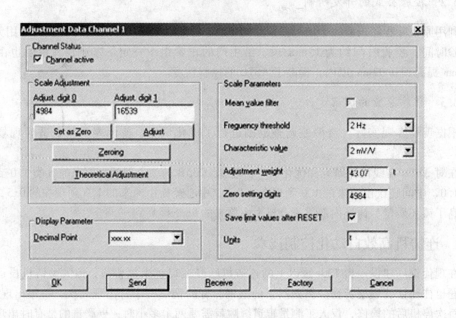

图 2 - 36   称重软件校验图

2.10.1.2   大包、中间包测温

我国 70% 的连铸机现在使用人工点测的方式，其中采用贺利氏仪表系统的占了较大比例，因为该仪表除了可以就地显示温度值之外，还预留有多种接口，通过 RS232/Profibus - DP 接口可以与 PLC 网络实现通信，在上位机和大屏幕上显示温度。下面以中间包测温为例说明，如图 2 -37 所示。

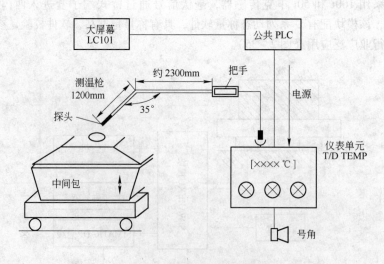

图 2 - 37   中间包手动测温图

在设计时经常会根据以往的习惯把测温表放在大包操作室外面，据说可以便于生产工人测温时观察，这就为将来的自动化仪表维护人员埋下了一个较大的隐患。特别是在夏天和冬天，经常会出现测出的温度与钢水出站温度偏差 5 ~ 10℃。对仪表校验和在实验室测试时都不会出现这种偏差。这就是忽视了一个问题，一般仪表的工作环境温度在 - 5 ~ + 35℃之间，在工艺要求严格的工厂里，这不但不允许而且可能引起质量问题。可以考虑把仪表移到大包操作室，但需要在对着仪表显示屏的地方开一个观察窗，另外还可以考虑夏天引进冷却风、冬天加裹石棉布的办法。

2.10.1.3 结晶器温度流量检测与连锁

在当前的现场应用中，对结晶器的进水总管和回水支管分别安装电磁流量计，靠人工观察流量是否正常判断结晶器冷却情况。为了防止人为失误，一般在 HMI 画面上设置流量低、流量差报警，甚至直接与 PLC 连锁，当此条件不满足时无法开机或停机。现在为了便于更加详细地观察分析结晶器冷却状况，设计时可以分别在每个进出水管道上安装热电阻，然后在 HMI 画面上显示温度与偏差，并设计温差报警。

在现场维护中，经常遇到的流量波动或处在一个小流量上不变化的问题，大多是由于电磁流量计内壁变脏，或挂满铁屑等金属颗粒引起的。除了可以利用检修时间打开清洗外，也可以采用振打、反复开关冷却水的办法临时消除。

2.10.1.4 自动配水

正常情况下，在 L1 中存储了针对不同规格产品的静态水表，操作工在 HMI 上选择水表后据此调节各配水阀门的开度，用这种方式可以保证产品质量。图 2 - 38 是一个典型图。

最近采用的 L2 动态配水对质量和拉速更有效率，特别是结合辊缝值采用的动态轻压下，更能有效地改善铸坯质量。根据冷却水量、浇注温度、浇注速度、钢种等技术参数，绘制出铸坯内部冷却过程图，并储存在系统中。在浇钢开始时，通过选定钢种、浇注速度、浇注温度、冷却水量等参数，系统自动生成铸坯内部冷却过程图，同时通过计算机自动改变扇形的开口度，将铸坯压实，以减少铸坯内部的疏松、缩孔。

2.10.1.5 自动润滑系统

自动润滑系统是间接影响产品质量的重要原因。当辊道得不到充分的润滑时，辊子停止转动和产生变形的情况会随时发生，可造成铸坯划痕，甚至压下不均匀。实际中通常采用图 2 - 39 的设计。

现场维护中最常见的问题是润滑回路出现漏油和油脂冷凝，因此在润滑罐上适当采取加热措施也是一个很好地选择。

2.10.1.6 中间包烘烤控制

随着人们节能减排意识的提高，蓄热式中间包烘烤器正逐步取代原来的传统烘烤方式。除了可以提高烘烤速度，蓄热式中间包烘烤器能够节约大量煤气。在烘烤器的设计中，往往会走入大而全的误区，例如煤气流量显示、烘烤温度显示，甚至把画面和信号送到主控室。这样设计特别容易把简单的问题搞复杂，作为烘烤器本身来讲，纯粹是一个单体设备，需要就地频繁操作；加上直管段长度不够，常常满足不了流量测量。同样，顶端的1000℃以上的高温，使得一般测温元件的寿命都低于一周。因此从实际出发，保留有用的控制环节，去掉一些不实用的

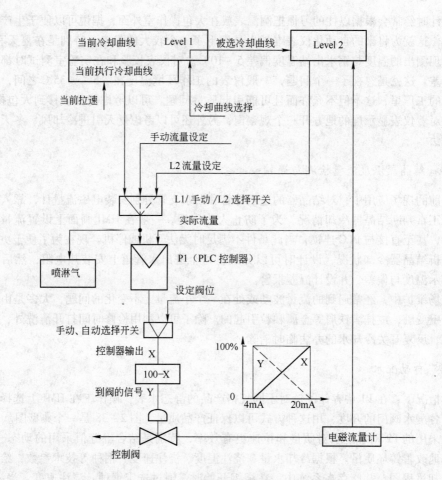

图 2-38　配水控制逻辑关系图

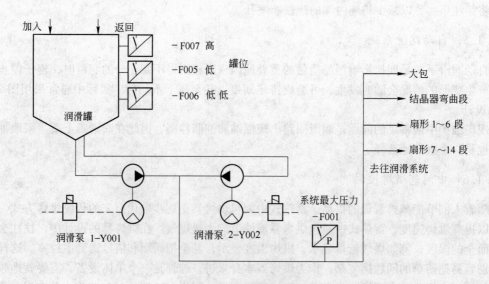

图 2-39　常用润滑控制图

部分，降低投资的同时还可以提高烘烤器的实效性。近年来，蓄热式中间包烘烤技术成为新的发展方向，而且煤气采用转炉煤气，还可以降低炼钢厂的能源成本。

2.10.2 显著提高连铸机作业率和产品质量的自动化仪表控制技术

相比以上提到的自动化仪表控制技术，有些控制手段能更加有效地提高生产效率，以下就是在生产实践中已经应用并被证实非常有效的几项技术。

2.10.2.1 结晶器漏钢预报

结晶器漏钢预报技术目前是提高连铸机效率最有效的方法，虽然受维护难度大的影响在国内应用的不多，但一旦成功使用，效果十分明显。图 2-40 为典型的漏钢预报曲线图。

2.10.2.2 结晶器液面自控

结晶器内液面的波动也是影响铸坯裂纹的主要因素，主要的检测方式有放射式和电磁式，图 2-41 给出了放射式的示意图，电磁式则是用电磁涡流传感器取代放射源。国内从事此研究的公司很多，衡阳镭目公司的技术已经非常成熟。尽管不少企业认识到液面自控的重要性，但当初设计时只是侧重考虑正常情况下的信号传输与处理，在生产工作一段时间后液面自控无法正常使用，只好改人工方式。通过实践发现，放射源发出的脉冲检测信号在高温、多水、干扰环境下容易出现衰减和扰动，由于传递的是脉冲信号，计数模块有时收不到信号。出现这种问题时，可以运用中继、双绞、屏蔽等技术就地进行处理，增加信号中继箱，可保证信号的实时传递。

RAMON 电磁型钢水液面控制仪传感器的激励线圈产生低频交变电磁场，其交变电磁场在结晶器钢水液面中产生交变涡电流。传感器中的检测线圈能检测到钢水中的涡电流。涡电流大小与传感器距离到钢水液面间距离成反比关系，即钢水与传感器距离近，钢水中产生的涡电流大，检测线圈检测到的感应电势也大。钢水距传感器远，检测线圈检测到的感应电势也小，此感应电势送到液面控制仪，经过放大、调制等处理后送入单片机进行线性化等处理，即得到了液面高度与传感器检测电势之间的关系。

该系统的主要组成部分为：电磁型钢水液面仪表、电磁传感器、现场操作箱。传感器为该系统的关键部分，采用独特的设计使得系统的稳定性和灵敏度都大大提高，该系统原理如图 2-42 所示。

电磁传感器的结构原理如图 2-43 所示，图中传感器 101 通过特殊电缆 102 与显示控制仪表相连，补偿线圈 c_1 与发射线圈 p_1 同轴绕制，外套保护壳 101a 使两线圈之间的电磁互感应的耦合系数较大。圈数较多的接受线圈 s_1 套装在同轴的发射线圈 p_1 与补偿线圈 c_1 的接近铜管的一端，三个线圈形成嵌套布局。接受线圈 s_1 与发射线圈 p_1 的轴线相互垂直，这样的结构使两线圈之间的电磁互感应耦合系数较小。这种布局使发射线圈 p_1 与接受线圈 s_1 之间的电磁互感应耦合系数远小于发射线圈 p_1 与补偿线圈 c_1 之间的耦合系数（相差数百倍），当在发射线圈 p_1 中加一个交流激励后产生交变的磁场，圈数较少的补偿线圈 c_1 的信号与圈数较多的接受线圈 s_1 的信号进行差分后就可抵消发射线圈 p_1 在接受线圈 s_1 中产生的背景信号，从而提高测量装置的稳定性；交变的磁场在结晶器 103 内钢水表面产生一个电涡流，从而产生一个感应电磁场 104，该电磁场被接受线圈 s_1 接收；在这个位置垂直于铜管内表面的水平方位的感应电磁场最大 103b，平行于铜管内表面的水平方位感应电磁场很小 103a，接受线圈 s_1 就垂直这个平面，补偿线圈 c_1 平行于这个平面，这有利于在这两个线圈的差分信号中最大限度地保留接受线圈

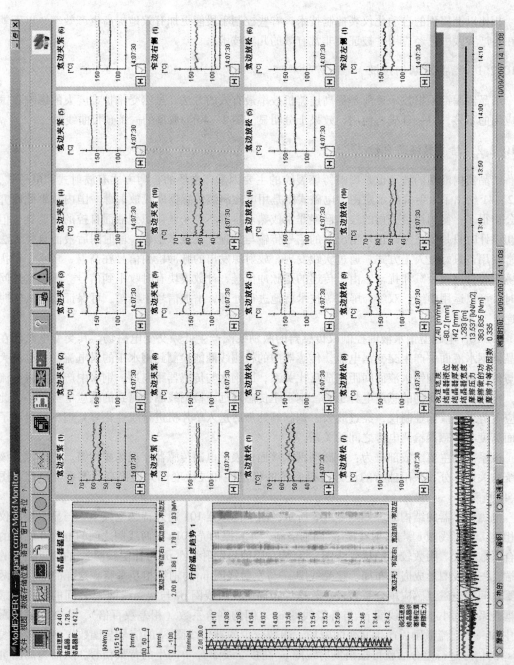

图 2 - 40　漏钢报警曲线图

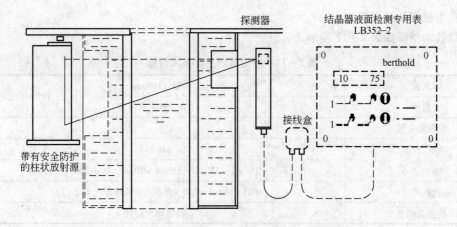

图 2 – 41   放射式结晶器液面自控示意图

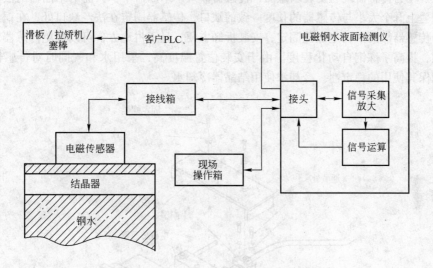

图 2 – 42   电磁式结晶器液面自控示意图

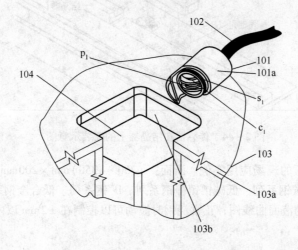

图 2 – 43   电磁传感器的结构原理图

s_1 对感应电磁场的灵敏度。

系统技术指标如表 2 - 12 所示。

表 2 - 12　液位检测主要技术数据

测程	0 ~ 160mm
显示	LCD（数字和模拟）
长期稳定性	±5mm（一个浇次）
响应时间	0.1s
输出信号	0 ~ 10V，1 ~ 5V，0 ~ 5V，4 ~ 20mA，0 ~ 20mA（隔离）
机箱尺寸	480 × 132.5 × 320（单路）/机箱开孔 442 × 133
传感器尺寸	根据用户设计

图 2 - 44 为传感器现场安装示意图，传感器嵌入于结晶器中，只需对结晶器的法兰进行改造，在法兰上开个大小与传感器的长度一致的缺口，传感器固定在法兰缺口处，在铜管的正上方，整个传感器靠两个固定螺栓固定，安装拆卸方便，且不占地方，可以避免传感器对其他操作的影响，提高了炼钢自动化程度。由于安装位置温度高，采用水和气同时对传感器进行冷却，以确保其使用的稳定性。冷却水使用结晶器冷却水。

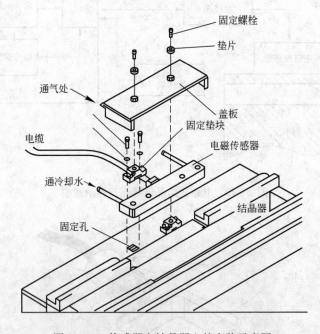

图 2 - 44　传感器在结晶器上的安装示意图

图 2 - 45 为某钢厂的现场应用实例。断面：（750 ~ 1350）mm × 200mm；正常拉速：0.8 ~ 1.5m/min；钢种：普碳钢系列、低碳铝镇静钢系列、IF 钢系列、低合金钢系列。

图 2 - 46 为开浇的液面曲线图，正常浇钢时波动可以控制在 ±2mm 以内。

2.10.2.3　辊缝仪

辊缝仪（SCM）（图 2 - 47）是一种由充电电池供电、由计算机控制、用来自动测量连铸

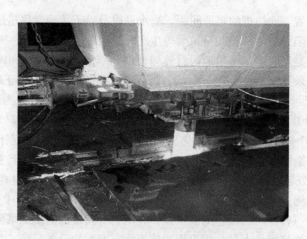

图 2-45 电磁液位检测现场应用实例

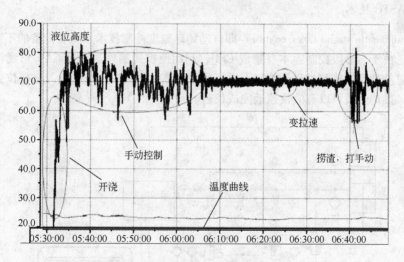

图 2-46 液面检测在线曲线图

图 2-47 放在移动小车上的辊缝仪

机物理参数的测量装置。连铸机的辊道间距、喷水量以及辊子转动变化超过允许值时，一般会造成铸坯表面裂纹缺陷、中心疏松甚至拉漏等生产质量问题。

辊缝的测量原理是当辊缝仪平稳地通过连铸机时，在辊缝仪外弧侧和内弧侧上的辊缝测量传感器与夹辊接触时采集辊缝的测量结果。外弧侧传感器用来确保夹辊的正确计数和给出开始测量的信号。辊缝仪的设计保证了在测量时辊缝传感器平稳地沿直线通过被测量的夹辊。当测得的辊缝达到最小值时，计算机将内弧侧和外弧侧辊缝传感器的测量数据储存起来。通过与传感器校验结果对比可以将各个传感器的储存值转化成长度值，因而可以决定在某点传感器被压缩了多少距离。再加上辊缝仪各个传感器法兰到法兰的厚度值和计算出的偏差值，可获得总的辊缝值。所获得的辊缝值再与此处辊缝的理论目标值对比，辊缝测量结果以对比后的误差值显示出来。

大型连铸机虽然通过人工方法可以测量、调节辊缝间距，但存在耗时、耗力、人为误差大等问题，辊缝仪作为一种专门的辊缝测量工具，利用它所获得的测量结果可准确反映辊缝的变化趋势，便于连铸机维修操作人员分析识别连铸机内部存在的设备问题。

2.10.2.4　ASTC 技术

ASTC（automatic strand taper control）即自动铸坯锥度控制技术。随着设备的不断磨损，辊缝发生变化，由于扇形段控制器本身集成 CPU，利用便携式编程器通过 CAN 总线将采集到的现场信号经过处理后传输到过程计算机上进行程序运算，如图 2 - 48 所示，进行位置的监控和设置。这样，维护人员可以有效快速地完成校验。

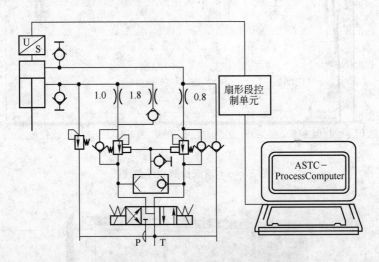

图 2 - 48　ASTC 控制示意图

由于现场温度高、蒸汽大，现场应用中元器件易受损，有些钢厂使用一段时间后就逐渐放弃了该技术，回到人工测量的老路。不但费时费力，人工经验也可能影响铸坯质量的稳定。如果 ASTC 技术使用得当，可以将人工测量时间由 2h 降低到 1h，可降低劳动强度。

2.10.3　新兴的自动化控制技术

2.10.3.1　电磁搅拌

电磁搅拌是提高铸坯质量的有效手段，对去除夹杂物，减轻中心偏析，提高铸坯的等轴晶率有明显作用，然而，由于其需要低温冷却，增加了电耗，连锁条件复杂，难控制，投资规模大，长期维护难度大，限制了该技术的迅速发展。目前，国内有部分钢厂在使用结晶器简单搅拌，但包含扇形段在内针对整个铸机的大型搅拌技术使用相对很少。图 2-49 为部分主要操作画面。

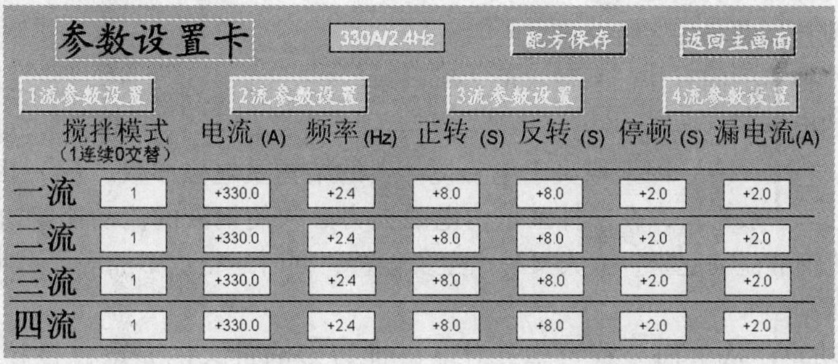

| 参数设置卡 | 330A/2.4Hz | 配方保存 | 返回主画面 |

| 1流参数设置 | 2流参数设置 | 3流参数设置 | 4流参数设置 |

搅拌模式 (1连续0交替)	电流(A)	频率(Hz)	正转(S)	反转(S)	停顿(S)	漏电流(A)
一流 1	+330.0	+2.4	+8.0	+8.0	+2.0	+2.0
二流 1	+330.0	+2.4	+8.0	+8.0	+2.0	+2.0
三流 1	+330.0	+2.4	+8.0	+8.0	+2.0	+2.0
四流 1	+330.0	+2.4	+8.0	+8.0	+2.0	+2.0

图 2-49 电磁搅拌电流选择操作图

该技术是利用交变磁场穿过以一定速度运行的钢液时，钢液中产生感应电流，载流钢液与磁场相互作用产生电磁力，从而驱动钢液运动的原理。具体原理如下：

电磁搅拌器产生磁场，穿透铸坯壳，并使钢水感应生成涡流，电流密度 J 与电磁感应强度 B 相互作用，产生电磁力 $J \times B$。该电磁力作用在结晶器内的液相，或铸坯液相穴的整个断面上，形成一转矩，使得凝固壳内的钢液产生旋转运动。改变搅拌线圈的电工参数，可以调整钢液的旋转速度。

连铸电磁搅拌器是一种工作在高温、高湿度及高尘渣等恶劣环境中的电气设备。为了达到必要的电磁推力，同时又要尽量减小电磁搅拌器的体积，往往将工作状态设计为大电流、低电压、低频率。因此，无论对电磁搅拌器本体还是对其配套逆变电源系统，都提出了比较苛刻的要求。电磁搅拌器的有效可靠冷却、逆变电源的性能及可靠性、各种保护功能的灵敏度及可靠性等都成为至关重要的考虑因素。首先，需从参数及结构设计上进行精细及科学的设计计算。其次，比设计更重要的是从制造工艺上保证设计的可行性及先进性。此外，正确的使用操作及维护也相当重要。

电磁搅拌的实质在于借助电磁力的作用来强化铸坯中未凝固钢液的运动，从而改变钢水凝固过程中的流动、传热和迁移过程，以达到改善铸坯质量的目的。影响连铸电磁搅拌冶金效果的主要因素为：(1) 电磁搅拌器能否提供足够大的电磁推力；(2) 电磁搅拌的作用区域是否足够大；(3) 不同钢种的未凝固钢液需要多大的电磁推力；(4) 电磁搅拌的安装位置是否得当。(1)、(2) 因素取决于电磁搅拌器的参数及结构设计水平，而 (3)、(4) 因素则取决于电磁搅拌器的运行工艺。因此，一套电磁搅拌装置要达到最佳的冶金效果，除了要求其本身性能优良外，还要求使用操作者具有一定的实践经验。

对电磁搅拌器本身而言，其设计性能的高低体现在对电磁推力的合理设计上，将理论模型适当简化可得电磁推力的表达式为：

$$f_e \approx 1/2 \sigma V_s B_o^2 K_s K_e$$

式中 σ——钢液的电导率，S/m；

       V_s——电磁搅拌器磁场的运行速度，m/s，$V_s = 2\tau f$，f 为频率，τ 为极距；

       B_o——电磁搅拌器表面磁场强度，Oe；

$1/K_s$——磁场的衰减系数（变量）；

K_e——磁场的漏磁系数。

由此可见，电磁推力与很多因素有关，是一个很复杂的变量。但也不难发现，影响电磁推力大小的主要因素有：

(1) 电磁搅拌器的表面磁场（B_0）；

(2) 电磁搅拌器磁场的运行速度（V_s）；

(3) 电磁搅拌器的固有特征系数（$K_s \cdot K_e$）；

(4) 钢液的电导率（σ）。

上述（1）、（2）、（3）因素取决于电磁搅拌器的结构及电磁参数，（4）因素则取决于被搅拌钢液的成分。一般来讲，在搅拌区域内电磁推力必须使钢液的流动速度达到 $0.5 \sim 1 \text{m/s}$，速度太小无法使钢液流动起来，太大又易产生负偏析，同时运行也不经济。因此在设计时应考虑以下几个方面：

(1) 电磁功率：从上面公式可知，对电磁推力影响最大的是电磁搅拌器的表面磁场（B_0），而 B_0 是与电磁搅拌器的线圈安匝数（$N \cdot I$）成正比的。通常，由于受安装空间的限制，同时也为了降低电磁功率，线圈匝数（N）不能加得太多，因此，怎样最大限度地提高电流强度（I）就成为提高电磁推力的最有效途径。当然，电流强度的提高也会受到很多限制，比如，线圈的发热如何消除、低频电源的成本如何控制等。因此，应合理分配电流及匝数，通常的设计原则是：平衡考虑设备成本，适当增加电流强度，以期用最小的电磁功率达到最大的电磁推力。

(2) 最佳频率：从上面公式可知，增加频率（f）可增加电磁推力，但是增加频率会引起磁场衰减系数（$1/K_s$）变大，从而又减小电磁推力，因此电磁推力随频率的变化不是单向的，而是有一个最大值。同时频率的增加，还会引起感应电压的增加，从而引起电磁功率的增加。要精确定位最佳频率是不现实的也没有必要，可通过理论分析及实际测试进行确定，其原则是：在同等电磁功率下，尽可能达到最大的电磁推力。

(3) 钢水电导率：不同钢种，其钢液电导率（σ）是不同的，但相差不是很大，因此一般情况下，可以不予考虑。

(4) 钢液黏度：从力学原理上分析，电磁搅拌的过程，实质上就是电磁力克服钢水黏性力从而使钢液产生运动的一种过程，不同钢种，其黏性系数相差很大，因此所需电磁推力也是不同的。对碳结构钢而言，主要取决于碳含量，碳含量越高，所需电磁推力就越大。不锈钢所需的电磁推力比碳钢要大1倍以上。具体应根据钢种和铸坯截面及安装位置进行确定。

(5) 合金元素的影响：合金元素的加入改变了凝固组织结构，不同化学成分的钢水，其柱状晶发展程度也不一样。一般来讲，合金元素的成分越多，其柱状晶就越发达，所需电磁推力也越大。

以上对电磁搅拌的实质及影响其冶金效果的主要因素进行了定性的分析，可以看出电磁搅拌的冶金效果在很大程度上取决于现场的使用操作水平。

2.10.3.2　连续测温

连续测温的原理是用黑体测温管插入到钢水中感知温度，用专门设计的测温探头接受测温管底部钢水处的温度相对应的红外辐射信号，并将其输送到信号处理器，以单片机为核心的信号处理器根据在线黑体理论确定钢水的实际温度，如图 2 - 50 所示。

钢水连续测温系统由钢水连续测温管、测温探头、信号处理器、大屏幕显示器、标准信号

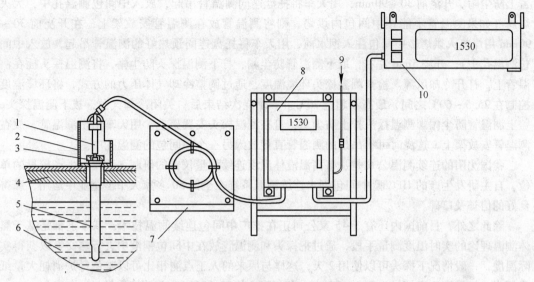

图 2 – 50　连续测温原理流程图

1—测温表头；2—托盘；3—压铁；4—中间包包盖；5—钢水测温管；6—钢水；
7—探头安置架；8—信号处理器；9—气源；10—大屏幕

发生器及小屏幕显示器（用户根据需要另订）等部分组成。

钢水连续测温管由一端封闭一端开口的内外两层管套装而成，通过锥面接管与测温探头连接，根据中间包钢水深度不同，测温管长度备有多种规格。直接插入钢水内感知温度，并向开口处辐射光信号。要求插入钢水深度不小于 300mm。

测温探头由光学系统、光电转换器、信号传输线及冷却风路等组成。探头本体部与测温管锥面接管连接，输出部通过 4P 插件（分体探头为 6P 插件）与信号处理器连接，本体部与输出部之间由柔性冷却风路保护的信号传输线连接，总长约 5m。

光学系统将测温管的光信号处理后传递给光电转换器，再由光电转换器将光信号转换成电信号，由信号传输线输送至信号处理器。冷却风则经过输出部快速接头及冷却风路对探头本体部进行冷却，以保证本体部环境温度不超过限定值。

信号处理器接收由探头输入的电信号，由单片机根据在线黑体理论计算出被测钢水温度并显示在显示屏上，并可输出 4 ~ 20mA 或 1 ~ 5V 标准信号进入主控室微机，便于对连铸工艺进行实时监控。还可将温度信号通过 485 总线送至大屏幕显示器进行温度显示。

信号处理器就位后，将探头输出部从其下方的孔穿入，插入信号处理器输入插座，用夹具夹紧，连接好通风胶管即可测温。如需观察探头环境温度，将环境温度开关拨至右侧，此时显示屏即显示探头环境温度值（单位为 0.1℃）。若探头环境温度不小于 72℃，显示屏将交替显示钢水温度和探头环境温度，并且报警线输出 AC 220V 电源以驱动声光报警装置。

连续测温在投入使用前需要先检查信号处理器、大屏幕显示器是否安装就位，固定牢固；电源、冷却风源是否已接入系统；所有接口的信号线、通信线是否已妥善连接。将探头输出部从信号处理器下方的孔穿过，插入信号处理器输入插座，用夹具夹紧，用胶管连接好通风管路，探头本体部及通风管盘绕在探头安置架上，待用。打开信号处理器及大屏幕显示器的电源开关，显示值应为 0。

现场操作时先将托盘放在测温管安放架上，除去测温管外包装，装入托盘中，压好压铁，盖上防尘帽。开浇前 30 ~ 90min，用天车将托盘连同测温管吊起，放入中间包测温孔中，大火烘烤（如果测温管不能在中间包内烘烤，则将测温管放在测温管安放架上，在开浇前 30 ~ 90min 用煤气火烘烤。中间包注入钢水前，用天车将托盘连同预热好的测温管吊起，放入中间包测温孔中）。开浇 5min 左右，取下测温管防尘帽，拧下测温探头防尘帽，将测温探头插在测温管上，打开冷却风源。检查测温探头环境温度，通过调整冷却气体压力的方式，将环境温度控制在 25.5 ~ 60℃ 之间，最高不超过 70℃。一个浇次结束后，关闭冷却气源，拔下测温探头，盖上测温管防尘帽。测温探头拧上防尘盖，盘在测温探头安置架上。用天车吊出测温管，放在测温管安放架上，连浇时可将吊出的测温管直接放入另一个中间包的测温孔中。

我国沈阳的连续测温公司是从事高温液体温度连续测量仪器的研制、开发、生产较早的单位，自主研发生产的 HFC 型中间包钢水连续测温系统在全国 50 多家大中型企业中运用，赢得良好的信誉及口碑。

除此之外，目前国内还有 3 ~ 5 家公司正在推广中间包连续测温技术，基本上都是基于黑体测温理论的实时温度测量手段，通过把探头和测温管放在中间包钢液中进行热交换以获得实际温度，一般情况下探头可以使用 2 天，这样与原来的人工点测相比可以避免每炉消耗大量纸质探头。如果把测温信号送到 L1/L2 中，参与配水修正，可以改善铸坯质量。

2.10.3.3　铸坯表面裂纹检测技术

随着新型短流程冶金工艺的推广，在节省能源的同时，对连铸坯热送提出了相应的质量要求，热送直轧要求铸坯表面无缺陷，因而需要在热状态下对铸坯表面缺陷进行在线检测。下面介绍几种主要的检测方法。

激光摄像法是近年来推广较快的一种检测手段，以北京科技大学为代表的技术研发团队近年来取得了较大成绩，其产品的整体技术水平可以与国外公司产品媲美。该技术属于一种非接触式的光学检测法，其装置由 CCD 激光光源、工业通信网络交换机、信号处理输出装置等组成，如图 2 - 51 所示。因铸坯温度较高，并有热辐射，需要对表面用冷却气幕隔离。目前济钢、重钢都有国内产品上线应用。

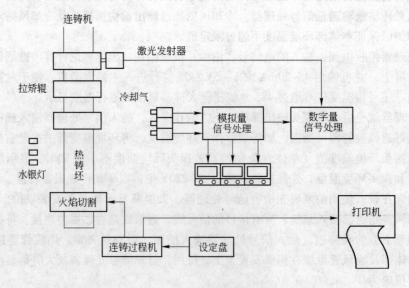

图 2 - 51　铸坯裂纹检测

这种技术与以往的工业电视技术相比进步较大，可以分辨 3mm 以上的裂纹。工业电视检测技术是依靠多个水银灯照射铸坯表面，并用 3 台摄像机从不同角度摄像，将所得到的视频信号进行处理，去掉振痕及凹凸不平的信号，仅留下裂纹信号在荧光屏上显示，缩小比例后在打印机上打出图形，打印纸移动速度与铸坯运动速度同步，操作者通过观察打印结果就可判断铸坯的表面质量，决定切割尺寸及是否热送，并可在键盘上进行设定。该方法可检测出长度为 50mm 以上的裂纹。该技术利用计算机数据库自动比较筛选，而且具备自学习功能。

除此之外，涡流检测法也在部分钢厂投入使用，涡流检测法装置如图 2-52 所示。铸坯作为平面导体，在它上方设置一个检测线圈，当检测线圈通过交流电时，在线圈中产生磁通 φ_1，而在铸坯表面产生涡流 i_e，而 i_e 又产生磁通 φ_2，φ_2 的大小与加在线圈上的电压大小、线圈与导体（被检测的表面）的距离、导体的电导率以及初始磁导率等有关。

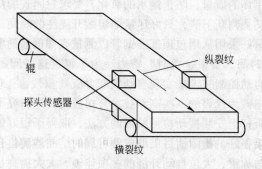

图 2-52 涡流检测原理框图

当检测表面有缺陷时，涡流的路线要加长，如图 2-53 所示，即缺陷的存在使铸坯的电导率变小，从而 φ_2 减小，检测线圈中总磁通量 φ（$\varphi = \varphi_1 + \varphi_2$）也因此而改变。由于表面缺陷导致磁通 φ_2 的改变，而影响线圈阻抗改变，因此测出线圈阻抗的改变就能测得铸坯表面缺陷。在测量过程中，铸坯表面温度、铸坯表面振痕、线圈与铸坯表面距离等电特性的参数对测量结果都有影响，而实际测量过程中由于缺陷影响的阻抗变化又非常小（$\Delta E/E = 10^{-7} \sim 10^{-5}$），需要进行放大处理，这样测量结果精度受到限制。为提高测量精度，需采用一些特殊处理，如采用双差动线圈、采用铁氧体磁芯等。整个检测装置用计算机控制，将涡流传感器输入模拟线

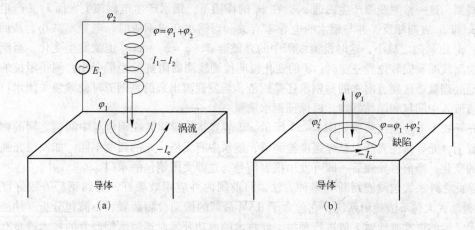

图 2-53 异常铸坯磁场变化图

路，以把缺陷的特征数字化并送入微机组成的分析机，判断缺陷类型及严重程度，同时还可通过一台电脑显示出来。

2.10.3.4　下渣检测技术

在连铸浇注过程中，需要严格控制大包进入中间包的钢渣量，目前国内的钢厂绝大多数采用人工观察的方法。这种方法的原理是靠人工直接观察钢包注流与钢包重量的变化间接推断由钢包进入中间包中的钢渣量。人工判断方法要求操作工必须具有相当丰富的经验，由于观察的局限性存在诸如中间包内衬侵蚀加剧、钢坯表面清洁度降低等问题。在生产过程中，从经济角度来说，要求钢包内残留的钢水要尽可能少；从钢坯的质量角度来说，要求进入中间包的钢渣量要尽可能少。在目前完全依靠人工观察的情况下，根本不能满足这种要求。而对一些品种钢的生产来说，为了提高钢坯的质量，防止钢水的氧化，要求封闭式的浇注，即要求不能通过人工的方法来观察钢流，又要判断下渣，只好尽量缩短敞开浇注的时间。同时由于每一包钢的浇注时间不同，某些钢厂只好采用从钢包顶部插钢管以测量底部钢水的剩余含量，再来决定拆除长水口（保护套管）的时间，费事、费时、费力。为了解决这些问题，一些先进的钢厂引入了大包测渣技术，通过自动控制技术来实现自动判断含渣量。

以衡阳镭目、浙江谱诚为代表的一些高新技术公司通过长期研究下渣检测的信号特征，开发了一种在大包水口滑板杆上安装振动检测线圈的方法，取得了很好的应用效果。这些产品设计简单，运行稳定，效果很好。衡阳镭目借助成熟可靠的结晶器液位自动控制技术，可实现结晶器液位、中间包液位与称重、大包自动开浇的多项连锁，大大提高了劳动生产率。

传统的大包线圈下渣检测技术是在钢包底部安装线圈，再通过专用电缆连接到检测控制仪表系统。由于每次拆包容易碰坏线圈，加上每个线圈造价都在数万元左右，很难长期使用。只有进一步考虑现场环境条件，改进检测方式，使不成熟的技术满足现场需要，技术潜力才能得到充分发挥。

连铸过程中，由钢包进入中间包的钢渣量，对连铸操作和成品质量都有着至关重要的影响。因此在连铸机中为了避免钢渣进入结晶器，需要检测钢水从钢包到中间包的长水口和中间包到结晶器的浸入式水口钢流是否夹带渣子。钢渣下渣检测装置有两种形式，一种为涡流感应式的，另一种为光导式的。

涡流感应式下渣检测仪是在钢包或者中间包出钢口的下方安装一个闭合的通以高频电流的检测线圈，这一检测线圈产生磁通 φ_1，在 φ_1 的作用下，钢水产生电涡流 i_e，而 i_e 又产生磁通 φ_2，φ_2 和 φ_1 方向相反，并与钢水的电导率有关。当钢水变成钢渣时，电导率减小，从而使 i_e 减小，φ_2 也就随之减小，这时检测线圈中的总磁通 φ（$\varphi = \varphi_1 + \varphi_2$）也就发生变化。当钢水成分、检测线圈及安装位置一定时，φ 的变化说明检测线圈的阻抗发生了变化。测得阻抗的变化信号经处理就能区别流出来的是钢水还是钢渣，当发现流出来的是钢渣时就紧急关闭水口，阻止钢渣流入中间包和结晶器内，以保证钢水质量。

光导式下渣检测仪装置如图 2-54 所示。该装置将光导棒装在钢包与中间包之间的钢流保护装置上，光导棒经光纤引至光强度检测器，钢水中有无渣，光的强度不同。如发现光强度有明显的变化，经信号处理后，即可发出报警信号，立即关闭钢包的水口。

除此之外，大包测渣判断有多种方法，目前国内外应用效果好，受到钢厂一致好评的是 RAM 振动式大包下渣检测系统，它包含了 RAM 最新的振动检测装置、小波包分析、神经元网络技术，能够更准确地对下渣进行预报。此技术的成功开发对连铸炼钢产业的技术进步有着重要的促进作用，可以提高钢材产量和质量，减少钢水、保护渣及耐火材料等的消耗，延长设备

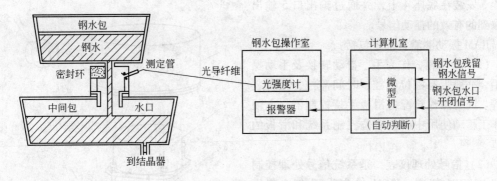

图 2－54　光导式下渣检测仪装置

的连续运行周期和使用寿命。

图 2－55 为 RAM 振动测渣技术原理图。

在钢水从钢包经长水口保护套浇注到中间包的过程中，钢水在具有上大下小的锥形"保护套"内流动，钢水的冲刷会引起"保护套"和与之相连的操作臂的振动，因此操作臂的振动直接反映了"保护套"内钢水的流动状态。钢渣与钢水相比，密度小（钢渣的密度是钢水的约三分之一），熔点高，黏度大，在钢水中处于熔融状态，两者在保护套内流动造成的冲刷作用以及由此引起的振动无论在时域上还是在频域上都会表现出不同的特征。因此在测量到的操作臂振动信号中，必定包含有钢水的下渣信息。

振动式大包下渣检测系统，通过将振动监测传感器安装在长水口操作臂上来有效采集振动变化特征，系统准确性高。设备远离水口，且系统配备了专门的冷却系统，降低了设备工作温度，提高了设备的可靠性，因此系统更加稳定，使用寿命更长。

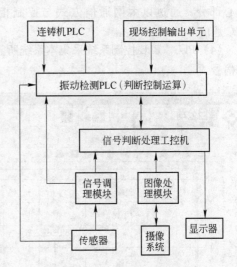

图 2－55　RAM 振动测渣系统原理图

系统一般同时配备中间包液位和摄像监控两个附带功能。配备的中间包液位自动控制系统，能够实现中间包液位的自动控制，稳定中间包液位，减轻人员的劳动强度。系统采用的专业摄像传感器固定在能直视长水口周围中间包钢水表面覆盖层的支架上，传感器检测到长水口周围的中间包钢水表面覆盖层高度及亮度等变化均可独立报警，这是振动测渣、下渣的一个有力保障。检测系统漏报率是每炉漏报率的乘积，因而漏报率极低，通过它和振动下渣的结合，双层保护，报警率也就得到了大大提升，从而彻底解决了客户担忧的漏报问题。另外，系统还将摄像系统的图像画面传送到大包操作工操作位置进行显示，操作工可以通过显示器更直观地观察到中间包内、大包长水口周围液面变化情况，大大降低了工人的劳动强度。

RAM 振动测渣系统一般由信号采集系统、信号处理仪表（VSCM 仪表、ISCM 仪表）、PLC、工控机、摄像系统、其他辅件（现场操作箱、冷却控制箱）等部分组成。

图 2－56 是其信号采集系统，通过灵敏度极高的传感装置 2 采集，外置保护壳 1 通过定位

螺栓 3 安装在底座 4 上，并通过输出口 5 输出提取到的有效的振动信号。

RAM 振动测渣系统还包括：

（1）操作箱，作为手、自动转换及手动操作用，一般带有液位监控、时间监控、报警装置等。同时操作箱配备滑板手持控制器，方便操作工移动使用中间包液位控制系统和滑板的调节。

（2）信号处理仪表，是系统信号处理控制系统。VSCM 仪表、ISCM 仪表设置在控制柜中。VSCM 仪表把采集到的振动信号进行处理放大，送给工控机进行分析；ISCM 仪表调整摄像镜头。

（3）工控机，是系统进行信号分析处理的核心部分，通过以太网通信方式与控制柜内 PLC 通信。

（4）PLC。PLC 控制系统采集本系统所需信号，经过运算处理，发出控制滑板的开关的自动信号。

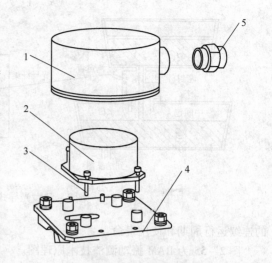

图 2-56　采集装置

1—外置保护壳；2—传感装置；
3—定位螺栓；4—底座；5—输出口

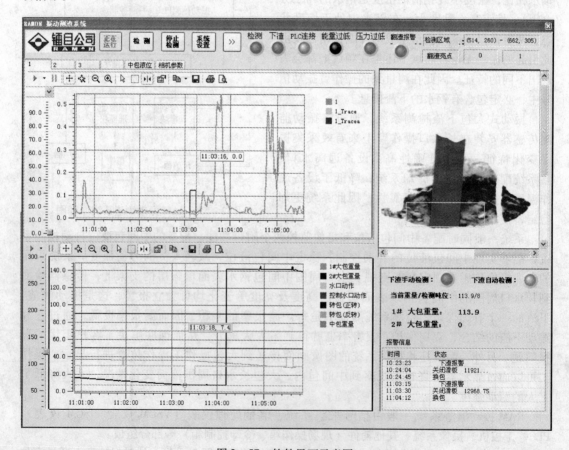

图 2-57　软件界面示意图

（5）冷却控制箱，是冷却采集机构，可延长电子元器件寿命，使信号准确可靠。

（6）摄像系统，是视频采集模块单元，其机械部件主要是视频镜头的保护和支撑。需要做到简单、稳定，确保镜头在使用过程中能够进行360°的调节，为RAM振动测渣系统独有。

系统在运行的过程中，实时地采集长水口操作臂上的振动信号，通过算法分析，准确地对卷渣、下渣等做出准确的判断，系统根据相应的状态输出相应的报警信号。

软件界面主要有如下几点功能：数据采集与动态画面监测显示、下渣判断、下渣报警、现场监控、远程监控、中间包液位控制、在线诊断及系统故障报警、资料存储及打印、历史回放分析等几大功能，如图2-57所示。

RAM振动大包下渣检测系统已经成功应用于国内各大钢厂，下面以国内某大钢厂的使用情况来详细介绍RAM振动大包下渣检测系统在现场的具体应用。

某钢厂大管坯自2009年开始使用RAM下渣检测系统，在2009年年底和2010年年底回访统计，共统计了525炉数据，其中准报了507炉。统计报警率到达了96.6%。

效益方面统计：2009年、2010年、2011年，三年平均每炉水口延迟3s关闭，50min（3000s）浇一炉钢，平均每炉钢100t，每秒过钢量33.4kg，每炉可多收得钢水100kg，每天浇20炉钢，一天即可多出产钢水1.9t，一年可多出产钢水729t；每吨钢水按成本2000元计算，一套大包下渣检测系统一年可降耗节支：729t×2000元/t=145万元。

工作强度方面：自从设置了RAM下渣检测系统，厂方的操作工工作量明显减小，原来需要一直盯着水口、中间包、大包，而设置了此系统之后，几乎不用人工处理。

2.11 一次除尘系统煤气回收控制技术

2.11.1 概述

转炉除尘系统一般分为一次除尘系统和二次除尘系统两个部分，后者由于只对烟罩升降部分进行烟气处理，控制系统设计比较单一，这里不做详细阐述。一次除尘是对大部分的转炉烟气进行处理，而且涉及转炉煤气的回收，是研究的重点。

一次除尘系统是由一、二级文氏管、洗涤塔、抽引风机、三通阀、水封逆止阀、烟筒等组成。转炉烟气通过一、二级文氏管和洗涤塔，被除尘水喷淋、除尘、降温后，由风机通过三通阀调节，部分通过逆止水封阀回收，部分通过烟筒放散。

在转炉冶炼过程中，氧气（O_2）与铁水中的硅（Si）、锰（Mn）、碳（C）、磷（P）、硫（S）等化学元素进行氧化还原反应，产生大量含有一氧化碳（CO）和二氧化碳（CO_2）的烟气。一氧化碳（CO）是研究的重点，通过ABB煤气分析仪对风机出口烟气的成分进行实时取样分析，可以将炼钢生产过程中的附加产品—氧化碳（CO）进行合理的回收，既能保护环境，又能增加经济收益。

转炉烟气中CO的含量随着吹炼时间的增加而增加，达到高峰后逐渐下降，最高可达90%，平均为70%左右。当CO含量在60%时，其热值可达到$8000kJ/m^3$。

2.11.2 自动吹扫与回收控制流程

煤气回收是实现负能炼钢的主要途径之一，介绍煤气分析的工艺和设备资料已经很多。由于煤气在洗涤后是高温潮湿气体，通常会对分析设备的取样造成堵塞，影响煤气回收。

而分析仪自动吹扫系统的设计与应用，彻底解决了取样探头易脏、易堵的难题，提高了煤气分析仪在过程检测中的响应灵敏度，能准确测量实时烟气成分，确保烟气成分分析数据的真实性，为煤气回收工作的进行指引方向。

该系统主要由七个电磁阀组成，分别为氮气总管电磁阀 DF1、取样管道取样电磁阀 DF2、取样管道吹扫电磁阀 DF3、探头内吹电磁阀 DF4、探头外吹电磁阀 DF5、泄压放散电磁阀 DF6、抽引大气电磁阀 DF7。其工艺流程如图 2 - 58 所示。

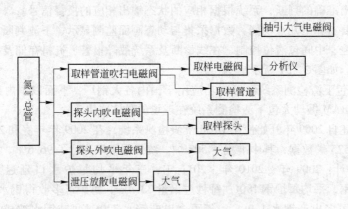

图 2 - 58　分析仪自动吹扫工艺流程

煤气回收的自动控制包含自动连锁和顺序控制，通常在开始出钢后，耦合器降速，一文弯头、二文弯头脱水器阀门开启，冲洗 3min 关闭，低速时，二文喉口捅针动作，风机水冲洗电动阀打开。

兑入铁水转炉摇起后，耦合器开始升速，随后开始吹炼，氧枪下降到位，分析仪表开始分析，达到设定值时开始回收煤气。回收时，水封逆止阀打开，开到位，气动三通阀由放散位转向回收，若水封逆止阀不能打开或者打开时间超过 25s，紧急打开气动旁通阀。回收结束，气动三通阀由回收转向放散，到位后，水封逆止阀关闭。氧枪提起，分析结束。开始出钢，进入下一个循环。

2.11.3　一次除尘 PLC 配置与组态

一次除尘由 HMI 和 PLC 控制，本系统为转炉一次除尘风机及煤气回收控制系统的一个子系统，由一套 PLC、两套 HMI、系统服务器及打印机、特殊检测设备（CO、O_2 分析仪）、电磁阀、网络通信等设备组成，系统配置如图 2 - 59 所示。

系统采用 MODBUS TCP/IP 以太网通信，网络结构为光纤自愈环网，相当于冗余网络，使数据能够可靠且都能"透明"地进行传输。

下位编程软件为基于 Windows 2000 环境下的 Concept 2.5，上位监控软件采用单机版 Vijeo look。本系统主要控制是逻辑量顺控，所以采用 LD 梯形图编程方式。顺控程序主要分为四大步，分别为吹扫取样管道、探头内吹、探头外吹、结束吹扫。从整体上设计为两种吹扫方式：自动吹扫和人工吹扫。其中自动吹扫接受转炉出钢信号的脉冲触发，每出一炉钢吹扫一次，由控制系统自动完成。人工吹扫是在不炼钢的情况下，如果探头比较脏、堵塞严重，需要进行取样探头补吹，在上位监控画面上点击一下人工吹扫按钮，确认后自动完成吹扫。

当自动吹扫时，从出钢信号开始过程状态的切换自动进行，任何时刻有一种且仅有一种状态存在，顺序完成 7 个阀门动作，其中重点是各阀门顺序延时触发开闭及循环脉冲吹扫，主要由定时器、计数器、上升沿触发、线圈保持等功能块来实现。

考虑到本控制系统自动化程度高，性能稳定可靠，基本不用手动操作，所以 7 个阀门共设

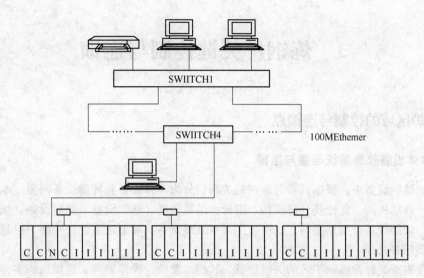

图 2-59 PLC 系统配置图

1 个手动/自动操作方式切换按钮,采用自动吹扫及人工吹扫都必须将阀门操作方式置于自动,手动状态下可实现各个电磁阀手动操作,但在程序中对不同电磁阀开闭顺序在流程中有严格要求,容易发生危险的部分电磁阀做了状态互锁,即手动时如果系统要求的上一个电磁阀未关闭则点击后续电磁阀开无效。

本系统设一幅上位监控画面,画面根据实际工艺管线分布绘制示意图,形象、直观,画面包括各电磁阀状态指示、开闭时间指示、循环计数指示、状态切换指示、操作按钮设置等,通过完善的人机界面,操作人员下达指令,监视状态实时监控系统运行。

3 炼钢厂关键控制与连锁

3.1 转炉区域的控制与连锁点

3.1.1 本体设备仪表系统连锁与报警

在转炉炼钢设备中，根据其参与炼钢的关系，分为本体设备和辅助设备两类。本体设备分别是炉体、倾动机构、氧枪及升降机构、副枪、供氧供氮、底吹设备、加料设备、烟气净化与回收设备。辅助设备分别是上料、二次除尘、水处理设备。对上述系统的检测、控制是炼钢自动化的主要任务之一。

转炉仪表系统作为炼钢工艺的关键设备，其技术复杂、操作繁琐、连锁保护多，因此，仪表系统运行的安全性、可靠性、稳定性、操作简便及氧枪控制的准确性是冶炼的前提条件。转炉的控制必须充分体现上述特点，确保各连锁点正常是保证冶炼的关键。图3-1为转炉炼钢的典型流程图。

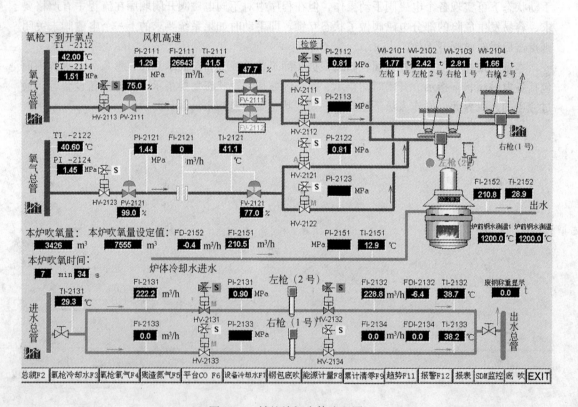

图3-1 转炉炼钢本体流程图

检测是炼钢过程必不可少的过程，在本体系统，氧枪气和水是最主要的节点，为了描述清楚，表3-1给出了本体系统主要连锁点。当条件不满足时，会影响正常冶炼进行。

表 3 – 1 转炉本体主要连锁点

位 号	名 称	操作方式	切断阀自动开关连锁条件	切断阀手动开关连锁条件
HV – 2113	氧枪氧气支总管切断阀	手动		开关阀条件：吹氧模式下
HV – 2111	1号氧枪氧气支管切断阀	手动/自动	开阀连锁条件： (1) 1号氧枪在工作位 (2) 一次除尘风机高速运行 (3) 不在检修模式 (4) 吹氧模式 (5) 氧枪下降到开闭氧点 关阀连锁条件： 上述任一条件不满足	开关阀条件： (1) 1号氧枪在工作位 (2) 一次除尘风机高速运行（在检修模式下上述条件取消） (3) 吹氧模式下
HV – 2112	2号氧枪氧气支管切断阀	手动/自动	开阀连锁条件： (1) 2号氧枪在工作位 (2) 一次除尘风机高速运行 (3) 不在检修模式 (4) 吹氧模式 (5) 氧枪下降到开闭氧点 关阀连锁条件： 上述任一条件不满足	开关阀条件： (1) 2号氧枪在工作位 (2) 一次除尘风机高速运行（在检修模式下上述条件取消） (3) 吹氧模式下
HV – 2123	氧枪氮气支总管切断阀	手动		开关阀条件：吹氮模式下
HV – 2121	1号氧枪氮气支管切断阀	手动/自动	开阀连锁条件： (1) 1号氧枪在工作位 (2) 不在检修模式 (3) 吹氮模式 (4) 氧枪下降到开氧点 关阀连锁条件： 上述任一条件不满足	开关阀条件： (1) 1号氧枪在工作位（在检修模式下上述条件取消） (2) 吹氮模式下
HV – 2122	2号氧枪氮气支管切断阀	手动/自动	开阀连锁条件： (1) 2号氧枪在工作位 (2) 不在检修模式 (3) 吹氮模式 (4) 氧枪下降到开氧点 关阀连锁条件： 上述任一条件不满足	开关阀条件： (1) 2号氧枪在工作位（在检修模式下上述条件取消） (2) 吹氮模式
HV – 2131	1号氧枪冷却水供水支管切断阀	手动/自动	开阀连锁条件： (1) 1号氧枪在工作位 (2) 1号氧枪进出水流量差不高 关阀连锁条件： 上述任一条件不满足	
HV – 2132	1号氧枪冷却水排水支管切断阀	手动		
HV – 2133	2号氧枪冷却水供水支管切断阀	手动/自动	开阀连锁条件： (1) 2号氧枪在工作位 (2) 2号氧枪进出水流量差不高 关阀连锁条件： 上述任一条件不满足	

位 号	名 称	操作方式	切断阀自动开关连锁条件	切断阀手动开关连锁条件
HV - 2134	2 号氧枪冷却水排水支管切断阀	手动		
HV - 2161	钢包底吹氩气支管 1 切断阀	手动		
HV - 2162	钢包底吹氩气支管 2 切断阀	手动		

除了这些连锁条件，还有大量的仪表检测报警值，当现场实际压力、流量、温度与程序中的设定值相符时，会发出不同级别的报警。根据现场的经验值，用表格给出了具体设定值（表 3 - 2）。有时现场出现报警又需要继续生产时，可以从 PLC 程序中适当调整，在确保人身、设备安全的前提下，完成本炉次的冶炼或出钢。

表 3 - 2　本体仪表部分主要仪表参数值

序号	位 号	信 号 名 称	量 程	报 警		连 锁	
				高报	低报	高限	低限
1	PISA - 2112	1 号氧枪氧气支管压力	0 ~ 2.0MPa		0.5		0.5
2	PISA - 2113	2 号氧枪氧气支管压力	0 ~ 2.0MPa		0.5		0.5
3	PISA - 2122	1 号氧枪氮气支管压力	0 ~ 2.0MPa		0.5		
4	PISA - 2123	2 号氧枪氮气支管压力	0 ~ 2.0MPa		0.5		
5	PISA - 2131	1 号氧枪冷却水进水压力	0 ~ 1.6MPa		0.5		0.5
6	PISA - 2132	2 号氧枪冷却水进水压力	0 ~ 1.6MPa		0.5		0.5
7	PISA - 2151	转炉设备冷却水进水压力	0 ~ 1.0MPa		0.5		
8	AIA - 2180 ~ 2189	平台 CO 浓度	$(0 ~ 100) \times 10^{-6}$	30			
9	FdIA - 2131	1 号氧枪进出水流量差	0 ~ 300m³/h	5		5	
10	FdIA - 2133	2 号氧枪进出水流量差	0 ~ 300m³/h	5		5	
11	FdIA - 2152	设备冷却水进出水流量差	0 ~ 250m³/h	3			
12	WISA - 2101、2、3、4	1 号(2 号)氧枪 1 号、2 号钢丝绳张力	0 ~ 10t	5	0.25	5	0.25
13	TIA - 2131	氧枪进水总管温度	0 ~ 100℃	37			
14	TIA - 2132	1 号氧枪出水管温度	0 ~ 100℃	52			
15	TIA - 2133	2 号氧枪出水管温度	0 ~ 100℃	52			
16	TIA - 2151	转炉设备冷却水进水温度	0 ~ 100℃	37			
17	TIA - 2152	转炉设备冷却水出水温度	0 ~ 100℃	52			
18	PIA - 0702	仪表用压缩空气压力	0 ~ 1MPa		0.5		

根据统计，在现场实际的生产维护中，有不少情况并不完全是由于现场检测元件出现故障，也不是因为程序有问题，而是中间的传输环节出现问题。以施耐德 PLC 为例，由于带 + 24VDC 输出的模块要比不带 + 24VDC 输出的模块贵很多，使得不少设计在中间增加了配电器，部分控制阀门动作的模块设计了继电器，无形中增加了不少的故障点。

为了快速查找可能影响现场阀门动作的故障点，根据现场经验，表3-3集中给出了本体仪表中阀门运动设备与隔离设备的对应关系，同类企业可以参照此表画出本厂的对应表，以便缩短故障排查的时间。

表3-3 本体仪表关键设备对应的继/配电器关系表

J1 继电器	J2 继电器	J3 继电器	J4 继电器	J5 继电器	J6 继电器	J7 继电器	J8 继电器
1号氧枪进水 DF-2131	1号氧枪出水 DF-2132	2号氧枪进水 DF-2133	2号氧枪出水 DF-2134	底吹氩气1 DF-2161	底吹氩气2 DF-2162	备用	备用
J17 继电器	J18 继电器	J19 继电器	J20 继电器	J25 继电器	J26 继电器	J27 继电器	J28 继电器
1号氧气支管 DF-2111	2号氧气支管 DF-2112	氧气支总管 DF-2113	备用	1号氮气支管 DF-2121	2号氮气支管 DF-2122	氮气支总管 DF-2123	备用
P1 配电器	P2 配电器	P3 配电器	P4 配电器	P5 配电器	P6 配电器	P7 配电器	P8 配电器
氧气支总管压力 PT-2111；1号氧气支管压力 PT-2112	2号氧气支管压力 PT-2113 备用	氮气支总管压力 PT-2123；1号氮气支管压力 PT-2122	2号氮气支管压力 PT-2123 备用	1号氧枪进水压力 PT-2131 备用	2号氧枪进水压力 PT-2133 备用	设备水进口压力 PT-2151；底吹氩气压力1PT-2161	底吹氩气压力2PT-2162 备用
P9 配电器	P10 配电器	P11 配电器	P12 配电器	P13 配电器	P14 配电器	P15 配电器	P16 配电器
氧气支总管流量 FT-2111；氮气支总管压力 FT-2121	底吹氩气流量1FT-2161；底吹氩气流量2FT-2162	49.750 CO检测 AET-2180 AET-2189	备用/备用	18.350 CO检测 AET-2181 AET-2182	24.030 CO检测 AET-2183 AET-2184	33.750 CO检测 AET-2185 AET-2186	39.450 CO检测 AET-2187 AET-2188
P17 配电器	P18 配电器	P19 配电器	P20 配电器	P21 配电器	P22 配电器		
普通压缩空气压力 PT-0701；净化压缩空气压力 PT-0702	普通压缩空气流量 FT-0701；净化压缩空气流量 FT-0702	备用/备用	备用/备用	备用/备用	备用/备用		

3.1.2 汽化冷却系统的报警与连锁

汽化冷却系统稳定是保障转炉安全生产的前提条件，因为转炉冶炼过程中，不仅回收煤气，还利用烟气的潜热产生蒸汽，产生蒸汽的多少也是衡量转炉生产及其控制系统是否良好的指标之一。图3-2为炼钢厂典型汽化冷却流程图。

在汽化冷却系统中比较主要的是汽包液位和压力，因为在转炉冶炼过程中，汽化冷却装置汽包水位能否稳定，不仅直接影响到设备安全和蒸汽质量，而且还关系到转炉能否正常生产。在转炉冶炼过程中，热负荷变动极大，汽包水位也急剧变化。

根据现场维护经验，转炉吹炼初期，随着熔池温度的升高，汽包压力与水位急剧上升，当汽包压力升到规定值，输出蒸汽，也给汽包补水；吹炼中期，熔池反应趋于稳定，汽包水位也

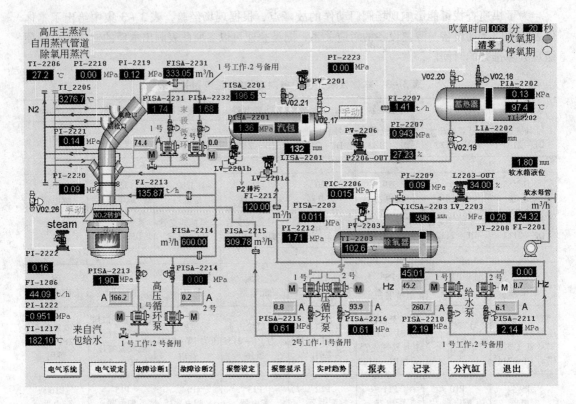

图 3 - 2　转炉汽化冷却流程图

较平稳；吹炼后期，熔池温度偏高，烟气温度进一步上升，汽包水位也急剧上升，蒸汽蒸发量也剧增。由于冶炼过程短，又受操作因素的影响，汽包水位变化急剧。很多缺乏经验的操作人员以为不能生产，反映仪表检测不准，致使仪表维护人员来回校表。实际情况未必是设备不稳，需要根据工况和设定值判断是否存在问题。表 3 - 4 列出了大部分汽化系统的现场报警连锁参数。

表 3 - 4　汽化冷却系统报警连锁信息

序号	变 量 名 称	设定值	备 注
1	汽包蒸汽压力上限报警/连锁设定(>2.45MPa)	2.45	连锁 V02.17 电动阀门（连锁开）（未投入自动，只在上位手动）
2	汽包蒸汽压力下限报警/连锁设定(<2.23MPa)	2.23	连锁 V0217 电动阀门（连锁关）（未投入自动，只在上位手动）
3	蓄热器蒸汽压力上限报警设定(>2.5MPa)	2.5	只报警
4	除氧水箱压力上限报警/连锁设定(>0.4MPa)	0.4	连锁 DF2203 切断阀（连锁开）（未投入自动，只在上位手动）
5	除氧水箱压力下限连锁设定(<0.39MPa)	0.39	连锁 DF2203 切断阀（连锁关）（未投入自动，只在上位手动）
6	给水泵 1 出口压力下限报警设定(<1.2MPa)（停氧期）	1.2	只报警
7	给水泵 1 出口压力下下限连锁设定(<1.0MPa)（停氧期）	1.0	只报警

续表 3 - 4

序号	变 量 名 称	设定值	备 注
8	给水泵 1 出口压力下下限连锁设定(<4.0MPa)(吹氧期)	4.0	只报警(红色代表 1 号没有)
9	给水泵 2 出口压力下限报警设定(<1.2MPa)(停氧期)	1.2	只报警
10	给水泵 2 出口压力下下限连锁设定(<1.0MPa)(停氧期)	1.0	只报警
11	给水泵 2 出口压力下下限连锁设定(<4.0MPa)(吹氧期)	4.0	只报警
12	高压泵 1 出口支管压力下限报警设定(<1.2MPa)(停氧期)	1.2	只报警
13	高压泵 1 出口支管压力下下限连锁设定(<1.0MPa)(停氧期)	1.0	只报警
14	高压泵 1 出口支管压力下下限连锁设定(<3.1MPa)(吹氧期)	3.1	只报警
15	高压泵 2 出口支管压力下限报警设定(<1.2MPa)(停氧期)	1.2	只报警
16	高压泵 2 出口支管压力下下限连锁设定(<1.0MPa)(停氧期)	1.0	只报警
17	高压泵 2 出口支管压力下下限连锁设定(<3.1MPa)(吹氧期)	3.1	只报警
18	末段高压泵 1 出口支管压力下限报警设定(<1.2MPa)(停氧期)	1.2	只报警
19	末段高压泵 1 出口支管压力下下限连锁设定(<1.0MPa)(停氧期)	1.0	只报警
20	末段高压泵 1 出口支管压力下下限连锁设定(<3.1MPa)(吹氧期)	3.1	只报警
21	末段高压泵 2 出口支管压力下限报警设定(<1.2MPa)(停氧期)	1.2	只报警
22	末段高压泵 2 出口支管压力下下限连锁设定(<1.0MPa)(停氧期)	1.0	只报警
23	末段高压泵 2 出口支管压力下下限连锁设定(<3.1MPa)(吹氧期)	3.1	只报警
24	低压泵 1 出口支管压力下限报警设定(<0.6MPa)	0.6	只报警
25	低压泵 1 出口支管压力下下限报警连锁设定(<0.4MPa)	0.4	只报警
26	低压泵 2 出口支管压力下限报警设定(<0.6MPa)	0.6	只报警
27	低压泵 2 出口支管压力下下限报警连锁设定(<0.4MPa)	0.4	只报警
28	汽包水温上限报警连锁设定(>180℃)	180	连锁 V0222 电动阀门(连锁关)(投入自动)
29	汽包水温下限报警连锁设定(<170℃)	170	只报警
30	汽包液位上限报警设定(>450mm)	450	只报警
31	汽包液位下限报警设定(< -650mm)	-650	只报警
32	汽包液位下下限报警设定(< -700mm)	-700	只报警
33	汽包液位下下限连锁设定(< -740mm)	-740	连锁提氧枪
34	吹氧期汽包液位上限连锁阀门设定(>350mm)	350	连锁汽包排水切断阀(连锁开)(吹氧期)(未投入自动,只在上位手动)
35	吹氧期汽包液位下限连锁阀门设定(<300mm)	300	连锁汽包排水切断阀(连锁关)(吹氧期)(未投入自动,只在上位手动)
36	停氧期汽包液位上限连锁阀门设定(>50mm)(1 号—100mm)	50	连锁汽包排水切断阀(连锁开)(停氧期)(未投入自动,只在上位手动)

序号	变　量　名　称	设定值	备　　注
37	停氧期汽包液位下限连锁阀门设定(< –350mm)	–350	连锁汽包给水切断阀(连锁开)(停氧期)(未投入自动,只在上位手动)
38	蓄热器水位上限报警设定(>1900mm)	1900	只报警
39	蓄热器水位下限报警设定(<1400mm)	1400	只报警
40	除氧水箱水位上限报警设定(>600mm)	600	只报警
41	除氧水箱水位下限报警设定(< –600mm)	–600	只报警
42	除氧水箱水位下下限报警设定(< –700mm)	–700	只报警
43	除氧水箱水位上限连锁阀门设定(>500mm)	500	连锁除氧水箱本体液位调节阀(投入自动)
44	除氧水箱水位下下限连锁设定(< –800mm)	–800	连锁提氧枪、给水泵、阀组(给水泵出口电动阀)
45	低压泵出口母管流量下限报警设定(<280)	280	连锁低压强制循环泵
46	高压泵出口母管流量下限报警设定(<450)	450	连锁高压强制循环泵
47	氮气管压力检测上限连锁设定(>0.5)(1 号—0.13)	0.5	允许下氧枪设定
48	汽包压力上限连锁切断阀设定(>0.8)	0.8	连锁汽包蒸汽出口切断阀(投入自动)
49	高压泵出口母管流量下下限连锁设定	0	连锁提氧枪
50	低压泵出口母管流量下下限报警设定	0	连锁提氧枪

3.1.3　转炉 HMI 与 PLC 关键技术要点

　　HMI 是 Human Machine Interface(人机接口)的缩写,一般指上位机画面。转炉的 HMI 一般供操作人员生产监控用,正常情况下不会影响生产。但转炉操作涉及大量的阀门自动控制,为便于结合工艺状况微调,其中设置了不少的 PID 参数调整对话框。如果有人不慎改变了其中的参数,就会造成控制回路波动影响冶炼,此时需要自动化仪表维护人员人工输入。以氧气阀门站为例,图 3 – 3 所示为部分阀门示意图。

　　转炉系统自动调节环节比较多,每个调节阀都有不同的 PID 参数设置。P 代表比例,对应快速控制;I 代表积分,一般用来实现柔性控制,避免振荡;D 代表微分,代表超前控制。下面的一些参数可以供维护人员和编程调试人员参考,以图 3 – 3 部分阀门为例(K_P、K_I、K_D 分别代表比例积分微分系数):

　　(1) PZ – 2111: $K_P = 5$, $K_I = 1$, $K_D = 0.001$

　　(2) FZ – 2111: $K_P = 0.0001$, $K_I = 0.0003$, $K_D = 0.0001$

　　(3) HV – 2111: $K_P = 10$, $K_I = 4$

　　(4) FZ – 2112: $K_P = 0.0001$, $K_I = 0.0002$, $K_D = 0.0001$

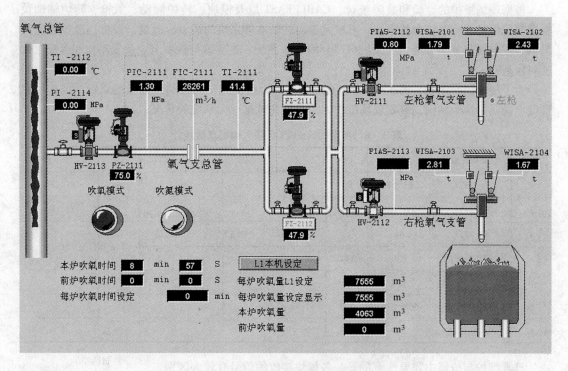

图 3 - 3　转炉氧枪阀门示意图

　　这些参数，一般存在 HMI 对话框中，特殊情况下可能被误操作，需要专门记录，并定期检查。除此之外，转炉底吹阀门也存在 PID 参数被修改的可能，一方面需要维护人员做好备份和记录，另一方面也可设置适当的登录权限。

　　HMI 的关键技术要领除此之外，有时还会遇到死机问题。一般在编程时设置了自动引导，所以只需重新启动计算机即可。

　　转炉部分的 PLC 部分是性能比较稳定的自动化控制产品，以施耐德产品为例，常见的故障是 CABLEFAST 保险烧坏，只要及时更换即可。由于每个系统的动作频率不一，所以要格外关注动作频率较高的系统。表 3 - 5 列出了转炉的 PLC 系统组成。

表 3 - 5　典型的转炉 PLC 系统分布设置

序号	系统代号	PLC 系统名称	PLC 位置
1	No. 1PLC	转炉倾动、氧枪、转炉辅助设备控制系统	主控楼 PLC 室
2	No. 2PLC	转炉投料系统设备控制	主控楼 PLC 室
3	No. 3PLC	转炉氧枪系统，炉体系统的压力、流量、温度、液位的监测与调节控制	主控楼 PLC 室
4	No. 17LPLC	转炉烟气净化及煤气回收控制系统	主控楼 PLC 室
	No. 17RPLC	一次除尘风机房设备控制	一次除尘风机房
5	No. 24PLC	转炉、精炼铁合金及辅原料上料、地下料仓除尘阀门控制系统	地下料仓操作室
6	No. 27APLC	转炉二次除尘系统主厂房内阀门设备的控制	主控楼 PLC 室

　　根据现场维护的经验和故障统计，CABLEFAST 以及模块、转炉倾动、氧枪、转炉辅助设备控制元件是故障率较高的系统，其次是参与转炉本体系统的压力、流量、温度、液位的监测与调节控制的部分，包括一次风机房部分的 PLC 系统，这应该与这些节点反复动作和运动次数相对较高有关。

　　为了便于说明问题，表 3 - 6 统计了转炉各 PLC 系统的开关量和模拟量的点数，也在一定程度上说明了这个结论，需要现场维护人员特别注意这三大系统的状况。

表 3 - 6　典型的转炉 PLC 输入输出点数统计

序号	控制系统编号	DI	DO	AI	AO	T/C	RTD	PI	F - BUS 接口
1	No. 1PLC	268 (1)	96	32	16			4	有 (8)
2	No. 2PLC	606 (2)	297		32			1	有 (9)
3	No. 3PLC	64	32	88 (4)	12		32		
4	No. 17PLCLI/O	320	144	80 (5)	12	8	16		
	No. 17PLCRI/O	128	64	80 (6)	12		24		
5	No. 24PLC	608 (3)	208	32					
6	No. 27APLC	288	112	16 (7)	12				

　　日常维护与抢修中需要注意的是，各模块接收的信号有较大区别。

　　为了便于统计开关量、模拟量的点数，方便设计选型、配置模块以及考核维护工作量，下面在已有的总数的基础上对其中的重点信号数量做如下说明。

　　(1) 表示 No. 1PLC 的 DI 中有 6 点为三线制接近开关输入信号，接近开关需要来自 PLC 柜内的 24VDC 电源，其中在 PLC 柜中需加 24 个小型继电器（线圈电压为 220VAC）以便接受氧枪主令控制器信号，然后继电器的接点再送到 PLC 的 DI 模块中。

　　(2) 表示 No. 2PLC 的 DI 中有 56 点为三线制接近开关输入信号，接近开关需要来自 PLC 柜内的 24VDC 电源。

　　(3) 表示 No. 24PLC 的 DI 中有 54 点为三线制接近开关输入信号，接近开关需要来自 PLC 柜内的 24VDC 电源。

　　(4) 表示 No. 3PLC 的 AI 中有 72 点模拟量输入信号，需要在端子排上加 24VDC 电源配电器，取自 PLC 柜内 24VDC 电源。

　　(5) 表示 No. 17PLC 的本地站 AI 中有 48 点模拟量输入信号，需在端子排上加 24VDC 电源配电器，取自 PLC 柜内 24VDC 电源。

　　(6) 表示 No. 17PLC 的远程站 AI 中有 48 点模拟量输入信号，需在端子排上加 24VDC 电源配电器，取自 PLC 柜内 24VDC 电源。

　　(7) 表示 No. 27APLC 中有 4 点 AI 信号，需要在端子排上加 24VDC 电源配电器，取自 PLC 柜内的 24VDC 电源。

　　(8) 本 PLC 的 F - BUS 接口需与 6 台变频器进行通信，接口形式另行确定。

　　(9) 本 PLC 的 F - BUS 接口需与 6 个现场称重 RI/O 模块进行通信，该 6 个 RI/O 模块随本系统成套供货。

　　除了 PLC 柜内的设置外，MCC 柜内也设有部分通信站点，而且以 I/O 信号为主，采用分布式 I/O 模块通信至主 PLC 系统。

对于现场仪表称重部分，采用 RI/O 模块。压头及接线盒采用德国 SCHENCK 公司的 RTN 及 DKK69，压头灵敏度为 2.85mV/V ± 2.85μV/V，激励电压为 10VDC。要求称重 RI/O 模块的功能能够与称重压头相匹配，即能够完成模块校验、调零、零点跟踪、信号过滤、自动去皮等，称重系统总精度为 0.5%。

系统设计整体考虑预留 10% 的备用量，以便于维护检修更换使用。

3.2 精炼区域的主要控制与连锁点

LF 是钢包精炼炉（ladle furnace）的简称，是主要的精炼设备，主要控制包括电极升降、自动加热，主要的连锁点有 PLC 通信正常、TCP\IP 网络正常、钢包车与电极升降连锁、真空断路器合闸信号满足等连锁条件。VD 作为目前更高级的精炼技术，主要的控制有真空度、蒸汽温度与压力的大小等，主要的连锁点包括冷却水入口压力、冷凝水温度、真空阀门开度等。

3.2.1 LF 炉自动化仪表技术

3.2.1.1 LF 炉主要控制概述

LF 炉一般是以废钢为原料，在钢铁联合企业也有全部或部分以铁水为原料的，该工艺技术在炼钢厂比较常见。图 3-4 为 HMI 操作主画面，其中包含了主要的自动化检测与控制项目。

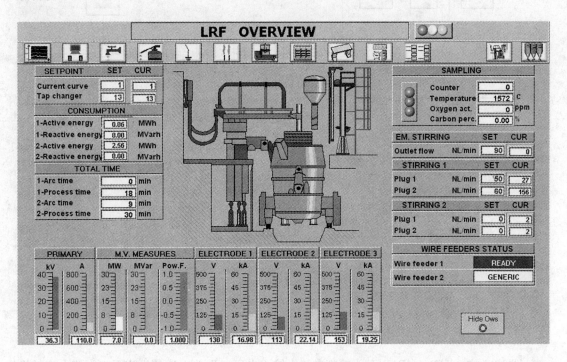

图 3-4 LF 炉 HMI 主操作图

电极调节部分是需要重点关注的控制重点，电极自动调节的原理是基于电弧电阻的恒阻抗特性，其调节公式为：

$$K_i \times I - K_u \times U = 0$$

式中　I——一次侧电流；

　　　U——二次测电压；

　　　K_i——变压器功能参数；

　　　K_u——工作点功能参数。

基于此调节公式，调节器在自动加热的过程中通过对电弧电阻的控制，使电弧加热电流始终保持在设定电流点的附近，以达到控制加热速度的目的，此时设定电流对变压器的某一挡位而言，不能超过其额定电流。

电极调节器有两种操作模式。

自动模式：加热过程中的电弧阻抗调节；由操作员在主操作台选择；在自动模式下电极的运行由数字电极调节器控制；任意时刻执行手动模式选择时，自动模式失效；结束手动模式时，电极调节器重回自动模式。

手动模式：手动模式用于维修使用及电极的紧急动作；手动模式在主操作台进行选择。

图3-5为电极调节器-阻抗调节的控制功能框图。

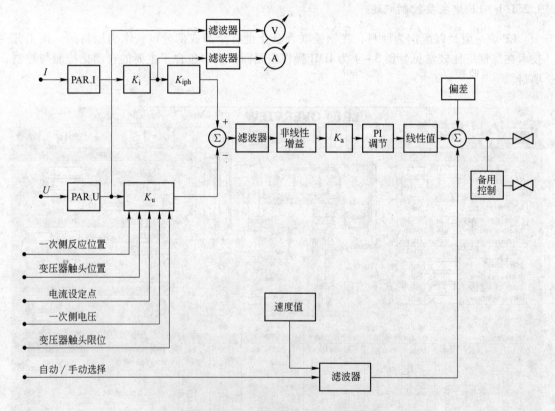

图3-5　电极调节的过程控制原理图

图3-5中，PAR. I，PAR. U 为输入电流，输入电压；K_i 为一次侧电流至二次侧电流转换系数；K_{iph}为三相平衡功能参数；K_u 为工作电压设定点参数；K_a 为变压器有载调压探头位置系数。

LF 炉是一个以电加热为主要处理方式的炼钢设备，是不设真空设备以电弧加热的简易的钢包精炼法，于1971年在日本大同特殊钢大森工厂投入使用。目前，国内基本是用交流钢包炉，在整个设备中主体设备是电极加热系统，其中包括供电系统、供电系统的水冷系统、电极升降液压控制系统、电极夹紧装置的液压控制系统等。

当时的初意是把电炉炼钢中的还原操作移到钢包中进行，它能显著提高电炉钢的产量，成为电炉与连铸匹配的主要设备。另外，LF精炼可以提高钢水的纯净度及满足连铸对钢水成分和温度的要求，使得转炉配LF技术也得到迅速发展。现在几乎所有钢厂都配有LF炉。

LF炉具有的加热功能，可以使电炉出钢温度降低120℃，缩短冶炼时间，并提高电炉作业率20%左右，尤其是对于钢水中溶解氧的控制与硫的控制，以最低成本实现了钢水中成分的微调，保证了产品的合格。

因此，维护人员一方面要结合工艺检测的需要，另一方面还需要电气仪表维护人员了解大量与自动化有关的信号与连锁。图3-6为LF炉电气仪表的检测系统图。

图中的电弧调节采用阻抗算法，分别获取如下的现场信号：

一次侧电压：基于变压器有载调压探头位置的一次侧额定电压。

一次侧电流：一次侧电流通过PLC程序换算为二次侧电流。

二次侧电压：VT信号通过电压传感器校正、滤波后输入PLC。

对应的运动输出设备在调节阀控制。PLC输出信号±10VDC，通过V/I转换板控制数字电极。系统可监控以下信号：一次侧电压，一次侧电流，有功功率，无功功率，二次侧电压，二次侧电流，电极调节阀给定信号；这些信号作为过程变量在PLC和HMI中均能监控到。

3.2.1.2 LF炉本体PLC的数据交换

A 输入信号

手动/自动模式下的信号输入：信号为高电平时，电极使用自动模式进行控制。在此模式下，调节阀的控制信号将基于电极电压及电极电流信号。

高速／低速（手动模式）模式下的信号输入：通过软件可对电极上升和下降时的速度进行预设定，速度的大小由操作员在操作面板上设定。信号为高电平时，高速信号被激活。高速信号应用于正常的操作过程，低速信号应用于检修等情况。

提升电极/下降电极模式下的信号输入：信号为高电平时，电极将以预设速度上升/下降，此速度可由操作员在操作面板上对三相进行单独设定。此信号在手动模式下激活，其优先级高于自动模式。

电极上限/电极下限：此信号为高电平时，电极已到达上限或下限。此时无论电极调节处于自动还是手动模式，电极均将停止动作。

电流设定：电流设定点以百分比的形式分为6步：二次侧额定电流的75%至二次侧额定电流的100%。

变压器有载调压探头位置：变压器有载调压探头分13挡。

断路器已合闸/分闸信号：此信号为高电平时，断路器已合闸，电极自动模式将激活，电极将开始自动调节过程。如果断路器分闸，在自动模式下，电极将升至上限后停止。

断路器分闸请求：此信号为高电平时，操作员在主操作台上发出断路器分闸请求信号，此时断路器将分闸。

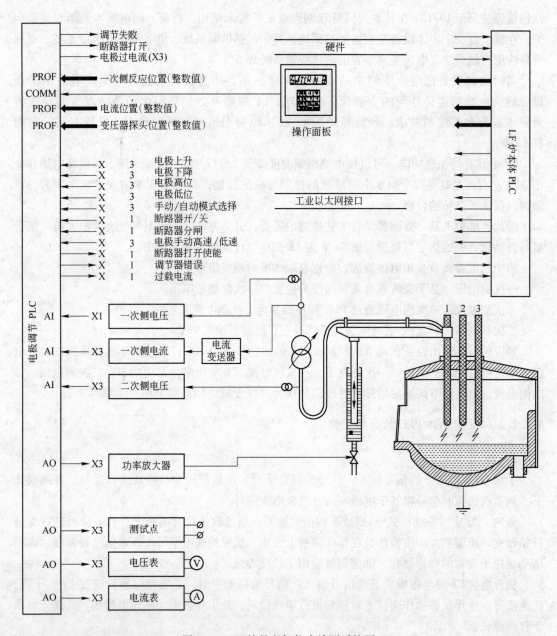

图 3 – 6　LF 炉的电气仪表检测系统图

B　输出信号

调节器调节失败时的信号输出：信号为高电平时，调节器正常执行调节程序。如果调节器产生错误，信号变为低电平，此时调节器将发出故障报警信号。

断路器合闸允许：信号为高电平时，允许断路器合闸。

电极二次侧电压：每一相的二次侧电压。

电极二次侧电流：每一相的二次侧电流。

钢水温度：送二级（L2）服务器，供冶金工艺模型计算加入的物料数量。

底吹吹氩量：送一级（L1）服务器，供上位机画面显示吹氩流量设定值。

3.2.1.3 LF 炉检测与控制系统模块配置

1993 年 7 月，冶金工业部颁布了《钢铁工业自动化功能技术规范》，涉及 LF 炉的检测项目有 20 项，例如冷却水流量、压力、温度、有功功率、无功功率、功率因数等电工量的测量，电极的自动调节等。图 3 - 7 ~ 图 3 - 9 分别为钢包车底吹氩、炉盖冷却水温压、液压站的检测流程图。通过这三幅图可以对 LF 炉的检测与控制系统有一个大概的了解。

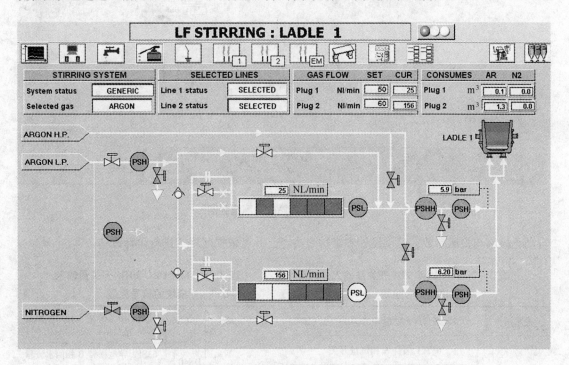

图 3 - 7　LF 炉钢包车底吹氩检测流程图

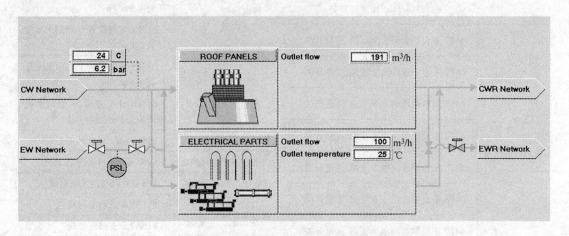

图 3 - 8　LF 炉盖冷却水温压检测流程图

除了 HMI 系统之外，LF 炉涉及较多的就是 PLC 系统。各种不同的系统组态方式不同，表 3 - 7 ~ 表 3 - 23 详细列出了一组基于西门子 S7 - 300 的检测连锁配置关系，包含了 LF 炉全部

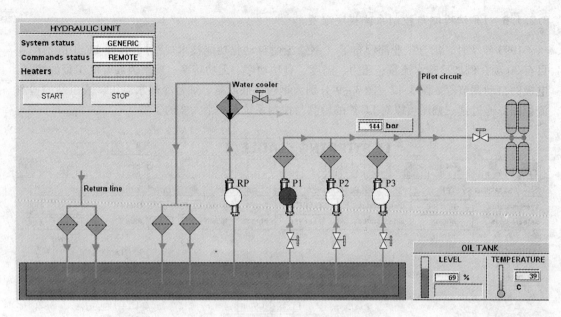

图 3-9　液压站的检测流程图

自动化控制与检测参数，可供设计和维护者参考，并可依据此格式进行设计改造。

表 3-7　1 号 PLC 9DI 开关量输入模块的信号配置	
进水压力	62SP1 来自进水总管压力开关（E+H）
导电铜管回水流量	63SF1 来自 A 相流量开关
	63SF2 来自 B 相流量开关
	63SF3 来自 C 相流量开关
炉盖回水流量	64F1 来自炉盖回水 1 支路 流量开关
	64F2 来自炉盖回水 2 支路 流量开关
	64F3 来自炉盖回水 3 支路 流量开关
	64F4 来自炉盖回水 4 支路 流量开关
	64F5 来自炉盖回水 5 支路 流量开关
	64F6 来自炉盖回水 6 支路 流量开关
	64F7 来自炉盖回水 7 支路 流量开关
	64F8 来自炉盖回水 8 支路 流量开关

表 3-8　1 号 PLC 10DI 开关量输入模块的信号配置		
导电横臂回水流量	DN40	63SF1 导电横臂 A 相回水流量开关 4.5m³/h
		63SF2 导电横臂 B 相回水流量开关 4.5m³/h
		63SF3 导电横臂 C 相回水流量开关 4.5m³/h
	DN25	63SF4 导电横臂 U 相回水流量开关 1.8m³/h
		63SF5 导电横臂 V 相回水流量开关 1.8m³/h
		63SF6 导电横臂 W 相回水流量开关 1.8m³/h
钢水测温多点转换 1		69S1 手动/自动转换 1
钢水测温多点转换 2		69S2 手动/自动转换 2
顶吹氩气阀打开操作		11SA17 顶吹氩气电磁阀
钢包车 1 氩气		81SA1 1 支路电磁阀
		81SA2 2 支路电磁阀
钢包车 2 氩气		82SA1 1 支路电磁阀
		82SA2 2 支路电磁阀

表3-9　1AI、2AI 模拟量输入信号模块的配置

炉盖回水 1	1AI	64TE1 炉盖 1 支路回水温度
炉盖回水 2		64TE2 炉盖 2 支路回水温度
炉盖回水 3		64TE3 炉盖 3 支路回水温度
炉盖回水 4		64TE4 炉盖 4 支路回水温度
炉盖回水 5	2AI	64TE5 炉盖 5 支路回水温度
炉盖回水 6		64TE6 炉盖 6 支路回水温度
炉盖回水 7		64TE7 炉盖 7 支路回水温度
炉盖回水 8		64TE8 炉盖 8 支路回水温度

表3-10　1号 PLC 3AI 模拟量输入信号模块的配置

冷却水总进水温度		62TE1 总进水温度热电阻
短网支架回水温度		63TE1 短网支架回水温度热电阻
钢水测温定氧仪	钢液温度	现场就地
	氧含量	

表3-11　4AI 模拟量输入信号模块的配置

导电铜管回水 1	63TE2 铜管回水 1 温度
导电铜管回水 2	63TE3 铜管回水 2 温度
导电铜管回水 3	63TE4 铜管回水 3 温度
导电铜管回水 4	63TE5 铜管回水 4 温度

表3-12　5AI 模拟量输入信号模块的配置

导电横臂回水 1	63TE6 导电横臂回水 1 温度
导电横臂回水 2	63TE7 导电横臂回水 2 温度
导电横臂回水 3	63TE8 导电横臂回水 3 温度
导电横臂回水 4	63TE9 导电横臂回水 4 温度
导电横臂回水 5	63TE10 导电横臂回水 5 温度
立柱顶端水冷回水 1	63TE11 立柱回水温度 1
立柱顶端水冷回水 2	63TE12 立柱回水温度 2
立柱顶端水冷回水 3	63TE13 立柱回水温度 3

表3-13　7AI 1 号钢包车模拟量输入信号模块的配置

钢包车 1 氩气	进气总压力	72PT1
	氩气压力 1	72PT2
	氩气压力 2	72PT3
	备　用	
	氩气流量 1	72FT1
	氩气流量 2	72FT2
液压系统压力		72PT7

表3-14　8AI 2 号钢包车模拟量输入信号模块的配置

钢包车 2 氩气	进气总压力	72PT4
	氩气压力 1	72PT5
	氩气压力 2	72PT6
	备　用	
	氩气流量 1	72FT3
	氩气流量 2	72FT4
备用		
备用		

表 3 – 15　1 号钢包车电磁阀 PLC 输出控制（5DO）

顶吹氩气阀控制		5KA81 总电磁阀
钢包车 1 氩气阀控制	1	5KA82 1 支路总管电磁阀
	2	5KA83 2 支路总管电磁阀
钢包车 1 氩气阀门组 1	1	5KA84 1 阀组 1 号电磁阀
	2	5KA85 1 阀组 2 号电磁阀
	3	5KA86 1 阀组 3 号电磁阀
	4	5KA87 1 阀组 4 号电磁阀
	5	5KA88 1 阀组 5 号电磁阀
	6	5KA89 1 阀组 6 号电磁阀
钢包车 1 氩气阀门组 2	1	5KA90 2 阀组 1 号电磁阀
	2	5KA91 2 阀组 2 号电磁阀
	3	5KA92 2 阀组 3 号电磁阀
	4	5KA93 2 阀组 4 号电磁阀
	5	5KA94 2 阀组 5 号电磁阀
	6	5KA95 2 阀组 6 号电磁阀
备　用		5KA96

表 3 – 16　2 号钢包车电磁阀 PLC 输出控制（6DO）

钢包车 2 氩气阀控制	1	5KA98 1 支路电磁阀
	2	5KA99 2 支路电磁阀
钢包车 2 氩气阀门组 1	1	5KA100 1 阀组 1 号电磁阀
	2	5KA101 1 阀组 2 号电磁阀
	3	5KA102 1 阀组 3 号电磁阀
	4	5KA103 1 阀组 4 号电磁阀
	5	5KA104 1 阀组 5 号电磁阀
	6	5KA105 1 阀组 6 号电磁阀
钢包车 2 氩气阀门组 2	1	5KA106 2 阀组 1 号电磁阀
	2	5KA107 2 阀组 2 号电磁阀
	3	5KA108 2 阀组 3 号电磁阀
	4	5KA109 2 阀组 4 号电磁阀
	5	5KA110 2 阀组 5 号电磁阀
	6	5KA111 2 阀组 6 号电磁阀
备　用		5KA97

表 3 – 17　1 号钢包车气动阀控制

顶吹氩气阀控制	72QD1
钢包车 1 氩气阀控制	72QD2 ~ 72QD3
钢包车 1 氩气阀门组 1	72QD4 ~ 72QD9
钢包车 1 氩气阀门组 2	72QD10 ~ 72QD15
备　用	

表 3 – 18　2 号钢包车气动阀控制

钢包车 2 氩气阀控制	72QD16 ~ 72QD17
钢包车 2 氩气阀门组 1	72QD18 ~ 72QD21
钢包车 2 氩气阀门组 2	72QD24 ~ 72QD29
备　用	

表 3 – 19　1 号 PLC 1DI
（高压合分闸控制及故障信号）

油水冷却器 1 工况信号	油流报警	96Q1
	水流报警	96W1
	油水差压报警	96L1

表 3 – 20　1 号 PLC 2DI
（高压系统故障信号）

油水冷却器 2 工况信号	油流报警	96Q2
	水流报警	96W2
	油水差压报警	96L2

表 3 – 21　1 号 PLC 1DO
（高压合分闸及变压器调压控制）

断路器合分闸控制	合　闸	5KA1
	分　闸	5KA2
变压器调压控制	升　压	5KA3
	降　压	5KA4
除尘电动蝶阀控制	打开限位开关	5KA6
	关闭限位开关	5KA7
除尘电动蝶阀	打开限位开关	15HL1
	关闭限位开关	15HL2
	过力矩限位开关	15HL3

表 3 – 22　1 号 PLC 液压溢流阀控制 2DO

电磁溢流阀	1 号泵电磁阀	5KA51
	2 号泵电磁阀	5KA52
	3 号泵电磁阀	5KA53

表 3 – 23　3 号 PLC 1AI
（PLC 料仓称重模拟输入信号）

1 组称重	16XP1 辅原料汇总料仓
2 组称重	16XP2 铁合金汇总料仓 1
3 组称重	17XP1 铁合金汇总料仓 2
4 组称重	17XP2 矿石汇总料仓

3.2.2　VD炉设备中重要的自动化仪表技术

　　VD炉是生产油罐钢、管线钢、军工钢等特殊纯净钢的主要技术设备,国内冶金企业一般以成套进口为主,应用及开发技术目前尚处于起步阶段。VD炉作为一套自动化仪表高度集中的设备,90%的控制检测来自自动化仪表,51%的故障与自动化仪表有关。该设备除具有自动化、应用电子的特点外,还与机械、热工相关。不少企业仪表维护技术力量薄弱,新建的VD设备不少功能没有发挥出来。

　　因为VD炉的生产需要中温、中压的蒸汽,所以大部分VD炉在设计时配套设计了快速锅炉房,加大了自动化仪表的集中度。也有的冶金企业,直接借用蒸发之后的蒸汽,作为抽真空的蒸汽源,效果也很好。综合现场的维护经验,蒸汽的温度、压力和流量,真空度的控制(包括密封),阀门的动作都是制约VD炉功能释放的主要技术因素,需要维护人员高度重视。

3.2.2.1　蒸汽控制流程

　　真空度的控制是否理想,与发电蒸汽的温度(245℃)、压力(12.3MPa)高低有很大关系。

　　以济钢为例,在设计时选用了快速锅炉的蒸汽产生方式,图3-10所示就是一种快速锅炉的蒸汽分配方式。

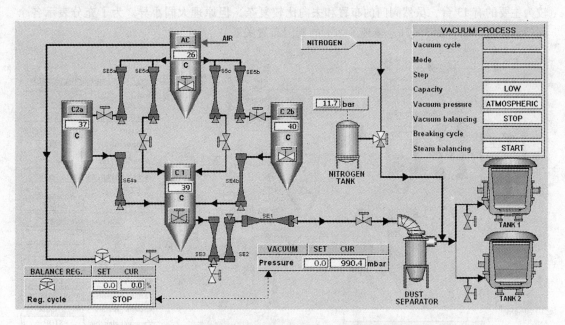

图3-10　快速锅炉的蒸汽分配方式

　　蒸汽先到达分汽缸,控制分汽缸的入口阀门采用压力自动调节。蒸汽在喷射泵中串联工作,将烟气逐级压缩。

　　真空泵共有五级,这也是国内外通用的设计模式,每一喷射级最多有四个喷射泵。这种设计能在每一压力范围内优化喷射泵数量,从而最大限度地降低抽真空时间和蒸汽消耗量,除一级泵体积较长水平放置外,其他喷射泵包括冷凝器都垂直布置在柱状结构内。

　　VD处理的过程,是一个利用蒸汽对放置于真空罐内的钢包中的废气不断抽引和压缩的过程。蒸汽从第五级到第一级陆续进入真空泵，废气的运动过程是从第一级到第五级。真空罐内的废气在低压状态下被抽出，但每一级真空泵的压缩比不同，经第一级喷射泵压缩到约0.5kPa后进入第二级喷射泵。

　　第二级喷射泵将第一级喷射泵送来的废气和蒸汽混合气压缩到2.7kPa后再送到第三级喷射泵。

　　第三级喷射泵将前两级送来的废气和蒸汽混合气压缩到8kPa并排放到第一冷凝器中。

　　第一冷凝器（AC）将第一、第二、第三级喷射泵所用的蒸汽冷凝，这时废气中已无蒸汽，继续送到第四级喷射泵。

　　第四级喷射泵是由两台并联喷射泵组合而成，可分别控制以优化抽气容量，将废气压缩到20kPa。

　　第四级喷射泵出来的废气和蒸汽进入第二冷凝器，它由两台并联的冷凝器组成，从第四级喷射泵出来的蒸汽在此冷凝。

　　最后第五级喷射泵将蒸汽压缩到大气压力。第五级喷射泵是由四台并联的喷射泵组合而成，可以分别控制以优化抽气容量。第五级喷射泵送出的废气和蒸汽经过冷凝器将废气排入大气，最后的冷凝器也起消声器的作用。

　　目前，国内生产成套VD设备的能力相对较弱，主要受制于真空阀门复杂的自动化控制。VD设备真空泵阀门数量众多，一般由25台阀门组成，其中18台分布在5层真空泵平台上，较为主要的有13台，虽然阀门的布置和去向比较复杂，但原理大同小异。为了充分表示各个阀门的关系，结合图3-11，整理了如下的阀门布置关系。

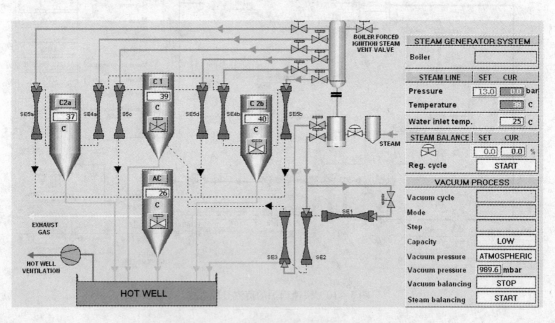

图3-11　VD工艺自动化仪表阀门布置图

1号阀门：分汽包Ⅱ放散阀/（19125代表图位号，下同）

2号、3号阀门：5a/ 19123→c2a/19509（最西侧）

4号、5号阀门：5d/ 19121→c2/19505

6号、7号阀门：5c/ 19122→c2/19511

8 号、9 号阀门：5b/ 19119→c2b/19510（最东侧）

10 号阀门：4a/19124（相对居西）

11 号阀门：4b/19120（相对居东）

12 号阀门：C1 冷凝器进水切断阀/19104

13 号阀门：C2b 冷凝器进水切断阀/19105

其余位置的阀门布置：

0m 第一层平台 1 个：19507 排污阀

2m 第二层平台 1 个：19100 冷凝器冷却水进水总管

4m 第三层平台 5 个：19508（3 号泵和 AC 切断阀）、19118（3 号泵切断阀）、19116（1 号、2 号泵切断阀）、PV19506（2×10^4Pa 真空调节阀）、PV19110（来自锅炉蒸汽压力调节阀）

6m 第四层平台 1 个：19106（AC 冷凝器进水管切断阀）

VD 包盖密封用相对混浊循环水总管切断阀：19102

将 VD 由真空状态变成一个大气压用破坏真空用三通阀：19001

1 号罐（南）：19514

2 号罐（北）：19513

总管到分离器：19512、19117

以上阀门构成了 VD 炉真空连锁控制的整个过程。根据工艺要求，泵的抽气能力可用真空连锁控制方便和快速地改变。真空控制阀自动调节有效抽气容量，通过废气在真空泵内部局部回流，使真空罐达到和保持目标压力。

冷凝器中的水被收集到地坪上的热水井中，大气压力保证水从低压冷凝器中流出而不需要另外加泵。使用热井泵可以将热水井中的水抽到冷却水系统。

3.2.2.2 快速锅炉房

影响快速产生蒸汽产量（20t/h）、温度（212℃）、压力（10.0MPa）的因素很多，甚至煤气的热值、压力（17 ~ 18kPa）也会影响到蒸汽的质量，造成长时间抽不到额定的真空度，所以锅炉房的维护难度较大。锅炉房的控制一般都是由仪表控制完成，很少在计算机 HMI 上显示，表 3 - 24 列举了快速锅炉房需要配置的主要控制仪表。

表 3 - 24　快速锅炉房需要配置的主要控制仪表信息

序号	名　称	端子	端子号	用　途
1	液位计	X2	24、25	锅炉液位检测（220VAC 供电）
2			5、6	输出（4 ~ 20mA）信号
3	液位调节	X2	21	补充进水（220VAC 火线）
4			22	低于指定液位时闭合
5			23	高于指定液位时闭合
6		X4	1、2、3	液位控制（0 ~ 100%）
7	电极调节	X2	1、2、3、4	调节电导率
8	热电阻	X4	59、60、61	蒸汽管路入口温度
9	气体密度检测	X2	34	泄漏状态信号
10			35	不泄漏状态信号
11			36	公　用

序号	名　称	端子	端子号	用　途
12	煤气放散阀	X2	47、48	燃烧不尽，煤气排空
13	煤气区电磁阀 1	X2	49、50	煤气管道 1 级切断
14	煤气区电磁阀 2	X2	51、52	煤气管道 2 级切断
15	蒸汽切断阀	X4	41、42	输出信号
16			45、46	输入信号
17			43	24VDC（ - ）
18			44	24VDC（ + ）
19	烟道烟气温度	X4	21、22、23	测烟道烟气温度
20	给水箱水位	X2	84、85、86	给水箱水位高、高高
21	给水箱水位	X2	87、88、89	给水箱水位低、低低
22	给水净化	X2	100、101	配软水
23	定量泵 1	X2	91、92	定量配软水
24	定量泵 2	X2	96、97	定量配软水
25	搅拌器泵 1	X2	94、95	加药后完成搅拌
26	搅拌器泵 2	X2	98、99	加药后完成搅拌
27	温度传感器	X2	26、27	
28	伺服电机	X4	51、52、53、54、55、56	
29	去 VD 主管路	X4	37、38	压力传感器
30	事故指示灯	X5	1、2、3、4	
31	水箱水位指示	X5	5、6	
32	水箱低水位报警	X5	7、8	
33	锅炉指示	X5	9、10	
34	锅炉低水位报警	X5	11、12	
35	燃烧器准备就绪指示	X5	13、14	点火器状态检测
36	燃烧器接通指示	X5	15、16	点火器状态检测
37	备　用	X5	17、18、19、20	
38	给水温度	X5	31、32	
39	蒸汽流量	X5	33、34	检测分汽缸蒸汽流量
40	蒸汽压力	X5	35、36	检测分汽缸蒸汽压力

由于锅炉属于特种设备，只要有一个条件不满足，就无法将锅炉开起来。以锅炉液位为例，可能引起的故障包括：锅炉房液位波动大，报警连锁熄火。

再如，蒸汽流量调节阀有故障（regulation steam flow），可带来的后果：导致去往 VD 炉的蒸汽调节阀无法满足抽真空要求，甚至自动调节范围锁定 5% 左右，考虑此处的重要性，此阀最好设有手动（MAN）操作，以便不影响供气。

3.3　连铸机区域的控制与连锁点

3.3.1　板坯连铸机主要仪表网络连锁点对应关系

炼钢管理控制系统在纵向分为生产管理级（L3 级）、过程控制级（L2 级）和基础自动化级（L1 级）三个层次；在横向划分为 1 号转炉、2 号转炉、3 号转炉三个区域。厂级的生产管理网络与过程控制网络和基础控制网络是相通的，同时还留有将来与公司计算机网络连接的接口。在各个转炉的过程控制级和基础自动化级，各个区域均设置一个子网，将本区域的过程机、HMI 服务器和 PLC 等控制设备连接起来，使得同一区域的 PLC 之间可以快速交换数据，同时过程机和 HMI 服务器也可以很方便地与本区域的 PLC 交换数据。而各区域的过程机及其终端、HMI 服务器和 HMI 设备是通过主干网实现互联的，以形成一个完整的整体。通过主干网，各区域的过程机以及过程控制级的终端设备可以相互交换数据，各区域的过程机和 HMI 服务器也可以相互交换数据，同时，基础自动化级的 HMI 设备也可以和本区域的 HMI 服务器交换数据。

随着自动化程度的提高，连铸机的控制结点越来越多，为此大量的信号通过网络传输。网络故障相对增多，对生产的影响也明显加大。图 3 - 12 为连铸机 PLC 网络部分分布图。

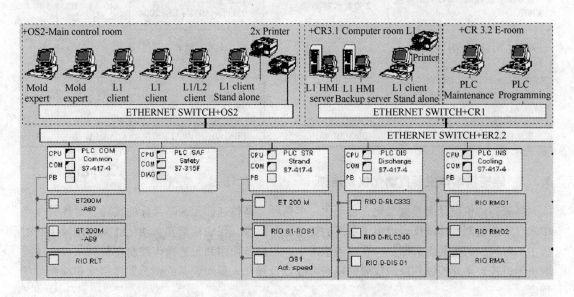

图 3 - 12　连铸机 PLC 网络部分典型配置图

作为连铸机区域内的自动化仪表设备，按系统可分为：介质管线系统、大中包称重系统、大中包测温系统、结晶器专家系统、结晶器液位系统、结晶器冷却水系统、扇形段二次冷却水系统、扇形段设备冷却水系统、烘烤器系统、辊缝仪、后部切割系统等。下面将介绍连铸机自动化仪表系统中主要的控制与连锁点。

大量的信号并不是直接送到 PLC 主站内，而是由多个远程站通过网络完成传递，表 3 - 25 列出了自动化仪表部分的远程站分布。维护人员需要特别关注自动化仪表部分的信号传输，因为大部分远程站都分布在振动、灰尘、高温辐射的区域，一旦出现网络中断，将直接影响正常的生产。建议每月对网络的节点做一次检查并清灰。

表 3 – 25　　板坯连铸机主要自动化仪表网络连锁点组成

设备名称（后附设备号）	所处位置	去　　处	设备图位号	DP 地址
显示大屏 93162_ A101 + LC101	浇注平台	公共 PLC 93111_ A011 + ER62C03	A40 A2 – B2	8
大包测温仪 2341_ A101 + CP1	大包操作平台	中间包测温仪		5
中间包测温仪 2341_ A101 + CP1	中间包操作平台	结晶器操作站 93111_ A111 + OS5	A21 A – B	6
大包称重远程站 2116 – A111 + WR03	蒸汽抽引 2 号风机室	公共 PLC 93111_ A011 + ER62C03	A43 A2 – B2	7
1 号中间包称重 93162 – A131	中间包车 1 号远程站 内 221 – A111 + LC131	公共 PLC 93111_ A011 + ER62C03	A41 A2 – B2	3
2 号中间包称重 93162 – A132	中间包车 2 号远程站 内 221 – A112 + LC132	公共 PLC 93111_ A011 + ER62C03	A41 A2 – B2	4
配水 1 号远程站 93111 – A132 + WR02	2 号配水室	仪表主站 93111 – A031 + ER62C04	A40 A2 – B2	3 和 4
配水 2 号远程站 93111 – A133 + WR02	2 号配水室	配水 1 号远程站 93111 – A132 + WR02		5
配水就地操作面板 93111 – A131 + LC823	2 号配水室	仪表主站 93111 – A031 + ER62C04	A41 A2 – B2	4
板坯称重站 3354 – A001	ER63C01 柜内	ER63C01 柜内 A22 模块	A22 A – B	3

3.3.2　连铸机本体主要自动化仪表连锁

随着连铸机设计向着大型化、自动化、多钢种、高拉速、无缺陷目标的发展，对连铸生产中的自动化控制和检测仪表提出了更高的要求。可以说，仪表检测和自动化已成为连铸生产过程中不可缺少的重要组成部分。在连铸生产中，把设备使用和工艺操作控制在最佳条件，主要取决于过程自动化控制和检测仪表的精密程度以及操作人员对设备的熟悉掌握程度和检修维护程度。

为了最大程度地降低设备故障，提高设备精度，连铸机本体的检测仪表大致可以分为钢水大包、中间包、结晶器、二冷冷却段和机旁设备等几部分。目前，主要的自动化仪表技术包括结晶器事故水控制、二冷水控制、结晶器专家系统以及自动称重技术等（图 3 – 13）。

结合现场维护中需要经常操作、容易出现故障的部位，对结晶器事故水、反冲洗水、喷淋事故水的阀位指示分别做了总结，见表 3 – 26。不同的连铸机可以做类似的归纳，以备现场出现故障时应急处理。

在生产中高度关注的是紧急冷却。紧急冷却开启是由以下三个方面引起的：

（1）冷却水主管低压（自动状态下）；

（2）OS2 操作盘操作；

（3）HMI 操作。

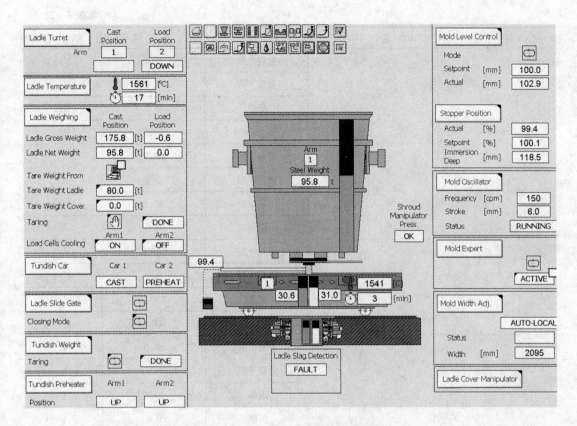

图 3-13　连铸机自动化仪表概貌图

表 3-26　板坯连铸机经常操作、易出故障部位自动化仪表连锁信息

位　置	名　称	类　别	数　值	单　位
结晶器冷却总管	压力	量程上限	1.0	MPa
		量程下限	0.0	MPa
		低限	0.5	MPa
		低低限	0.35	MPa
	温度	量程上限	60.0	℃
		量程下限	0.0	℃
		高限	45.0	℃
		低限	0.0	℃
	流量	量程上限	900.0	m³/h
		量程下限	0.0	m³/h
		低限	580.0	L/h
		低低限	0.0	L/h
液位传感器	流量	量程上限	40.0	L/h
		量程下限	0.0	L/h
		低限	3.0	L/h

位　置	名　　称	类　别	数　值	单　位
喷淋冷却总管	压力	量程上限	1.0	MPa
		量程下限	0.0	MPa
		低限	0.5	MPa
		低低限	0.35	MPa
	温度	量程上限	60.0	℃
		量程下限	0.0	℃
		高限	45.0	℃
		低限	0.0	℃
	流量	量程上限	550.0	m³/h
		量程下限	0.0	m³/h
		低限	250.0	m³/h
		低低限	200.0	m³/h
结晶器活动侧	温度	量程上限	60.0	℃
		量程下限	0.0	℃
		高限	52.0	℃
		低限	0.0	℃
		温差高限	12.0	℃
		温差低限	0.0	℃
	流量	量程上限	7000.0	L/h
		量程下限	0.0	L/h
		低限	4500.0	L/h
		低低限	4000.0	L/h
结晶器固定侧	温度	量程上限	60.0	℃
		量程下限	0.0	℃
		高限	52.0	℃
		低限	0.0	℃
		温差高限	12.0	℃
		温差低限	0.0	℃
	流量	量程上限	7000.0	L/h
		量程下限	0.0	L/h
		低限	4500.0	L/h
		低低限	4000.0	L/h

位　置	名　称	类　别	数　值	单　位
结晶器左侧	温度	量程上限	60.0	℃
		量程下限	0.0	℃
		高限	52.0	℃
		低限	0.0	℃
		温差高限	12.0	℃
		温差低限	0.0	℃
	流量	量程上限	800.0	L/h
		量程下限	0.0	L/h
		低限	430.0	L/h
		低低限	400.0	L/h
结晶器右侧	温度	量程上限	60.0	℃
		量程下限	0.0	℃
		高限	52.0	℃
		低限	0.0	℃
		温差高限	12.0	℃
		温差低限	0.0	℃
	流量	量程上限	800.0	L/h
		量程下限	0.0	L/h
		低限	430.0	L/h
		低低限	400.0	L/h
喷淋冷却支管 1N、1 区	DB heat zone reached		0.8	
	计算设定值开		0.7	m
	设定值关		1.54	m
	新质量设定值		1.04	m
喷淋冷却支管 2 区	DB heat zone reached		1.04	
	计算设定值开		0.7	m
	设定值关		2.095	m
	新质量设定值		1.595	m
喷淋冷却 3 区	DB heat zone reached		1.595	
	计算设定值开		0.7	m
	设定值关		3.206	m
	新质量设定值		2.706	m

位　置	名　称	类　别	数　值	单　位
喷淋冷却 4 区	DB heat zone reached		2.706	
	计算设定值开		2.206	m
	设定值关		4.757	m
	新质量设定值		4.257	m
喷淋冷却 5C、5M 区	DB heat zone reached		4.257	
	计算设定值开		3.757	m
	设定值关		6.676	m
	新质量设定值		6.176	m
喷淋冷却 6IC、6IM、6OC、6OM 区	DB heat zone reached		6.176	
	计算设定值开		5.676	m
	设定值关		10.514	m
	新质量设定值		10.014	m
喷淋冷却 7IC、7IM、7OC、7OM 区	DB heat zone reached		10.014	
	计算设定值开		9.514	m
	设定值关		14.357	m
	新质量设定值		13.852	m
喷淋冷却 8IC、8IM、8OC、8OM 区	DB heat zone reached		13.852	
	计算设定值开		13.352	m
	设定值关		20.987	m
	新质量设定值		20.487	m
喷淋冷却 9I 区	DB heat zone reached		20.487	
	计算设定值开		19.987	m
	设定值关		28.022	m
	新质量设定值		27.522	m
喷淋冷却 10I 区	DB heat zone reached		27.522	
	计算设定值开		27.022	m
	设定值关		34.722	m
	新质量设定值		34.392	m
喷淋压缩空气 2~4 区	压力	低限	0.09	MPa
	铸流到达本区		1.04	m
	铸流出本区		4.7	m
	DB heat zone reached		1.04	m

位 置	名 称	类 别	数 值	单 位
喷淋压缩空气5~8区	压力	低限	0.09	MPa
	铸流到达本区		3.757	m
	铸流出本区		21.0	m
	DB heat zone reached		3.757	m
喷淋压缩空气9~10区	压力	低限	0.09	MPa
	铸流到达本区		20.487	m
	铸流出本区		34.9	m
	DB heat zone reached		20.487	m
喷淋冷却交叉喷淋 9XOL、9XOR区	阀打开		19.987	m
	阀关闭		32.522	m
喷淋冷却交叉喷淋 10XOL、10XOR区	阀打开		27.022	m
	阀关闭		34.222	m
TCM冷却	阀打开		33.722	m
	阀关闭		100.0	m
设备闭路冷却总管	压力	低限	0.5	MPa
		低低限	0.35	MPa
	温度	量程上限	60.0	℃
		量程下限	0.0	℃
		高限	45.0	℃
		低限	0.0	℃
	流量	低限	440.0	L/h
		低低限	400.0	L/h
喷淋压缩空气总管	压力	量程上限	1.0	MPa
		量程下限	0.0	MPa
		低限	0.2	MPa
	温度	量程上限	100.0	℃
		量程下限	0.0	℃
		高限	50.0	℃
	流量	量程上限	9000.0	m³/h
		量程下限	0.0	m³/h
		低限	4000.0	m³/h

位　　置	名　　称	类　　别	数　　值	单　　位
事故水塔	液位	量程上限	3.0	m
		量程下限	0.0	m
		高高限	2.99	m
		高限	2.95	m
		低限	2.5	m
		低低限	2.0	m

检测切断阀、紧急供水阀、紧急排水阀允许打开条件的前提条件是：

（1）浇注模式或者模拟浇注模式；

（2）清洗模式且铸坯已经出结晶器，铸坯跟踪结束值 $L < 1500mm$。

如果压力 $p < 0.68MPa$（冷却水主管压力）超过 5s，则紧急冷却水阀将自动打开，此时紧急供水阀、紧急排水阀执行开操作（开/关超时时间设定 30s）。

中断紧急冷却条件：

当主管入口压力 $p > 0.8MPa$ 超过 5s 后，入口压力 $p = 0.9MPa$ 时，认为入口压力正常，可以中断。

中断紧急冷却的操作比较容易混淆，具体步骤如下：

在手动和自动方式时：

（1）不在浇注（cast）和模拟浇注（cast simulation）等条件下，HMI 按钮确认关阀；

（2）只要压力正常时，HMI 按钮确认关阀。

从 HMI 上点击关闭按钮的前提是：

（1）浇注模式或者模拟浇注模式；

（2）清洗模式切铸坯已经出结晶器，铸坯跟踪结束值 $L < 1500mm$；

（3）主管入口压力正常。

检测切断阀允许打开前提是：

（1）浇注模式或者模拟浇注模式；

（2）清洗模式且铸坯在扇形段内（铸坯跟踪结束值 $L < 22500mm$）。

连铸机报警启动条件：

（1）浇注模式或者模拟浇注模式；

（2）清洗模式，铸坯在扇形段内且 10s 可调整时间已过。

允许关闭条件：

（1）清机方式且铸坯出扇形段；

（2）不在浇注和模拟方式。

中断紧急冷却在不同的连铸机和钢厂也稍有不同，有的工艺规定当主管入口压力 $p > 0.5MPa$ 超过 5s 后，入口压力 $p = 0.7MPa$ 时，认为入口压力正常，就可以中断紧急冷却，甚至只需要以下 4 个前提条件：

（1）浇注模式或者模拟浇注模式；

（2）清洗模式且铸坯不在扇形段内（铸坯跟踪结束值 $L < 22500mm$）；

（3）已选择任何其他操作模式；

（4）主管入口压力 p 高于 0.5MPa 超过 5s。

但共通闭环设备紧急冷却准备好的连锁条件基本是一致的：

（1）闭环设备水主管压力正常；

（2）闭环设备水主管过滤器压差无高/低报警；

（3）相应手阀打开、关闭指示到位。

3.3.3 二冷配水自动化仪表连锁关系配置

二冷配水是连铸机控制的重点部位，直接影响着铸坯的质量。二次冷却水量设定主要有上位计算机设定和基础自动化系统（如 PLC）设定两种。上位机设定主要是利用优化控制策略，按铸坯实际温度曲线与目标温度曲线的误差进行优化，给出各个冷却控制回路的设定值计算参数。而基础自动化的设定则是利用 PLC 的数据存储功能，预先存贮与不同钢种、不同浇注条件的二次控制回路设定值计算参数相对应的数据。在每次浇钢前，由操作员根据实际浇注条件选择一组，PLC 自动检索并向控制回路下装相应的设定值计算参数。二冷配水整体自动化仪表连锁如图 3-14 所示。二冷配水阀门布置如图 3-15 所示。

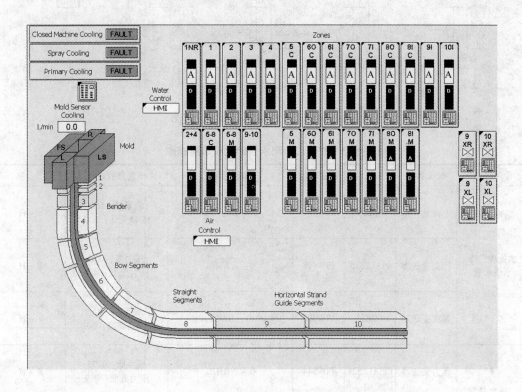

图 3-14 二冷配水整体自动化仪表连锁关系图

考虑流量对工艺的重要性，下面对各个测量点的仪表参数做一个详细介绍，对有共性的部分，如二冷区流量开关设定值，通常情况下为 20L/min 不再列出，其余部分在表 3-27 做了归纳，各相关仪表参数的配置关系，依据此表可以快速查出，设计人员也可以据此表设计每个检测点在现场的图位号、接线端子号以及模块位置通道。

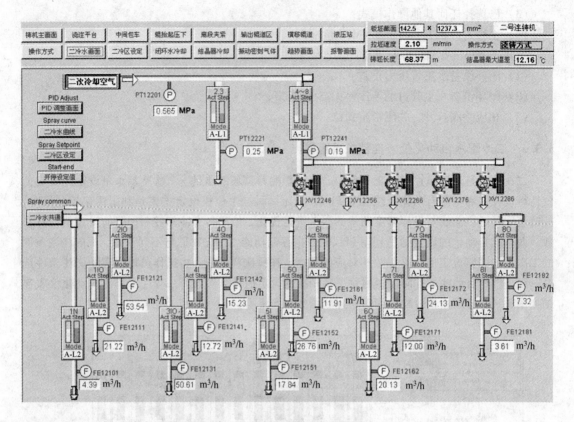

图 3 – 15　二冷配水阀门布置分布图

表 3 – 27　二冷配水自动化仪表连锁点

使用地点	设备名称	图位号	程序地址	量程参数	报警参数设定	厂　家
水处理二冷水供水管	流量计	FIQ2805	PIW894	0 ~ 800m³/h	流量低：560 流量低低：500	E + H
	压力变送器	PIAL2825	PIW898	0 ~ 1.6MPa	压力低：0.8 压力低低：0.7	E + H
	温度变送器	TI2835	PIW900	0 ~ 100℃	温度高：45 温度高高：50	E + H
二冷水总管入口	压力变送器	PISAL2821	PIW544	0 ~ 1.6MPa	压力低：0.75 压力低低：0.7	E + H
	温度变送器	TIAH2831	PIW548	0 ~ 100℃	温度高：45 温度高高：50	E + H
二冷水事故供水管	压力变送器	PIAL2822	PIW546	0 ~ 0.6MPa	压力低：0.3	E + H

使用地点	设备名称	图位号	程序地址	量程参数	报警参数设定	厂 家
二冷空气总管入口	温度变送器	TI2731	PIW562	0 ~ 100℃	温度高：45 温度高高：50	E + H
	压力变送器	PIAL2721	PIW560	0 ~ 0.6MPa	压力低：0.26 压力低低：0.25	ROSEMOUNT
	流量变送器	FIQ2701	PIW560	0 ~ 8000m³/h	流量低：1000 流量低低：500	ROSEMOUNT
	压力变送器	PIAL2721	PIW560	0 ~ 0.6MPa	压力低：0.26 压力低低：0.25	ROSEMOUNT
2 ~ 4 区二冷压缩空气管	气动调节阀	PCV2521	PQW512	输出信号 4 ~ 20mA； 阀门开度 0 ~ 100%； 控制范围 625 ~ 1404m³/h	P：10 I：3 D：0	SAMSON
5 ~ 7 区中部二冷压缩空气管	气动调节阀	PCV2551	PQW514	输出信号 4 ~ 20mA； 阀门开度 0 ~ 100%； 控制范围 347 ~ 847m³/h	P：10 I：3 D：0	SAMSON
5 ~ 7 区边部二冷压缩空气管	气动调节阀	PCV2552	PQW516	输出信号 4 ~ 20mA； 阀门开度 0 ~ 100%； 控制范围 847 ~ 1694m³/h	P：10 I：3 D：0	SAMSON
8 ~ 12 区边部二冷压缩空气管	气动调节阀	PCV2591	PQW518	输出信号 4 ~ 20mA； 阀门开度 0 ~ 100%； 控制范围 400 ~ 456m³/h	P：10 I：3 D：0	SAMSON
二冷水 1N 区支管	气动调节阀	FCV2001	PQW528	输出信号 4 ~ 20mA； 阀门开度 100% ~ 0； 控制范围 113L/min	P：1 I：3 D：0	SAMSON
二冷水 1I + O 区支管	气动调节阀	FCV2011	PQW530	输出信号 4 ~ 20mA； 阀门开度 100% ~ 0； 控制范围 574L/min	P：1 I：3 D：0	SAMSON
二冷水 2I + O 区支管	气动调节阀	FCV2021	PQW532	输出信号 4 ~ 20mA； 阀门开度 100% ~ 0； 控制范围 999L/min	P：1 I：3 D：0	SAMSON
二冷水 3I + O 区支管	气动调节阀	FCV2031	PQW534	输出信号 4 ~ 20mA； 阀门开度 100% ~ 0； 控制范围 1159L/min	P：1 I：3 D：0	SAMSON
二冷水 4I + O 区支管	气动调节阀	FCV2041	PQW536	输出信号 4 ~ 20mA； 阀门开度 100% ~ 0； 控制范围 967L/min	P：1 I：3 D：0	SAMSON
二冷水 5I + O 区中部支管	气动调节阀	FCV2051	PQW952	输出信号 4 ~ 20mA； 阀门开度 100% ~ 0； 控制范围 392L/min	P：1 I：3 D：0	SAMSON
二冷水 5I + O 区边部支管	气动调节阀	FCV2053	PQW954	输出信号 4 ~ 20mA； 阀门开度 100% ~ 0； 控制范围 392L/min	P：1 I：3 D：0	SAMSON

使用地点	设备名称	图位号	程序地址	量程参数	报警参数设定	厂　家
二冷水 6I 区中部支管	气动调节阀	FCV2061	PQW956	输出信号 4～20mA；阀门开度 100%～0；控制范围 252L/min	P：1 I：3 D：0	SAMSON
二冷水 6I 区边部支管	气动调节阀	FCV2063	PQW960	输出信号 4～20mA；阀门开度 100%～0；控制范围 252L/min	P：1 I：3 D：0	SAMSON
二冷水 6O 区中部支管	气动调节阀	FCV2062	PQW958	输出信号 4～20mA；阀门开度 100%～0；控制范围 327L/min	P：1 I：3 D：0	SAMSON
二冷水 6O 区边部支管	气动调节阀	FCV2064	PQW962	输出信号 4～20mA；阀门开度 100%～0；控制范围 327L/min	P：1 I：3 D：0	SAMSON
二冷水 7I 区中部支管	气动调节阀	FCV2071	PQW964	输出信号 4～20mA；阀门开度 100%～0；控制范围 169L/min	P：1 I：3 D：0	SAMSON
二冷水 7I 区边部支管	气动调节阀	FCV2073	PQW968	输出信号 4～20mA；阀门开度 100%～0；控制范围 169L/min	P：1 I：3 D：0	SAMSON
二冷水 7O 区中部支管	气动调节阀	FCV2072	PQW966	输出信号 4～20mA；阀门开度 100%～0；控制范围 253L/min	P：1 I：3 D：0	SAMSON
二冷水 7O 区边部支管	气动调节阀	FCV2074	PQW970	输出信号 4～20mA；阀门开度 100%～0；控制范围 253L/min	P：1 I：3 D：0	SAMSON
二冷水 8I 区中部支管	气动调节阀	FCV2081	PQW972	输出信号 4～20mA；阀门开度 100%～0；控制范围 151L/min	P：1 I：3 D：0	SAMSON
二冷水 8I 区边部支管	气动调节阀	FCV2083	PQW976	输出信号 4～20mA；阀门开度 100%～0；控制范围 151L/min	P：1 I：3 D：0	SAMSON
二冷水 8O 区中部支管	气动调节阀	FCV2082	PQW974	输出信号 4～20mA；阀门开度 100%～0；控制范围 257L/min	P：1 I：3 D：0	SAMSON
二冷水 8O 区边部支管	气动调节阀	FCV2084	PQW978	输出信号 4～20mA；阀门开度 100%～0；控制范围 257L/min	P：1 I：3 D：0	SAMSON
二冷水 9I 区支管	气动调节阀	FCV2091	PQW980	输出信号 4～20mA；阀门开度 100%～0；控制范围 344L/min	P：1 I：3 D：0	SAMSON
二冷水 10XOR 区中部支管	气动调节阀	FCV2101	PQW982	输出信号 4～20mA；阀门开度 100%～0；控制范围 320L/min	P：1 I：3 D：0	SAMSON

使用地点	设备名称	图位号	程序地址	量程参数	报警参数设定	厂　家
二冷水 10XOL 区边部支管	气动调节阀	FCV2102	PQW984	输出信号 4～20mA；阀门开度 100%～0；控制范围 320L/min	P：1　I：3　D：0	SAMSON
二冷水后部辊道区支管	气动调节阀	PCV2200	PQW986	输出信号 4～20mA；阀门开度 100%～0；控制范围 3290L/min	P：30　I：1　D：0	SAMSON
二冷水 1N 区支管	压力变送器	PIAL2005	PIW572	输出信号 4～20mA；量程 0～0.6MPa	高报警 0.55	E＋H
二冷水 1I＋O 区支管	压力变送器	PIAL2015	PIW574	输出信号 4～20mA；量程 0～0.6MPa	高报警 0.55	E＋H
二冷水 2I＋O 区支管	压力变送器	PIAL2025	PIW576	输出信号 4～20mA；量程 0～0.6MPa	高报警 0.55	E＋H
二冷水 3I＋O 区支管	压力变送器	PIAL2035	PIW578	输出信号 4～20mA；量程 0～0.6MPa	高报警 0.55	E＋H
二冷水 4I＋O 区支管	压力变送器	PIAL2045	PIW580	输出信号 4～20mA；量程 0～0.6MPa	高报警 0.55	E＋H
二冷水 5I＋O 区中部支管	压力变送器	PIAL2055	PIW792	输出信号 4～20mA；量程 0～0.6MPa	高报警 0.55	E＋H
二冷水 5I＋O 区边部支管	压力变送器	PIAL2057	PIW794	输出信号 4～20mA；量程 0～0.6MPa	高报警 0.55	E＋H
二冷水 6I 区中部支管	压力变送器	PIAL2065	PIW796	输出信号 4～20mA；量程 0～0.6MPa	高报警 0.55	E＋H
二冷水 6I 区边部支管	压力变送器	PIAL2067	PIW800	输出信号 4～20mA；量程 0～0.6MPa	高报警 0.55	E＋H
二冷水 6O 区中部支管	压力变送器	PIAL2066	PIW798	输出信号 4～20mA；量程 0～0.6MPa	高报警 0.55	E＋H
二冷水 6O 区边部支管	压力变送器	PIAL2068	PIW802	输出信号 4～20mA；量程 0～0.6MPa	高报警 0.55	E＋H
二冷水 7I 区中部支管	压力变送器	PIAL2075	PIW804	输出信号 4～20mA；量程 0～0.6MPa	高报警 0.55	E＋H
二冷水 7I 区边部支管	压力变送器	PIAL2077	PIW808	输出信号 4～20mA；量程 0～0.6MPa	高报警 0.55	E＋H
二冷水 7O 区中部支管	压力变送器	PIAL2076	PIW806	输出信号 4～20mA；量程 0～0.6MPa	高报警 0.55	E＋H
二冷水 7O 区边部支管	压力变送器	PIAL2078	PIW810	输出信号 4～20mA；量程 0～0.6MPa	高报警 0.55	E＋H

使用地点	设备名称	图位号	程序地址	量程参数	报警参数设定	厂　家
二冷水 8I 区中部支管	压力变送器	PIAL2085	PIW812	输出信号 4～20mA；量程 0～0.6MPa	高报警 0.55	E + H
二冷水 8I 区边部支管	压力变送器	PIAL2087	PIW816	输出信号 4～20mA；量程 0～0.6MPa	高报警 0.55	E + H
二冷水 8O 区中部支管	压力变送器	PIAL2086	PIW814	输出信号 4～20mA；量程 0～0.6MPa	高报警 0.55	E + H
二冷水 8O 区边部支管	压力变送器	PIAL2088	PIW818	输出信号 4～20mA；量程 0～0.6MPa	高报警 0.55	E + H
二冷水 9I 区支管	压力变送器	PIAL2095	PIW820	输出信号 4～20mA；量程 0～0.6MPa	高报警 0.55	E + H
二冷水 10XOL 区支管	压力变送器	PIAL2105	PIW824	输出信号 4～20mA；量程 0～0.6MPa	高报警 0.55	E + H
二冷水 10XOR 区支管	压力变送器	PIAL2106	PIW826	输出信号 4～20mA；量程 0～0.6MPa	高报警 0.55	E + H
二冷水后部辊道总管	压力变送器	PICAL2200	PIW828	输出信号 4～20mA；量程 0～0.6MPa	高报警 0.55 低报警 0.25	E + H
二冷压缩空气 2～4 区支管	压力变送器	PICAL2521	PIW552	输出信号 4～20mA；量程 0～0.6MPa	低报警 0.03	E + H
二冷压缩空气 5～8 区中部支管	压力变送器	PICAL2551	PIW554	输出信号 4～20mA；量程 0～0.6MPa	低报警 0.03	E + H
二冷压缩空气 5～8 区边部支管	压力变送器	PICAL2552	PIW556	输出信号 4～20mA；量程 0～0.6MPa	低报警 0.03	E + H
二冷压缩空气 9 区支管	压力变送器	PICAL2591	PIW558	输出信号 4～20mA；量程 0～0.6MPa	低报警 0.03	E + H
二冷水 1N 区支管	电磁流量计	FICAL2001	PIW584	输出信号 4～20mA；量程 0～350L/min	偏差报警 20%	E + H
二冷水 1I + O 区支管	电磁流量计	FICAL2011	PIW586	输出信号 4～20mA；量程 0～700L/min	偏差报警 20%	E + H
二冷水 2I + O 区支管	电磁流量计	FICAL2021	PIW588	输出信号 4～20mA；量程 0～1500L/min	偏差报警 20%	E + H
二冷水 3I + O 区支管	电磁流量计	FICAL2031	PIW590	输出信号 4～20mA；量程 0～1500L/min	偏差报警 20%	E + H
二冷水 4I + O 区支管	电磁流量计	FICAL2041	PIW592	输出信号 4～20mA；量程 0～1500L/min	偏差报警 20%	E + H
二冷水 5I + O 区中部支管	电磁流量计	FICAL2051	PIW744	输出信号 4～20mA；量程 0～450L/min	偏差报警 20%	E + H

使用地点	设备名称	图位号	程序地址	量程参数	报警参数设定	厂 家
二冷水 5I + O 区边部支管	电磁流量计	FICAL2053	PIW746	输出信号 4 ~ 20mA; 量程 0 ~ 450L/min	偏差报警 20%	E + H
二冷水 6I 区中部支管	电磁流量计	FICAL2061	PIW748	输出信号 4 ~ 20mA; 量程 0 ~ 350L/min	偏差报警 20%	E + H
二冷水 6I 区边部支管	电磁流量计	FICAL2063	PIW752	输出信号 4 ~ 20mA; 量程 0 ~ 350L/min	偏差报警 20%	E + H
二冷水 6O 区中部支管	电磁流量计	FICAL2062	PIW750	输出信号 4 ~ 20mA; 量程 0 ~ 450L/min	偏差报警 20%	E + H
二冷水 6O 区边部支管	电磁流量计	FICAL2064	PIW754	输出信号 4 ~ 20mA; 量程 0 ~ 450L/min	偏差报警 20%	E + H
二冷水 7I 区中部支管	电磁流量计	FICAL2071	PIW756	输出信号 4 ~ 20mA; 量程 0 ~ 350L/min	偏差报警 20%	E + H
二冷水 7I 区边部支管	电磁流量计	FICAL2073	PIW760	输出信号 4 ~ 20mA; 量程 0 ~ 350L/min	偏差报警 20%	E + H
二冷水 7O 区中部支管	电磁流量计	FICAL2072	PIW758	输出信号 4 ~ 20mA; 量程 0 ~ 350L/min	偏差报警 20%	E + H
二冷水 7O 区边部支管	电磁流量计	FICAL2074	PIW762	输出信号 4 ~ 20mA; 量程 0 ~ 350L/min	偏差报警 20%	E + H
二冷水 8I 区中部支管	电磁流量计	FICAL2081	PIW764	输出信号 4 ~ 20mA; 量程 0 ~ 350L/min	偏差报警 20%	E + H
二冷水 8I 区边部支管	电磁流量计	FICAL2083	PIW768	输出信号 4 ~ 20mA; 量程 0 ~ 350L/min	偏差报警 20%	E + H
二冷水 8O 区中部支管	电磁流量计	FICAL2082	PIW766	输出信号 4 ~ 20mA; 量程 0 ~ 350L/min	偏差报警 20%	E + H
二冷水 8O 区边部支管	电磁流量计	FICAL2084	PIW770	输出信号 4 ~ 20mA; 量程 0 ~ 350L/min	偏差报警 20%	E + H
二冷水 9I 区支管	电磁流量计	FICAL2091	PIW772	输出信号 4 ~ 20mA; 量程 0 ~ 450L/min	偏差报警 20%	E + H
二冷水 10XOL 区支管	电磁流量计	FICAL2101	PIW776	输出信号 4 ~ 20mA; 量程 0 ~ 450L/min	偏差报警 20%	E + H
二冷水 10XOR 区支管	电磁流量计	FICAL2102	PIW778	输出信号 4 ~ 20mA; 量程 0 ~ 450L/min	偏差报警 20%	E + H

3.3.4 大包与中间包称重技术

大包与中间包自动称重不仅关系到整个连铸机的自动化控制水平，也影响系统 L2 级模型、MES、ERP、产品质量与产量。没有自动称重，后续的生产过程将完全受制于人工经验。目前，最成熟的设计就是采用"四点平衡"大包秤和"三点式"中间包秤技术，一般分别采用100t和50t 传感器，毫伏信号通过桥式端子盒进入称重模块（SIWAREXU），该模块配有 U 系列动态称量软件，具有称量精度高、软件校验、参数可存储等优点，广泛应用于冶金行业。图 3 – 16 为大包与中间包自动称重系统图。

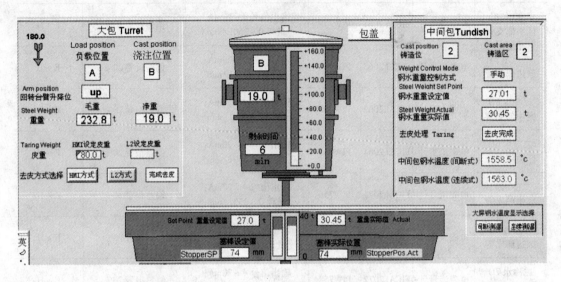

图 3 – 16 大包与中间包自动称重示意图

3.3.4.1 大包称重系统

以 120t 连铸机为例，大包秤的主要设计配套参数如下，大包称重系统主要测量大包 A 臂和 B 臂钢水包的重量，系统内设备主要包括：称重传感器、中间接线盒、西门子 SIWAREX U 称重模块。其系统设备连接示意图如图 3 – 17 所示。

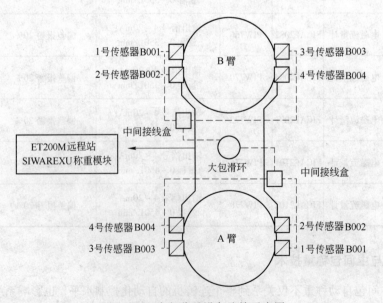

图 3 – 17 大包称重设备连接示意图

为了便于设计选项，称重系统的相关工艺技术参数如下：

称重量程：280t

空包重量：90~100t

钢水净重：150t

包盖重量：大约5t

去皮输入范围：80~110t

检测到大包在回转台上的毛重值：50t

检测到大包在回转台上的延时时间：2s

称重死区：±0.2t

稳定时间：2s

检测到"皮重故障"的延时时间：5s

系统精度：±0.2%

净重报警值：10t

大包称重PLC地址：

WT5001：PIW512

WT5002：PIW514

大包称重去皮信号以及来源PLC地址：

大包称重去皮分为L1级手、自动去皮以及L2级去皮。L1级自动去皮是根据大包称重毛重大于50t时，延时10s，大包在臂上且称重有效。

L2自动去皮有两个条件：大包重量大于50t和大包在浇注区。此时，大包在浇注区信号从PLC1传输至PLC4，地址为：

LD_ A_ Cast_ area BOOL FALSE 大包A浇注区 DB1014. DBX3. 0

LD_ B_ Cast_ area BOOL FALSE 大包B浇注区 DB1014. DBX3. 1

大包在浇注位去皮完成的条件：A臂去皮完成或B臂去皮完成，或者A臂在浇注位或B臂在浇注位。大包在浇注位的毛重为A臂或B臂在浇注位的毛重；大包在负载位的毛重为A臂或B臂在负载位的毛重。

如果大包不在浇注位和负载位，则大包毛重为零；大包在浇注位的净重为A臂或B臂在浇注位的净重；大包在负载位的净重为A臂或B臂在负载位的净重。如果大包不在浇注位和负载位，则大包净重为零。

3.3.4.2　中间包称重系统

中间包称重系统分为1号中间包车称重系统和2号中间包车称重系统。系统内设备主要包括：称重传感器、中间接线盒、西门子SIWAREX U称重模块。其系统设备连接示意图如图3-18所示。

中间包秤的主要技术参数如下：

称重量程：75t

空包重量：30t

钢水净重：35t

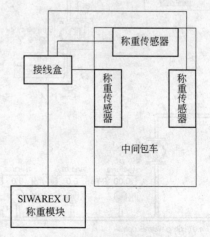

图3-18　中间包称重
设备连接示意图

包盖重量：大约 3t

正常操作范围：28~36t

中间包重量最大值：38t

中间包重量最小值：10t

中间包称重报警使能：13t

稳定时间：1s

检测到"皮重故障"的延时时间：5s

中间包称重 PLC 地址：

WT5101 PIW516

WT5102 PIW518

中间包称重自动去皮条件：中间包车在浇注区和中间包车停止态。

中间包车在浇注区以及停止态信号从 PLC1 传输至 PLC4，地址为：

TD1_ Stop_ State BOOL FALSE 1 号中间包停止态 DB1014. DBX12. 0

TD2_ Stop_ State BOOL FALSE 2 号中间包停止态 DB1014. DBX12. 1

Car1_ inCastArea BOOL FALSE 1 号中间包在浇注区 DB802. DBX16. 0

Car2_ inCastArea BOOL FALSE 2 号中间包在浇注区 DB802. DBX16. 1

3.3.5   结晶器的相关控制与连锁

3.3.5.1   结晶器水

结晶器水是实际生产维护中最重要的仪表检测部分，直接与生产开浇连锁。图 3-19 为结晶器水管线分布图。

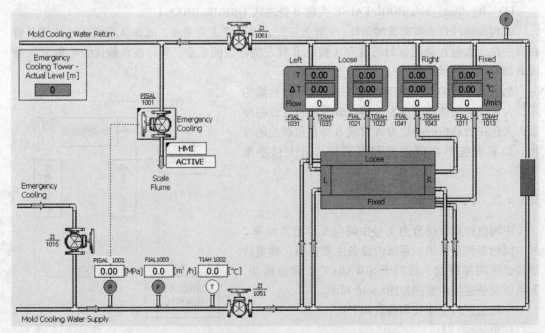

图 3-19   结晶器冷却水管线分布图

为了便于维护，表3-28列出了通常需要的工艺设定参数，以供维护参考使用。

表3-28 结晶器水与生产操作模式的连锁关系

位 置	名 称	类 别	数 值	单 位
结晶器冷却总管	压力	量程上限	1.0	MPa
		量程下限	0.0	MPa
		低限	0.5	MPa
		低低限	0.35	MPa
	温度	量程上限	60.0	℃
		量程下限	0.0	℃
		高限	45.0	℃
		低限	0.0	℃
	流量	量程上限	900.0	m^3/h
		量程下限	0.0	m^3/h
		低限	580.0	L/h
		低低限	0.0	L/h
液位传感器	流量	量程上限	40.0	L/h
		量程下限	0.0	L/h
		低限	3.0	L/h

其中，结晶器冷却水准备好的条件有：

(1) 进水管压力无低、无低低报警；

(2) 进水管压力测量无故障；

(3) 进水管温度无高、无高高报警；

(4) 进水管温度测量无故障；

(5) 事故供水压力无压力低报警；

(6) 事故供水液位测量无故障；

(7) 事故回水放散阀门关限位到；

(8) 事故回水放散手阀开限位到；

(9) 进水管手阀开限位到；

(10) 回水管手阀开限位到；

(11) 事故供水手阀开限位到；

(12) 反冲洗过滤器正常；

(13) 反冲洗过滤器手阀关限位到；

(14) 事故冷却没有激活。

结晶器各面冷却水准备好的条件有：

(1) 活动侧回水流量正常；

(2) 固定侧回水流量正常；

(3) 左窄面回水流量正常；

(4) 右窄面回水流量正常；

(5) 活动侧回水温度正常；

（6）固定侧回水温度正常；

（7）左窄面回水温度正常；

（8）右窄面回水温度正常。

结晶器冷却水是负责把钢水从液态转化为固态的关键环节，结晶器进出水温度偏差报警一般设在12℃，一旦出现异常，有可能酿成安全、质量问题。表3－29列出了结晶器冷却水系统主要设备工艺参数。

表3－29　结晶器冷却水系统设备工艺参数

使 用 地 点	图位号	设备名称	程序地址	量程参数	报警参数设定	厂家
结晶器固定侧冷却回水管	FIAL1011	电磁流量计	PIW532	0～6000L/min	低：3700 低低：3640	E＋H
结晶器活动侧冷却回水管	FIAL1021	电磁流量计	PIW534	0～6000L/min	低：3700 低低：3640	E＋H
结晶器左窄面冷却回水管	FIAL1031	电磁流量计	PIW536	0～600L/min	低：360 低低：267	E＋H
结晶器右窄面冷却回水管	FIAL1041	电磁流量计	PIW538	0～600L/min	低：360 低低：267	E＋H
结晶器液位探头冷却回水管	FIAL1051	电磁流量计	PIW540	0～50L/min	低：40	E＋H
结晶器冷却水进水管入口压力	PISAL1821	压力变送器	PIW512	0～1.6MPa	低：0.6 低低：0.5	E＋H
结晶器固定侧冷却回水管	TDIAH1013	热电阻	PIW520	0～100℃	低：52 低低：45 温差大：12 温差大大：13	E＋H
结晶器放松侧冷却回水管	TDIAH1023	热电阻	PIW522	0～100℃	低：52 低低：45 温差大：12 温差大大：13	E＋H
结晶器左窄边冷却回水管	TDIAH1033	热电阻	PIW524	0～100℃	低：52 低低：45 温差大：12 温差大大：13	E＋H
结晶器右窄边冷却回水管	TDIAH1043	热电阻	PIW526	0～100℃	低：52 低低：45 温差大：12 温差大大：13	E＋H
结晶器液位传感器冷却回水管	TDIAH1043	热电阻	PIW528	0～100℃	高：60	E＋H
结晶器进水总管温度	TIAH1831	热电阻	PIW514	0～100℃	低：50 低低：48	E＋H
结晶器回水管事故放散阀	PSV1823	气动切断阀	I100.1 开 I100.2 关			
结晶器进水管反冲洗过滤器差压	PDAH1828	差压压力开关	I100.0 常闭		高：0.04MPa (0.4bar)	HYDAC

3.3.5.2　结晶器（MD）专家系统

结晶器专家系统包含的漏钢预报技术目前是提高连铸机效率最有效的方法，虽然受维护难度大的影响在国内应用的不多，但一旦成功使用，效果十分显著。图3-20为结晶器专家系统主要内容示意图。根据结晶器振动系统的液压缸冲程和压力反馈，计算出了铸坯和结晶器铜板之间的摩擦力。利用在黏结漏钢前黏结处铜板温度升高和摩擦力增大的特性，可以发出漏钢预报信号。发出报警信号后，自动或通过操作人员手动降低拉速，可避免漏钢事故的发生。

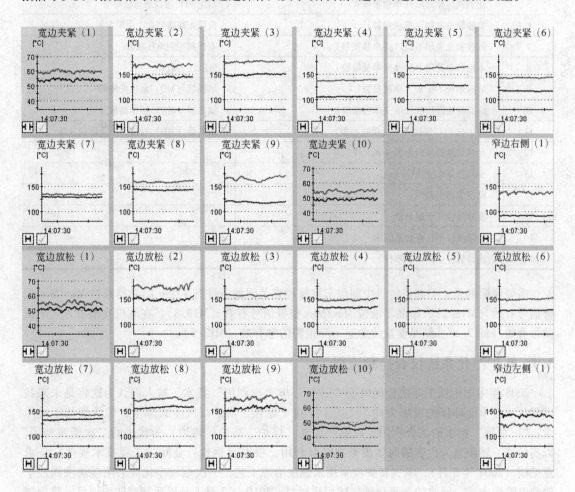

图3-20　结晶器专家系统示意图

结晶器专家系统激活条件有两个：拉速大于0.8m/min，同时液面波动小于±5mm。此时液面平稳，结晶器液位控制系统已经转入自动状态，结晶器漏钢预报的等级分为预报警和严重报警。预报警仅提示操作者注意，严重报警（critical）才会自动降低拉速。

3.3.6　中间包自动关闭塞棒的连锁条件

中间包车塞棒自动控制是现场经常出现故障的环节，为了便于维护，表3-30列出了主要的连锁条件对比情况。

表 3 – 30　连铸机中间包关闭塞棒条件对比

序号	厚板坯连铸机中间包关闭塞棒条件	薄板坯连铸机中间包关闭塞棒条件
1	压力不正常 I124.0	中间包车不在浇注位
2	放大器、阀、传感器的电源不正常 I124.4（单独报警）	"浇注"（cast）模式未激活
3	子系统电源不正常 I124.5（单独报警）	液位测量系统故障
4	塞棒实际位置读取故障（单独报警）	液位控制系统故障
5	比例阀定位故障（单独报警）	与主 PLC 接口通信故障
6	塞棒定位故障（单独报警）	液压未准备好
7	远程紧急关闭 I125.1（单独报警）	电磁阀控制电压故障
8	木地紧急关闭 I124.1（单独报警）	液压压力故障
9	液压系统不正常（单独报警）	结晶器（MD）液位低故障
10	结晶器液面检测故障（单独报警）	结晶器（MD）液位高故障
11	与主机 PLC 连接故障（单独报警）	结晶器（MD）液位低、下降快故障
12	允许结晶器液面控制（不允许）	
13	中间包不在浇注位	
14	设定值超出范围	
15	实际液位高于起始值	
16	实际液位不在有效范围内	
17	连铸机停止（单独事件）	

需要说明的是，引起连铸机中间包车塞棒经常关闭的条件有 4 个：结晶器液位 Min/Min 报警信号有效（M13.2）、结晶器液位 Max/Max 报警信号有效（M13.3）、在清机或模拟方式下该信号有效（M12.2）、结晶器液位急速下降报警信号有效（M13.5）。

3.4　转炉净化系统仪表控制流程

2008 年中国钢铁工业协会提出了"三干"与"三利用"技术，被人们认为这将是未来我国钢铁工业节能环保的发展方向。"三干"指干熄焦、高炉煤气干式除尘、转炉煤气干式除尘；"三利用"指水的综合利用，以副产煤气（煤炉、高炉、转炉）为代表的二次能源利用，以高炉渣、转炉渣为代表的固体废弃物综合利用。根据《钢铁行业除尘工程技术规范》征求意见稿（2007 年 8 月），氧气转炉应采用未燃法冶炼工艺，一次烟气净化应采用湿法洗涤或干法静电除尘方式，回收的一氧化碳气体用作燃料。2010 年 7 月 1 日以后新建转炉项目，除尘气排放浓度为 $80mg/m^3$。下面以某公司较先进的一种塔文式除尘系统为例进行说明。

（1）流程图简介。

图 3 – 21 是一种有别于重力脱水器的炼钢烟气净化工艺。烟气的净化通过上下两个塔文洗涤完成，所有的进水、出水根据设定的流量和液位自动完成，仪表系统十分关键，主要自动化控制设备有二文出口流量自动调节阀门、一文水位 PID 调节阀（LCV – 2066）、二文水位 PID 调节阀（LCV – 2071）等 3 套。

开始工作前，水系统加压泵进行自动控制，一文水位 PID 调节阀（LCV – 2066）选择自动模式，如图 3 – 22 所示。

5min 后，二文水位 PID 调节阀（LCV – 2071）选择自动模式。计算机系统对两台加压泵

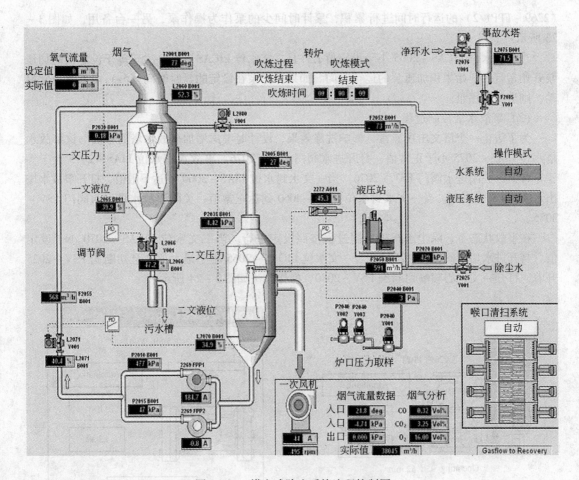

图 3-21 塔文式除尘系统流程控制图

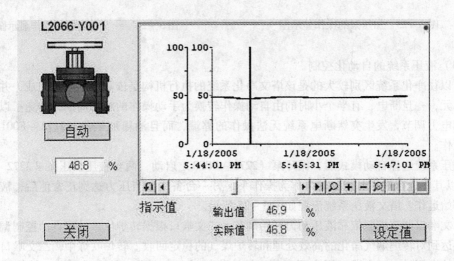

图 3-22 阀门自动控制与记录曲线

（2269－FPP1/2）的运行时间进行累积，累计时间少的泵作为操作泵，另一台备用，如图3－23所示。

当一文水位 LICAS－2065 小于设定值，并且二文水位 LICAS－2070 大于等于设定值时加压泵开始运行。开始累积加压泵的运行时间。如果操作泵在设定的延时时间（5s）内不能正常启动，则启动备用泵。

（2）事故水塔控制过程。

为了防止一个塔文出现异常，影响洗涤效果，设计时考虑增加事故水塔的办法。该事故水塔水位 LIAS－2075 小于正常值，打开进水阀门 FSV－2076。事故水塔水位 LIAS－2075 大于等于正常值，关闭进水阀门 FSV－2076。当一文水封水位 LIAS－2060 到达下限值，打开事故水塔出水阀门 FSV－2085。当一文水封水位 LIAS－2060 到达正常值，关闭事故水塔出水阀门 FSV－2085。

在事故状态下，除尘水阀门控制过程按照设定进行。当二文水位 LICAS－2070 小于设定值，打开进水切断阀 FSV－2025。当一文水位 LICAS－2065 小于最大值并且切断阀 FSV－2025 开着，打开一文中心喷嘴切断阀 FSV－2080，操作办法如图3－24所示。

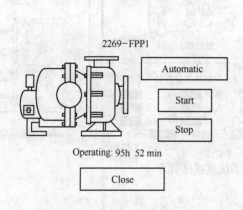

图3－23　加压泵的操作显示图

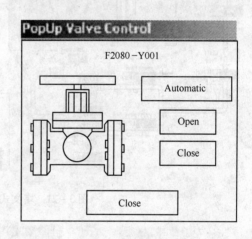

图3－24　一文切断阀的操作显示图

（3）液压系统的自动化控制。

与以往净化系统区别较大的是该塔文净化系统的执行机构是依靠液压系统完成，并且设有储能单元，一旦断电，有半个小时的由自动操作转换为手动操作的准备周期，避免了以往依靠变频和电力调节，发生突然断电系统无法操作的弊端，而且油箱加热器（2272－E001）还可正常工作。

液压系统选择自动模式后，循环泵（2272－FPP3）启动，两台液压加压泵（2272－FPP1/2）也以其中运行累积时间少的泵作为操作泵，另一台备用。当压力达到正常值后，液压控制系统开始运作。塔文液压系统流程如图3－25所示。

二文喉口调节控制依靠液压动力开始调节。二文喉口根据转炉生产过程自动控制调节开度值，以达到对转炉烟气净化的高效处理和转炉煤气的稳定回收。转炉吹炼中，二文喉口自动调节；转炉出钢时，二文喉口固定开度值；转炉装料时，二文喉口按参数调节；转炉加石灰矿时，二文喉口按参数调节；转炉加萤石矿时，二文喉口按参数调节；转炉溅渣时，二文喉口按参数调节；副枪测量时，二文喉口按照固定开度值调节。

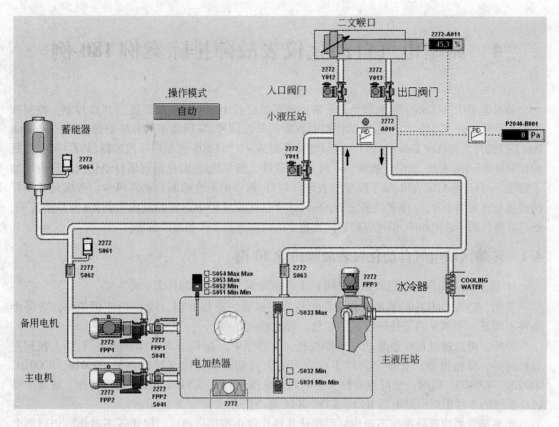

图 3-25 塔文液压系统流程图

（4）上位计算机监控。

维护人员可以通过上位计算机监控故障报警，如图 3-26 所示。后台数据库记录故障历史数据，为历史故障的判断和分析提供了依据，并且保存了各单体设备运行的历史趋势图，更加形象和准确地反映了各设备运行情况，为生产和设备维护、更换提供了指导作用，增强了系统的可靠性。

Waste Gas Cleaning: Alarm Viewer

	Group Na...	Tag Name	Alarm Message	Status	Initial Time	Acknowledg
☐	CRITICAL	PLC1_2269_FPP1_AlarmExt	2269-FPP1: External Alarm 1st stage pump 1	Acknowledged	01/03/05 08:52:14	01/03/05 09:
☐	CRITICAL	PLC1_2269_FPP2_AlarmExt	2269-FPP2: External Alarm 1st stage pump 2	Acknowledged	01/03/05 08:52:14	01/03/05 09:
☐	CRITICAL	PLC1_2269_FPP1_B001_MesError	2269-FPP1-B001: Wirebreak Motor current: 1st. stage pump 1	Acknowledged	01/03/05 08:52:14	01/03/05 09:
☐	CRITICAL	PLC1_2269_FPP2_B001_MesError	2269-FPP2-B001: Wirebreak Motor current: 1st. stage pump 2	Acknowledged	01/03/05 08:52:14	01/03/05 09:
☐	CRITICAL	PLC1_L2070_B001_AlarmLo	L2070-B001: Low Alarm Level measurement - Water level 2nd stage	Acknowledged	01/03/05 08:52:14	01/03/05 09:
☐	WARNING	PLC1_L2070_B001_WarnLo	L2070-B001: Low Warning Level measurement - Water level 2nd st...	Acknowledged	01/03/05 08:52:14	01/03/05 09:

图 3-26 上位机监控故障报警图

4 典型电气自动化仪表故障排除案例 180 例

随着电子信息技术的发展,每个钢厂的控制系统已经由继电器控制发展到 PLC 控制。控制软件也是不断整合,统计国内外在自动化控制方面的开发软件,应用最多的有施耐德公司的 Monitor Pro 上位机开发软件和 Concept PLC 编程软件,美国 A – B SLC505 可编程序控制器(PLC)和上位机监控软件 RSview 系统,西门子的 Wincc 和 step7 软件。技术的进步,也给现场自动化故障排查增加了难度,一旦现场出现故障,除了需要检查硬件以外,软件的后台诊断也必不可少。考虑到炼钢厂的设备布置大同小异,有许多共通之处,下面结合在区域维护中遇到的故障实例,分别举例说明。虽然故障代码不一定相同,但可以借鉴同类企业的故障排查步骤和原因分析。

4.1 转炉区域电气自动化仪表故障排除 30 例

1. 当生产工操作上位机画面（HMI）上的氧枪时,氧枪不动作怎么办?

首先,进入 HMI 中的氧枪操作画面的检测子画面,查找 HMI 上显示的连锁条件,看哪个条件不满足,不满足的条件一般显示红色,可做相应处理。

另外,可以通过在线连通 PLC 程序查找,在程序中,查 L_ CRT_ Running_ LAN,找到左右枪的提、降枪指令,看哪个条件不成立,依次向前查找。或直接查地址 000018、000019、000020、400403。同时,也可查看控制柜中的继电器 KA15、KA16、KA23 是否动作,或者 1 号 PLC 系统的 2 号柜后的继电器 K42、K43、K44 是否正常。

如果是低提或低降操作不动作,可按让其操作停止按钮后再试,假如还不动作,仍可按上述步骤检查。

2. 当操作氧枪的各个条件都满足时,氧枪仍然不动作怎么办?

首先检查抱闸是否打开,如果抱闸没有打开,则 6s 后 HMI 显示开抱闸超时,氧枪出现故障,从 HMI 上复位后,再重试,一般可以消除。如果氧枪还不动作需要检查变频器（VVVF）是否运行,KL 力矩继电器是否吸合,同时检查 KT2 延时继电器;如果变频器（VVVF）条件满足,可判断是 KT2 继电器故障,可直接短接或更换。如果变频器（VVVF）条件不满足,则需要反复操作 3 ~ 5 次,如果仍不满足,需要切换到另一台变频器（VVVF）上再试。

3. 氧枪在吹炼结束后,自动提枪未到待吹位,出现自动停枪是什么原因引起的?

出现这种现象,一般是主令控制器待吹位信号提前所致。可以查看 1 号 PLC 系统的 1 号柜前主令继电器 SQ8A（对应工作枪）是否吸合（指示灯亮）。同时可以进入 PLC 程序中,查找到点号 101032（右枪）或 101044（左枪）直接强制,将枪提到待吹位（行程开关）,在不生产时再找时间调整主令即可。

4. 氧枪常见通信故障有哪些?

氧枪常见通信故障一般是由不同类型的自动化产品协议不完全相等引起的,例如 Schneider PLC 和 AB 变频器（VVVF）之间经常报出的 F6046 故障,此故障是由于 PLC 控制器停止工作后,变频器 SCANport 口通信超时所致,在下装 PLC 程序或 PLC 停电时,多会出现此故障,在变频器（VVVF）上复位即可。

5. 氧枪主回路跳闸一般是什么原因引起的,应该怎么处理?

此故障可能是误动作 UPS 输入转换开关引起的。将 UPS 切除后,将主控室操作台 UPS

切/入钥匙开关打到 UPS 入，按下紧急提枪按钮，将枪提到待吹位，重新送电即可解决。这种故障也可能是氧枪超限信号到。处理办法是查看控制柜继电器 KA28 继电器是否吸合，如果是释放状态，应首先确认氧枪的实际位置；若氧枪实际未到超限，可立即强制继电器 KA28 后，停操作电源。重新按送电顺序送电，以后可利用生产间隙检查超限行程开关的触点及线路。

6. 如果上位机 HMI 画面上氧枪枪位指示出现乱码应该怎么处理？

此现象一般是由于停氧枪总操作电源引起的。电源停后，各个位置行程开关为闭点，停电后继电器释放，在程序中，采用换枪位、待吹位作为编码器校正位。停电后可能导致两个信号都到，造成乱码现象。此时只需重新置数校正一次即可。

7. 氧枪吹炼结束后，提枪到待吹位后，开闭氧点信号保持不变该怎么处理？

这种现象一般是操作工在氧枪提枪过程中，枪未到开闭氧点便选择氧枪为检修模式所致。处理办法是可将氧/氮气阀门选择手动，下次吹炼时，手动开氧/氮即可。

8. 转炉氧枪高度显示异常的应急处理方法有哪些？

转炉氧枪高度显示是靠安装在左、右枪卷筒轴上的绝对值编码器来采集数据。通过 DeviceNet 模块，左、右枪卷筒轴上的绝对值编码器组成的 DeviceNet 网通信，经处理后在上位机显示。当氧枪高度显示出现高度不变化，显示与实际不符以及乱码等异常情况时，应该按以下方法处理：

(1) 查看单机版上位机氧枪高度显示是否正常。

(2) 查看程序中变量"LAN_ POS_ ACT_ VAL"氧枪高度实际值是否正常。

(3) 查看 DeviceNet 模块上的指示灯是否正常（正常应该为绿色指示，故障时为红色指示）。

(4) 若 DeviceNet 模块上的指示异常，可将 DeviceNet 模块的 24VDC 电源开关断开后再复送，看是否恢复。

(5) 检查程序中变量"LAN_ POS_ ACT_ VAL"氧枪高度实际值异常，可按照前面转炉氧枪高度编码器置位方法对编码器重新置位。

(6) 若故障仍未排除，立即通知有关人员，同时详细检查线路、编码器等装置。

9. 以 RSNetWorx for DeviceNet 为例简述氧枪高度编码器置位方法。

网络连接好后，打开软件，显示如图 4-1 所示。

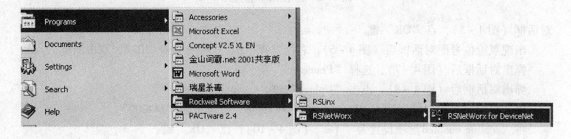

图 4-1　AB 应用程序图

出现程序对话框（图 4-2），点"OK"键。弹出下拉菜单（图 4-3），点目录前的"+"号，出现地址选择图（图 4-4），选择"A，DeviceNet"项，点"OK"键。

注意 IP 地址：一座转炉为 172. 17. 48. 22；另一座转炉可能为 172. 17. 48. 122。另外，弹出

图 4 - 2   程序对话框

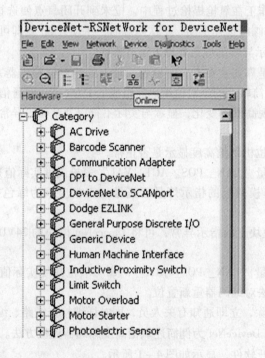

图 4 - 3   下拉菜单选择图

对话框（图 4 - 5），点 "OK" 键。

出现氧枪位号图对话框后（图 4 - 6），右枪选择 "01"；左枪选择 "02"，双击图标。

弹出对话框后（图 4 - 7），选择 "Prameters" 项。

弹出对话框后（图 4 - 8），点击 "Upload" 键。

确认氧枪停在待吹位（图 4 - 9），将 "preset value" 值设置为 "144000"。

将 "scaling enabled" 项设置为 "Yes"（图 4 - 10），点 "OK" 键。

弹出对话框后（图 4 - 11），点击 "Yes" 键。

弹出对话框后（图 4 - 12），双击 "01" 图标。

用同样的方法进入 "prameters" 表（图 4 - 13），将 "scaling enabled" 项设置为 "Yes"。点击 "OK" 键。

弹出对话框后（图 4 - 14），点击 "Yes" 键。完成校枪。

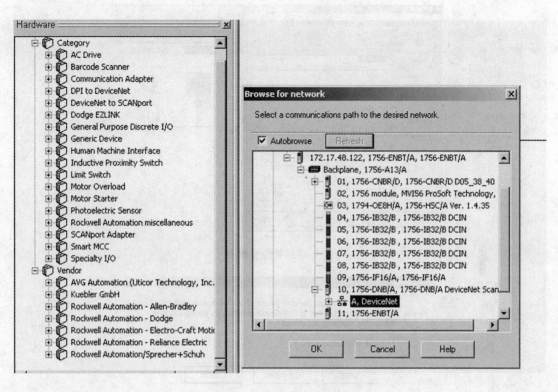

图 4 – 4　转炉地址选择图

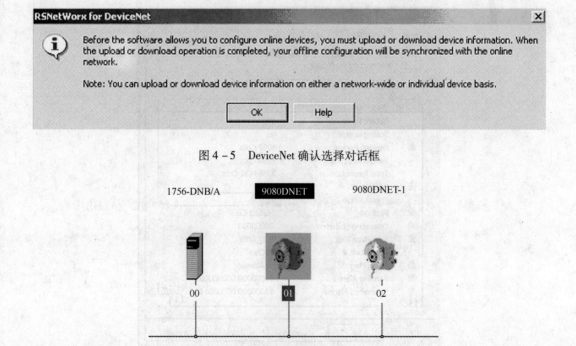

图 4 – 5　DeviceNet 确认选择对话框

图 4 – 6　氧枪位号图

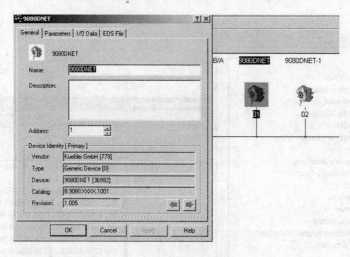

图 4 - 7   氧枪参数图

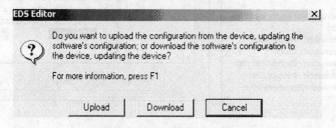

图 4 - 8   参数上传与下装选择图

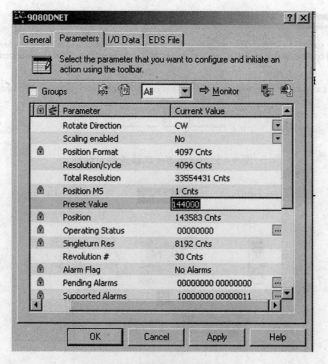

图 4 - 9   氧枪高度设定输入图

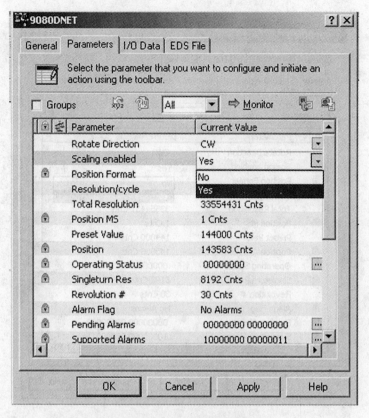

图 4 – 10 标尺激活图

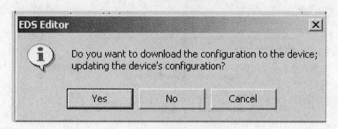

图 4 – 11 组态选择图

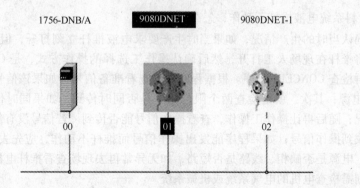

图 4 – 12 氧枪位置选择图

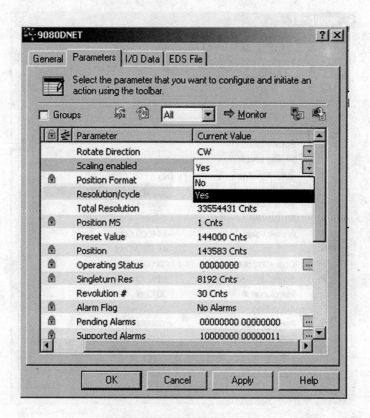

图 4 - 13　校验选择激活对话框

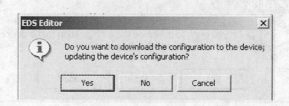

图 4 - 14　检验氧枪位置对话框

10. 若投料系统电液推杆不动作，怎么排查故障？

首先，确认当时的生产情况，如果当时生产要求电液推杆立刻打开，但电液推杆无动作，可通知钳工将推杆在现场人工打开，然后确认操作工选择的操作方式，是 CRT 手动还是 CRT 自动，而后再检查 CONCEPT 程序。根据程序首先查看准备信号，如果该信号没传到就直接去 MCC 室检查电源；其次，就是检查两个限位信号是否同时传到，如果同时传到，即可到现场查看限位情况；随后再让操作工操作，查看操作信号能否传到。若信号没有传到，就要检查服务器上是否收到操作信号；如果程序能发出操作信号而推杆不动作，应先去 MCC 室检查接触器吸合情况、电源是否缺相、线路是否短路，如无异常再去现场查看推杆电机是否运转。若电机不运转，则需检查电机的电气系统或机械系统。

11. 遇到旋转溜槽不动作怎么处理？

首先，了解当时的生产情况，如果生产必须要求旋转溜槽立刻转到钢包位，但旋转溜槽不动作，应在现场确认是电气系统还是机械系统出故障。在机械系统正常的前提下，可在现场用检修电源箱接临时线控制旋转，注意方向，以便确保正常出钢。

然后，确认操作工选择的操作方式是 CRT 手动还是 CRT 自动，查看 CONCEPT 程序，根据程序首先判断准备信号，如果该信号没传到，就直接去 MCC 室查看电源；其次就是检查两个限位信号是否同时传到，如果同时传到，即可到现场查看限位情况；再让操作工操作，查看操作信号能否传到。若信号没有传到，就要检查服务器是否收到操作信号；如果程序能发出操作信号而溜槽不动作，则应检查 MCC 室接触器吸合情况、电源及电机是否缺相、线路是否短路。若以上皆无异常，则需到现场检查电机是否运转，若电机不运转，则需检查电机的电气系统或机械系统。

12. 上料系统皮带、电振、小车等不动作怎么处理？

首先询问操作工整个过程，检查是否由于误操作引起，比如流程选择、操作模式选择不当等原因。再查看画面有无电气故障，若有则需做相应处理。

然后打开程序，查看是哪个条件不满足，处理不满足的条件。皮带不动作有可能是卡料所致，负荷太大。小车不动作，如果没有其他故障，程序也有输出，有可能是滑线接触不良，到现场检查一下集电托使其接触好即可。还可能出现一种故障，即程序有输出，但是在画面上没有显示动作，没有接触器反馈点显示，则可判断是抽屉柜内中间继电器损坏或者接触不良，可做相应处理。

13. 上料小车不能定位该怎么办？

首先判断对应料仓的小车限位是否损坏，或者感应距离不够，再查看对应料仓是否选择了要料允许，最后检查是否有两个位置以上的限位信号传到，使其不能判断准确位置。有时会出现上料皮带机头两个表示极限限位的信号同时传到，小车也不能动作。

14. 上料画面不能操作该怎么办？

一是授权到期，处理方法只能是重新授权；二是将服务器停止，重新启动机器即可。

15. 电振振料太快或者太慢该怎么办？

用内六方调整偏心轮，两片完全重合为最大，一点都不重合为最小，视具体情况调整。

16. 电液推杆不到位该怎么办？

一是限位损坏，二是接近开关感应距离不到，三是电源电缆，断路或者短路。先要检查液压油是否在正常的液位，如果缺油需先加满油。

17. TURCK 模块及通信电缆的一些常见故障判断和解决方案有哪些？

TURCK 的产品在炼钢厂应用很广，除了接近开关，网络通信产品也不少，尤其是投料系统，由于环境粉尘较多，TURCK 的高等级密封柜和 Profibus – DP 通信产品很好地满足了现场要求。这也带来了一旦出现故障很难排查的问题。根据以往经验，当出现通信故障时应做以下处理：

(1) 先停电检查原来做好的通信电缆接头，后送电观察通信是否正常。Profibus – DP 电缆接头接线方法为：2 号接绿线（busA），4 号接红线（busB），5 号接屏蔽线。通信灯有指示，绿色表示正常，红色表示通信不正常。

(2) 若通信不正常，可能存在的原因有：模块上地址没设置好；模块上通信 T 形头接触不好，或者损坏；终端电阻没接好；中继器没送电；Profibus 电缆接头没拧紧。一般情况下通信波特率不存在问题，如查不出其他问题，但通信仍不正常，这时可以把波特率设置降低，这需要在程序硬件配置中更改。

通信不正常也有可能是电缆折断。检测方法是把电缆两端的接头去掉，把电缆其中一端的两根线短接起来，在另一端测试电阻。在炼钢厂从地下料仓到现场大约有 700m，电阻约为 60Ω 为正常，电阻太大太小都为不正常。

18. 如何根据 TURCK 模块指示灯显示情况判断故障？

以最常用的 SDPB － 40A － 0007 模块和 REP － DP0002 中继器为例（图 4 － 15），介绍指示灯闪烁情况：

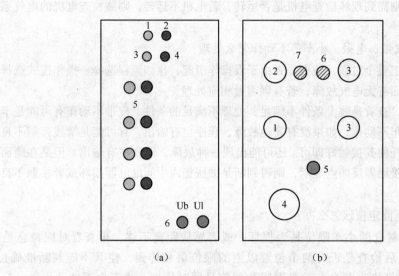

（a）   （b）

图 4 － 15 TURCK 模块和中继器面板指示图
（a）SDPB － 40A － 0007；（b）REP － DP 0002

SDPB － 40A － 0007 模块指示灯情况：

1——绿色，表示总线工作；

2——正常通信无显示，如果变成红色表示通信中断；

3——模块正常工作，为绿色；无显示时，表示模块没通电或者有故障，需要更换；

4——模块故障时，为红色；模块正常时不显示；

5——四路模拟量输入，正常工作时，四路都为绿色，红色不显示，若有一路对应短路，或者没接线，对应这一路红灯亮；

6——24V 电源正常时，Ub、Ul 两路灯都为绿色。

中继器 REP － DP 0002 通信灯指示情况：

1——到 PROFIBUS － DP 总站通信电缆进线；

2——到现场装置（没有中继器）；

3——到现场装置（有中继器）；

4——电源接线；

5——若为绿色闪烁，表示正在检测网络波特率；绿色常亮表示电源正常；

6 和 7——黄色表示通信正常，红色表示总线错误，如果熄灭表示无通信，其闪烁频率与相应总线段的数据交换量有关。

19. 遇到钢包车、出渣车、铁水车等地车设备不动作时如何排查？

首先确认是渣子挡住了或者机械阻力大还是电机没有电。如果地车因电气原因不动作，就要判断是主回路还是控制回路的故障：

（1）检查操作工是不是本地/远程操作权限选择错误，再检查配电柜是否有开关跳闸（有的钢包车体上有二次断路器，需检查车体开关）或是进线电源是否缺相。

（2）停下主回路请操作工操作，检查接触器是否吸合，如果接触器吸合说明控制回路没问题。

（3）检查主回路，全部停电，用万用表测量接触器下侧回路是否开路。

（4）检查车体机电设备，带有液压缸抱闸的地车要检查液压缸是否打开。

（5）检查频敏变阻器，一般地车设计有变阻器，还需检查地车频敏变阻器是否开路，如果频敏电阻器损坏，可短接频敏电阻器。不过从现场来看，大多是接线柱处因为发热松动引起故障，此时可用备好的带夹子的临时线快速连接。

此外，在点检中还要及时纠正操作、选权错误。如果确实是电源缺相或短路，当时生产形势又急于开车，可接平时预备的临时线开车。待有时间再进行处理。

20. 地车卷筒不动作一般是什么原因造成的，如何处理？

（1）抱闸线圈坏。需更换线圈。

（2）卷筒电机电源跳闸。送电试车，不行再查原因。

（3）卷筒电机损坏。可临时把卷筒电停掉，人工来回拖着电缆运行，以防电缆被车轧损。

21. 遇到地车电缆缺相、短路或者方向反如何快速处理？

遇到地车电缆缺相、短路，先将平时预备的备用电缆更换上；若无备用电缆，而电缆故障具体部位不明确时，可先截断 2～3m 电缆对接继续生产。等有时间后再具体处理电缆问题。

转动方向反可以采取倒线处理。在接触器下端倒向较容易。

22. 汽化冷却系统给水泵无法启动该如何排查？

（1）先查看操作画面，根据 HMI 上的故障诊断，查看准备条件是否正常，如没有故障报警显示，则检查主电源及控制电源是否跳闸。如电源正常，则检查 PLC 有无输入输出，包括检查 PLC 保险，尤其是 cablefast 里的保险是否损坏。

（2）查看操作方式是否正常，是选择集中还是机旁；查看操作工电气设定是否正常，是设定一号泵工作二号泵备用，还是二号泵工作一号泵备用，查看除氧水箱水位是否正常（< -800mm），也可以进入 PLC 程序强制停泵线圈点号（000226）。

（3）查看变频器是否报故障，对应的电动阀门的开关限位是否正常。

（4）若给水泵仍然无法启动，摇测电机绝缘状况。

23. 电动阀门开关限位调整如何操作？

（1）调整关。顺时针方向转动手轮，直到阀门关闭，然后反向转动一圈，用螺丝刀把调整轴 A 往里压并按住，按箭头方向旋转。当听到发出明显的"咔嗒"一声时观察操作箱上是否到达限位，如未到达，应重新调节，直至调整到关限位为止。

（2）调整开。逆时针方向转动手轮，直到完全打开，然后反向旋转一圈左右，用螺丝刀按下调整轴 D 按箭头方向旋转，直至调整到开限位为止。

24. 副枪系统故障一般有哪几种，如何处理？

（1）不能连接。可查看画面连接条件或程序 CC_ LOGIC 哪个条件不满足。连接过程超时，则查看是哪个部分超时，可再进行一次连接。连接程序查看顺序图中所用时间并拷屏故障记录。常见的有，1 号导向锥打开，通常为机械原因，一般同钳工一起处理。密封帽超时故障也比较常见，通常是由于钳工未调缸体上缓冲件引起的。

（2）不能测量。可查看画面测量条件或程序 MC_ LOGIC 中哪个条件不满足。测量中如未出现超时故障而测量不能完成，可观察是否由于测量中仪表氧气流量调节阀调节时间过长造成不能完成测量周期所致。

（3）不能复位。可查看画面复位条件或程序 RC_ LOGIC 哪个条件不满足。

在 PLC 柜内 K250 接触器将几个急停串起来并带指示灯，下面一个灯不亮表示急停恢复但是系统未复位，两个或三个灯不亮表示有急停拍下，如现场线断可短接端子排上接线。注意每个转炉副枪程序中需另强制。

（4）副枪不能上升。查看程序 sublance_ raising 中副枪上升条件哪个不满足。

（5）副枪不能下降。查看程序 sublance_ lowing 中副枪下降条件哪个不满足。

（6）副枪不能旋转。查看程序 sublance_ slewCP 或 sublance _ slewMP 中哪个条件不满足；若倾翻臂不能动作，查看程序 tilting_ arm。

25. 因为外部条件引起的副枪现场故障有哪些？

探头拆卸器气缸靠近 24m 平台，易堆积渣子烧毁限位，若画面探头夹显示异常，可检查此限位是否被烧坏。

探头仓中限位在第四个探头上，即仓里至少有 5 个探头才可用，若在此出现问题可查看是否卡探头或探头数量不够。

26. KR 系统铁水倾翻车不倾翻或不能回位如何处理？

（1）检查电机是否启动；

（2）观测倾翻或回位输出继电器是否得电；

（3）检查现场换向阀是否得电；

（4）检查扒渣机是否在待用位；

（5）确认烟罩是否在上限。

27. KR 系统搅拌头不上升（不下降）如何处理？

（1）检查是否有电源故障，上限（下限）、绳松限位是否到；

（2）检查夹紧装置是否打开；

（3）检查倾翻是否回位。

28. KR 系统铁水车不行走如何处理？

依次检查：

（1）是否电源故障；

（2）脱硫位或转包位限位到，烟罩溜槽是否在上限，搅拌头是否在待用位；

（3）倾翻是否回位。

29. 扒渣机不前进或后退的原因有哪些？

（1）回中心限位未到；

（2）前进或后退电磁阀没有得电；

（3）大臂不在上限；

（4）气源不正常，当气源压力低时扒渣机不动作。

30. 转炉倾动变频器长期间歇性报警有可能是什么原因引起？

在排除了变频器自身原因之外，还应当考虑倾动电机和转炉之间的变速箱是否有问题。因为该轴承设备内部是由滚动体组成，一旦遭受外力冲击容易出现脱落，会间歇性地影响变频器。

4.2　厚板坯连铸机区域故障排除 26 例

1. 大包或中间包丢失位置，编码器报故障怎么处理？

(1) 要立刻采用手动定位；

(2) 拆开连接编码器信号的端子线，例如 X4.5 端子 1、2、3 的接线；

(3) 检查编码器与电缆是否有故障；

(4) 利用手动定位或换浇次时间进行处理恢复。

2. 大包或中间包碰撞保护限位激活怎么处理？

(1) 将中间包车降至低位，确认故障；

(2) 如果还没有消除激活，检查相关限位情况；相关的四个限位至少有一个限位信号为 1，如果不是则为限位误动作，可以封掉限位；

(3) 检查相关限位供电电源是否跳闸。

3. 中间包车上的中间包不能上升怎么办？

(1) 遇到生产紧急情况，检查车体上阀台对应阀是否正常得电，测量线圈阻值；可以人工手动捅阀。

(2) 检查对应车的操作箱内急停继电器是否吸合正常；如果水平限位未动作，则检查继电器 K24、K26、K28、K29 得失电是否正常。如继电器得失电不正常，重点检查继电器本身，若继电器 K24、K26、K28、K29 没有问题，则检查 K02 继电器，若 K02 继电器仍没有问题，则检查空开 F35 和供电电源是否正常。

(3) 检查车体上限位及编码器位置指示，检查中间包水平限位 S115/001（常闭点）是否动作，此项可在 HMI 上 "TUNDISHI CAR" 窗口内查看 "TUNDISH LOPSIDER"，正常情况下为 "OK"，动作时为 "LOPSIDER"。如果此限位动作，将导致中间包不能升降，为节省时间，可直接在 ER62C02 柜内将端子排 X3.3 的 50、51 短接后再处理限位。

若以上都没有问题，则检查电磁阀线圈得失电情况是否正常，如不正常，检查端子箱（图位号 221_ N001/001）内的端子压线是否有松动现象；最后检查电磁阀线圈阻值是否正常（60Ω 左右）。

4. 大包臂不能升降怎么办？

(1) 检查对应限位是否误动作，若不能下降，还要检查碰撞保护激活和急停是否激活；

(2) 检查阀台对应阀是否得电正常，如果没有得电，则通知钳工处理阀体，最好是做好现场记号，情况紧急时可由人工捅阀。

5. 大包包盖不能升降怎么办？

(1) 检查现场实际位置与 HMI 画面指示位置是否相符；

(2) 检查限位电源开关是否正常。

6. 大包包盖不能旋转怎么办？

(1) 检查比例阀插头电源是否得电；

(2) 若电源正常则通知钳处理阀体和液压滤芯部分。

7. 引锭杆在结晶器位不能脱钩怎么办？

(1) 在引锭链无异常情况下到结晶器位不能脱钩，选择点动模式的脱钩条件为：驱动辊夹紧，有铸流跟踪值；

（2）一般情况下，驱动辊夹紧选择点动模式成立，若没有铸流跟踪值，再按一次夹紧按钮；若还没有跟踪值，首先选择转换模式，重新选到"维修模式"；

（3）将 1 号、2 号驱动辊打开；

（4）选择插入模式，再夹紧，等有铸流跟踪值出现后，再选点动模式。

此时，引锭杆就可以脱钩。以上方法若还没有跟踪值，且生产时间紧迫，也可在 HMI 上"jog operation"将条件"stand tracking ready"进行强制（由操作工进行强制）。

此时可进行点动操作，将引锭头撬下与引锭链脱钩，分离后将引锭杆送入结晶器内，把引锭车开出结晶器位，再按住 LC312 操作箱上的"reverse chain"按钮，将引锭链反转开到等待位。

8. 引锭车开不到卷扬位一般是什么故障引起的？

（1）引锭车卷扬极限没有激活；

（2）引锭链在对中位或引锭车在等待位，且引锭头低于结晶器；

（3）引锭链系统停止；

（4）引锭车不在卷扬位；

（5）卷扬不在接收位；

（6）编码器计数异常。

9. 卷扬升不到高位一般是什么故障引起的？

（1）引锭车、引锭链在卷扬位出现故障；

（2）卷扬编码器计数异常。

10. 引锭车开不到结晶器位一般是什么故障引起的？

（1）两中间包车没有在预热位；

（2）引锭车手动前进及手动定位功能失效；

（3）操作失误。引锭车向结晶器位进行时，若开不到位，可按住"手动前进使能"按钮，按下"结晶器手动定位"按钮，将引锭车手动定位。若引锭车超过结晶器位少许时，可将引锭车向后走少许，达到要求的位置后，按下"结晶器手动定位"按钮，将引锭车手动定位。

11. 引锭杆不能对中怎么办？

（1）检查引锭链编码器计数是否准确；

（2）引锭链对中位为 12.034m，检查编码器，如编码器损坏，更换编码器并手动定位；如果编码器完好，检查引锭链同步限位是否灵活完好；

（3）检查缓冲器是否完好，有无在链运动过程中两次碰同步限位情况；

（4）检查液压系统是否正常。

12. 引锭链、引锭车、引锭卷扬变频器报故障怎么处理？

（1）查看变频器报警信息，并对变频器复位，如复位成功，结合报警信息，进一步详细查明原因；如复位不成功，结合报警信息查看现场电机、编码器工作是否正常；

（2）如变频器 CUVC 已损坏，将已下载程序的备件换上，以保证生产（建议引锭链、引锭车、引锭卷扬各准备一块已下载程序的 CUVC 板）。

13. 西门子变频器 CUVC 板一般按照哪些步骤更换？

（1）首先戴上防静电专用手套，然后检查确认 CUVC 无明显硬件损坏；

（2）取备件安装更换，取板时注意首先要找接地线进行放静电；

（3）送电前将 profibus 插头拔下，换上新件；

（4）送电；

（5）在操作面板上设置 P060 = 8、P070 = 功率、P060 = 1；

（6）设置 P060 = 2、P070 = 0，系统自检后 P060 = 1；

（7）在操作面板上设置 P060 = 4、P918 = ID，确认后设置 P060 = 1；

（8）设置 P060 = 6；

（9）停电，接上 profibus 接头，送电，在工程师站或笔记本上通过中继器口联网；

（10）打开 step7.0 设定对应接口 CP5611 - profibus；

（11）运行相应的 DriveMon，点击小图标 E2PROM，在线连接；

（12）等图标变绿后，点击并下载对应参数；

（13）通知生产工试车。

14. 结晶器不振动或者偏振应急处理方法有哪些？

（1）确认故障，若不能确认，将 C7 电源停掉再送上。

（2）故障确认后，将 remote auto 选择 manual 手动上下移动两液压缸，同时监控两缸位置反馈。若 1 号缸不动作，反复按上下标识，点动两缸动作，直到 1 号缸能满量程动作。

（3）选择 remote auto 方式，通知生产工试车。

（4）若试车不成功，反复 2、3 步骤。

（5）结晶器振动台出现偏振，根据振动 PLC 的 C736 报出的阀位反馈故障，一般情况下是由于控制液压的伺服比例阀引起。由于工作环境温度高或者油质被污染，可能出现阀芯被卡的现象，遇到这种情况可以采取反复启动振动台的方法，一般试验 3 次就可以成功启动，避免卧坯事故发生。

15. 结晶器驱动报警应急处理方法有哪些？

（1）生产过程中，出现报警不要确认，以免宽度改变，等浇次结束重新调宽时确认；

（2）若报警能确认，按正常校验步骤开始校验；

（3）若报警不能确认，并且宽度值大于 1075mm，将其两边值修改为小于 1075mm，再确认故障，进行校验；

（4）若能校验，按步骤正常校验；若不能校验，并且两边锥度差值较大，将值修改小些（若两边锥度值为 8.5/22，将 22 改为 10），修改锥度值，确认故障，选手动模式，将锥度偏差大的上缸向内移动使之从 10 移到 - 2 左右，然后将此值修改为 9mm 左右再次校验；

（5）若能校验，按正常校验，若不能校验，让生产工测量实际锥度值，将实际值输入；

（6）若还不能校验，同时按住确认键和校验键，进行校验。

16. 生产过程中拉矫、ASTC 系统的扇形段某个液压缸漏油，导致该段急停时怎么处理？

（1）如果漏油导致该段急停段发红，等待生产工与钳工协调处理，同时考虑在处理过程中有什么问题可能产生，如电缆烧坏、压力丢失、压力丢失不能确认等故障，并准备好备件；

（2）如果在生产上有足够处理时间，处理完故障重新校验 ASTC，如果时间不允许则应在换阀过程中尽量保持 ASTC 编码器有电；

（3）钳工换阀结束，要多次升降该段，确保其更换的阀动作灵活；

（4）如果不能确认该段变红的故障，则为阀体故障，应通知钳工处理，并向机械人员反馈电气无故障信息。

17. ASTC 数据不能发送到现场控制箱怎么处理？

（1）检查 L2 服务器运行情况，是否死机，是否停止程序运行；

（2）确认 ASTC 主控机画面与 L2 服务器（sever）是否在第一格，不是则重启程序。

18. 遇到 ASTC 扇形段发红如何处理？

（1）将 ASTC 现场控制箱由"Remove"打到"Calibrate – Enable"；

（2）如果仍然变红，检查操作箱上连接远程的两根线是否接触牢固，并在现场操作 HMI，判断是否急停报警；

（3）确认电气无故障，通知钳工处理相应阀体。

19. 拉矫电机停止运行如何处理？

（1）查看相应变频器报警，手动确认故障；

（2）检查现场电机及线路，确认无故障，再确认是否为 CUVC 损坏；

（3）利用换浇次时间更换变频器或 CUVC 板。

20. 切割车行走故障（包括切割枪）如何排查？

（1）检查变频器是否有报警，如有报警，记录故障名及时确认；

（2）检查现场电机相间阻值和对地绝缘及现场电缆有无异常，如有异常则包扎破损处；

（3）检查 HMI 上记录的行走距离数与现场实际距离是否相符；

（4）查看现场行走轨道是否有杂物及卡阻现象。

21. 二切车在本地无法收到三块子坯的数据，而且手动不能输入时如何排查？

（1）在程序 FC130 里查看条件是否满足；

（2）检查板坯是否到达第二对光电管；

（3）检查是否选择了自动模式，若没有，则应选自动模式；

（4）检查三块子坯长度设置是否正确。

22. 一切车不下降应急处理措施有哪些？

首先查看 PLC 有无输出，在有输出的情况下应采取以下措施：

（1）若快速下降、快速上升不动作，应短接 K161 的 21 和 K164 的 32，K162 的 21 和 K162 的 22；

（2）若慢速下降、慢速上升不动作，应短接 K163 的 41 和 K162 的 42，K164 的 41 和 K162 的 32。

23. 去毛刺机工作不正常如何处理？

（1）首先查看去毛刺机有无故障，对故障确认，从 FC90 里可查看去毛刺故障；

（2）若去毛刺时去头不去尾，应查看去毛刺机 1 号光电管对光是否正常；若不正常，一般为 DRT1B 挡板所致，将挡板重新固定即可；

（3）为去毛刺机 2 号光电管激活故障所致；

（4）首先查看现场光电管对光是否正常，若正常，再查看坯子运行时经过第一对光电管后毛刺机 DRT1B 挡板是否活动造成 1 号光电管遮光，若是，将挡板拿掉即可。若还报故障，检查生产工对去毛刺辊道手动操作是否频繁，若是操作频繁，通知生产工选择自动即可。

24. 后部辊道系统 2 号挡板不能自动上升如何处理？

（1）查看条件是否成熟：自动模式有效、选择远程控制、向上外部请求到；

（2）若以上条件成立，选择手动，若动作，说明电磁阀、液压正常；若不动作，检查电磁阀是否得电，接触器触点是否正常，继电器线圈阻值是否正常；

（3）若电气均正常，通知钳工处理。

25. 垛板台不能自动如何处理？

（1）查看光电管是否遮光；

（2）查看自动模式条件是否满足，是否在 LC334 上选择远程控制模式；

（3）查看传感器及限位；

（4）若以上条件都成立，并且手动正常，说明电磁阀、液压正常；若手动不动作，查看电磁阀是否得电、接触器触点是否正常、继电器线圈阻值是否正常；

（5）若电气均正常，通知钳工处理。

26. 过跨车频繁掉电如何处理？

（1）查看辊道是否积土太多，清扫干净；

（2）过跨车禁止频繁启动。因为过跨车带负载启动电流过高，可达 90~100A，点动次数多容易造成掉电，运行后电流正常，约为 10A；

（3）过跨车电缆地坑内有时有积水渗透，造成接线头浸泡，也易造成掉电，要随时查看，若有水及时抽取。

4.3 薄板坯连铸机区域故障排除 20 例

1. 大包臂升不到高限位或高限位未检测到信号怎么排查？

大包臂升不到高限位可在确认安全的情况下，操作工用事故回转。如高限位未检测到信号可强制包臂高位信号。国内钢厂基本都是定义 1 号臂——S011（I8.0），2 号臂——S021（I8.4）。

2. 大包回转台常见故障有哪些，怎么处理？

（1）升降电磁阀故障报警，是由于大包回转台上升不到高位造成。检查主液压站压力，可能是压力达不到设定值。主液压报警设定值为 18.0MPa。

（2）大包回转台包盖旋转位置不到。应检查包盖旋转停放限位接线是否断，若是，重新接好后正常。

（3）铸机大包回转台旋转速度快。若检查电气设备正常，钳工检查调整后无变化，则是主液压站压力高所致（压力值为：21.6MPa）。

3. 辊道运行不正常怎么处理？

热坯到达横移辊道处无法自己运行，一般是由于 1 号挡板下限位指示灯不亮，调整限位后正常。

4. 辊道光电管动作不正常怎么办？

（1）横移辊道光电管被蒸汽遮光后，HMI 画面不显示有坯，重新插拔光电管插头后正常。

（2）后部辊道光电管不对光，无坯时显示有坯，重新把发射器、接收器对光后正常。

5. 中间包车微调朝向内弧不动作是什么原因引起的？

一般是由于电磁阀有故障，检查电磁阀插头、接线、吸力是否良好，反复动作几次后正常。

6. 中间包车升降不动作是什么原因引起的？

查 PLC 有无输出，烘烤器是否在上限位，如果没有在上限位，将烘烤器升到上限高位。

7. 生产工操作有时会发现，左右两侧油缸升降速度不一致，中间包车磁尺故障如何处理以及后果是什么？

这主要是因为阀体漏油或故障所致。换阀后问题即可解决。另外，磁尺故障报警也会引起中间包车不能快速行走，此时需要更换磁尺。

8. 中间包车倾斜故障报警如何调整？

检查限位，许多时候是由于手柄在挡板之外引起的，应调整手柄位置。

9. 中间包车开不动是什么原因引起的？

（1）急停没有动作包括 OS1/OS2/操作箱急停；

（2）碰撞保护没有激活；

（3）烘烤器在高位。

10. 结晶器调宽电机出现 A141 报警怎么处理？

连铸机在结晶器调宽过程中，左下电机报 A141，复位后可以运行，但仍频繁报警，测电机各相阻值（三相平稳时相间阻值约 4Ω，对地绝缘 $50M\Omega$）正常，通知生产工吊结晶器盖板脱开连接轴后试电机运转正常，生产更换结晶器后，调宽运行正常。

11. 用电机调宽的变频器出现 A023 报警怎么处理？

调宽电机报变频器故障 A023，是因为电机过热所致，对电机降温后正常。

12. 结晶器振动停止处理方法是什么？

在检查电气无异常后，一般是由于油路有异物堵塞，导致振动停止，可不作处理；若因特殊情况不得不验证电气问题，可做以下处理，将比例阀开口增大，将油路冲开，这只是暂时的处理方法，并不解决问题，具体步骤如下：

ESC

F8　　　　　Parameter

Password　　　100

（F8）

shift

⎰⌃or⌄……"Valv Opn For Man Move %"

shift⎱

⌄

Enter ……Valve = 40（only change 40%）（原设计参数阀开口度为 8%）

Enter

F2（Write）

13. 振动 HMI 上 PLC 指示灯显示红色，并提示 PLC：OSC 故障应该怎么处理？

可能是 CC – Explorer 振动与 L2 通信未连接好。处理方法如下：

（1）重启 CC – Explorer 服务器。

（2）重启 L2 服务器（L2 HMI 画面 PLC 状态指示灯变绿）。

（3）要求生产工在 L2 上进行模拟：VIEW 菜单下 EMERGENCY，对 TURRET 和 TUNDISH 中各项进行跟踪模拟，并模拟大、中包开浇。

（4）此时 L2 连接基本可以恢复正常。

（5）取消模拟。

14. 后部系统横移台车报警出现 F0006 变频器故障是什么原因引起的？

检查横移小车在高位重载时，小车到达同步光电管附近时，变频器报故障，同时有异音，将变频器参数 P393 由 2S 改为 4S，该参数是表示发出设定合闸命令后断路器发回合闸信号的延时时间。

15. 切割车变频器（VVVF）故障怎么处理？

切割车变频器经常发生出现问题不能复位的故障，出现类似问题，处理方法如下：若是两枪相撞，对故障进行复位（按下Fn键）后，则对PLC停电，送电，让生产工选择手动试车；若是后退时报故障，对故障进行复位（按下Fn键）后，则对PLC停电，或对枪原始位限位挡一下，使其相当于枪回到了原始位，让生产工选择手动试车；若是在前进切割过程中报故障，对故障进行复位（按下Fn键）后，则对PLC停电，让生产工选择手动试车。

变频器出现不工作的原因，是因为PLC一直有给定，单纯停变频器供电电源没有效果。因为在变频器送电之前PLC有给定，变频器是不工作的，所以出现以上问题，但此时千万不要拔相应继电器线圈，若拔继电器线圈，再次插上，变频器就有可能动作发生事故。

16. 结晶器振动偏振故障怎么处理？

若两侧振动都不工作，在HMI上观察振动压力，一般情况下，A腔压力在18MPa以上时B腔压力较小，B腔压力在18MPa以上时A腔压力较小。若两腔压力均较小（小于2MPa），说明油压有问题，检查液压是否正常。

观察HMI伺服阀反馈值，若阀位没有变化，可以判断比例阀犯卡。

观察HMI伺服阀反馈值，若阀位持续增大，达到90%以上，可以判断是比例阀堵塞。

若检查油压没有问题，检查油缸位置传感器是否正常，可用万用表欧姆挡测量传感器输入、输出线圈阻值，停电后在PLC柜内测量传感器接线端子5、9和6、8之间的电阻值，测量阻值在$130 \sim 150\Omega$之间为正常，输入侧线圈阻值稍低。若超出范围较大，测量值为无穷大或接近零，说明位置传感器有问题。若以上都没有问题，则应检查线路。

17. 去毛刺机的故障现象及处理方法有哪些？

（1）毛刺去除不干净。

若去头去不干净，去尾非常干净，说明板坯头可能上翘，板坯上翘程度不一样，去毛刺效果就不一样，此时，控制系统应该动作正常，可建议生产工联系钳工对毛刺辊进行微调，此项微调工作非常精细，需要调到既可把毛刺处理干净，又不跳闸的程度。若调高了因电流过高容易跳闸，调低了则毛刺清除不干净。

若去头去尾都不干净，设备动作正常，此时可建议生产工联系钳工对毛刺辊进行微调，同样需要调到既可把毛刺清除干净，又不跳闸的程度。

去毛刺辊高度（亦即刀头高度）的调整是一项耐心细致的工作。在刀头高度粗调至基本符合要求后，往往需要以零点几毫米（最好不要超过0.5mm）作为增减量进行精调。因为相差零点几毫米常常会造成毛刺清除不净（高度不够），或者造成电机负荷呈几何级数增长，出现过流过高。

（2）打早或打晚。

此故障是由于打击时间和正反转抬起时间不同步引起的。一般情况下调整好了不要进行修改，仔细观察坯头打击过后的打击痕迹，宽度在2cm左右说明打击有些提前，可进行相应修改，具体在去毛刺PLC/FC12/NW4中的T21时间处，修改时每次减少10ms，查看打击效果。若打击宽度太宽，达20cm，可相应增加T21时间。

（3）电机该转时不转。

首先查看变频器有无跳闸，若无跳闸现象，查看柜内元器件是否正常。再查看去毛刺第一对光电管信号是否正常，该信号平时接通，PLC/I3.0为低电平，板坯遮住后，I3.0为高电平；若都没有问题，重点检查电机。

（4）去头不去尾或动作不正常。

此故障可能是辊道速度不一致、模式转换不及时造成的。在引锭杆辊道检测光电管被激活后，立即将模式转换为自动，否则将出现上述故障。将横移辊道转换为手动时，去毛刺机在去尾动作结束后，当坯子停下，立即由"手动"转为"自动"，否则下一个去毛刺工作不正常。若发生堵坯现象，也将影响去毛刺机的正常工作。

（5）参数修改。

若跳闸频繁，修改去毛刺机变频器参数。通常情况下，设置的参数最好不要修改，联系钳工调整辊的高度即可。如果修改，所用到的变频器参数为：P128 = 120（保护限电流），P401 = 60%（反转速度30Hz），P402 = 60%（正转速度30Hz），修改时PLC程序不要修改，只是修改相应的P401 = 60%，P402 = 60%，将转速下调即可。涉及相应的PLC程序有FC12中的T21/T22/T4/T3时间参数设置。

18. 液压系统主泵停泵应急处理的办法是什么？

若出现因循环泵停止导致主泵停泵，为应急生产，经工长同意，可将循环泵接触器触点短接，点号分别是I22.1、I22.4，对应点号分别是1TA189、1TA192，分别与电源1TA204短接，再由操作工启动主泵即可。

19. 热坯压力偏差大报警如何分析处理？

当连铸机频繁出现"热坯压力偏差大"报警，特别是在大包臂升降时频繁报警时，应该首先检查实际检测的热坯压力与设定压力是否存在偏差。如果生产过程中，指针式压力表的指针相应也在设定压力左右摆动，可判断检测元件没有问题，即使对PID参数进行调整，调整后也没有效果。最好与钳工确定更换比例阀。如果更换后发现阀体内积有类似污泥杂物，一般更换新阀体后效果良好。

20. 比例阀开度不够与压力低有关系吗？

有关系。比例阀开口度达100%，如阀体内积有杂物堵塞，会导致流量不够和压力偏小，比设定值约小0.7 MPa，特别是在升包臂时主系统压力会从20.2MPa瞬间降到18.0MPa，对热坯压力影响很明显，会出现瞬间下降，小于热坯压力下限偏差，故引起报警。更换新阀后，包臂升降时虽有压力损失，但热坯压力波动基本在±0.2MPa左右，其偏差在允许范围内。

4.4　行车电气自动化故障14例

1. 美恒定子调压调速装置常见故障及处理方法有哪些？

美恒调压装置不动作：检查司机室主令及PLC输出信号是否正常；检查装置外部使能信号，如重锤信号或准备好信号是否正常；检查装置内部输入端子，并清理内部灰尘。如果还报故障，对应排查：

（1）F001、F004故障。检查进线电源电压及进线螺丝压接情况。

（2）F006、F007故障。检查进线电源电缆对地绝缘情况，检查高压变压器输出电压。

（3）F016、F017故障。检查EB1、EB2电路板上各端子的压接情况，否则将其更换。

（4）F018故障。检查电机工作情况是否正常；检查进线电压、电阻器连接及发热情况。

（5）F031故障。检查编码器电压及接线情况，否则更换编码器。

（6）F035故障。检查液压缸动作情况及抱闸打开情况；检查制动器工作情况是否正常，是否有电源输入输出；更换CPU板并重新上传参数。

2. ABB定子调压调速装置常见故障及处理方法有哪些？

检查司机室主令及PLC输出信号是否正常；检查装置外部使能信号，如重锤信号或准备好信号是否正常；检查装置内部输入端子，并清理内部灰尘。如果还报故障，对应排查：

（1）F1-01、F1-02、F1-03、F1-04故障。检查进线电源及电缆压线螺丝是否有松动的情况，测量各相电源电压。

（2）F1-05、F1-06、F1-07故障。检查进线电源电缆绝缘情况，测量进线电压，检查高压变压器输出电压是否正常。

（3）F1-31故障。更换DAPC 100电路模板，并重新上传参数。

（4）F1-65故障。根据速度反馈的模式，检查速度编码器工作及接线情况，或者检查转子反馈模块及线路情况，若不存在问题，则将速度反馈元件予以更换。

（5）F1-77故障。检查功率单元风扇的运行、接线情况。

（6）F1-81、F1-82、F1-83、F1-84故障。断开转子星点，用摇表摇测转子回路对地绝缘情况，判断哪相转子对地绝缘低。

3. 西门子定子调压调速装置常见报警故障及处理方法有哪些？

（1）编码器报警，显示F031故障。

此时首先检查编码器电压及接线情况，更换编码器对比。编码器在安装过程中，如安装不牢固（如外壳固定不稳），易使反馈信号出现问题，也会出现工作不正常现象。"F031"一般情况下是指反馈故障，如发现装置报此故障，可断定反馈线路或编码器出现问题的可能性比较大。

（2）电机堵转报警，显示F035故障。

首先检查液压缸动作情况及抱闸打开情况。该报警一般由电机过电流、定子电流大于1%的转换器额定电流（DC）、实际速度小于0.4%的额定速度引起。

对于空钩情况下报警：一般应是制动器回路有故障，造成启动时抱闸打不开，或者在运行过程中，抱闸自行关闭，造成电机堵转。由于调压装置均由装置控制单元控制抱闸回路，所以要重点检查装置是否输出，观察中间继电器指示、抱闸接触器吸合情况，观察液压缸、抱闸架子运行情况。

对于重钩情况下报警：初步处理情况同空钩情况下报警一样，也有负载过重，电机不能提供足够的力矩，致使电机电流过大，出现了转速上不去的情况。

编码器跟随不好或内部脉冲信号发射故障，也能使系统误认为电机转速长时间低于额定转速的0.4%，从而误报电机堵转故障，此情况下建议更换编码器。

4. 美恒定子调压调速装置常见故障怎么处理？

（1）美恒装置报相间不平衡（PHASE UNBALANCE）故障。

一是用测电笔或万用表检查装置进线电源是否缺相或电压低；二是用螺丝刀检查输入、输出压线端子螺丝的紧固情况，避免松动接触不好；三是停电后检查装置控制电路板的插接情况，避免松动接触不好，并尝试更换"相位触发板"。

（2）美恒装置死机。

一是检查控制线、电源线的压接情况；二是检查风扇散热情况，若环境温升高，则对装置进行物理降温；三是更换控制板和控制面板。

（3）美恒装置报"CURRENT FEEDBACK"故障。

一是检查电流互感器接线情况，用万用表测量线圈内部是否开路；二是检查电流转换器输出端子的压线及插接情况；三是更换电流转换器，并更换控制板和控制面板。

（4）美恒装置控制的电机运行不正常。

一是检查主令信号及 PLC 输入、输出信号是否正常；二是检查中间继电器吸合情况及与换向、切阻接触器的配合情况；三是检查电机和电阻器。

5. 行车大车或小车不动怎么排查？

（1）检查门开关及行走限位信号是否正常；

（2）检查司机室主令信号及继电器吸合是否正常；

（3）检查换向接触器吸合是否正常。

6. 行车起升机构只起不落或只落不起与 PLC 有关吗？

起升机构只起不落或只落不起一般与主令、继电逻辑板、限位信号有关。应该先检查行车限位信号是否正常、检查主令信号及中间继电器信号是否正常、更换继电逻辑板对比试验；假如还没有效果，可以检查 PLC 电源及通信线插接情况，并检查各模块插接情况，检查输入信号电压或线路是否有接地现象，二者之间一般不会发生关联。

7. 行车电机常见故障有哪些，如何排查？

（1）电机振动大、有异声：测量进线电源电压，检查电机是否缺相。

（2）电机缺相：逐步排查线路、压线端子和电机定子是否开路，检查换向接触器触点的氧化、灼蚀情况。

（3）电机堵转：检查液压缸动作和抱闸打开情况。

（4）电机转速异常：检查电阻器接线及电阻器温升；检查切阻接触器动作情况及接触器触点氧化灼蚀程度；检查装置速度反馈回路。

8. 现场的断路器、保险在生产运行中经常会遇到什么问题？

（1）断路器合闸运行一段时间后自动跳闸。

检查断路器容量是否满足负载需求；检查断路器动作保护设置是否正确；检查负载侧线路有无短路、接地情况；结合断路器工作环境及使用寿命，考虑是否予以更换。

（2）保险丝自动熔断。

保险丝自动熔断是由于表面电路的电流超过了原设计的额定值，需要检查负载侧线路有无短路、接地情况；结合保险工作环境及使用寿命，可考虑适当更换放大一级过流值的新保险。

9. 现场接触器、中间继电器在生产运行中经常会遇到什么问题？

（1）接触器不吸合。首先判断线圈信号是否过来（线圈电压有 220VAC 和 380VAC 两种），使用万用表对线圈相间电压进行测量，若信号没过来，则排查上级继电器动作吸合情况；若信号过来了，则线圈可能被烧坏，需要更换。

（2）继电器信号没过来。首先按上述方法检查继电器动作情况，若动作正常，则用万用表测量继电器触点接触情况。若接触不良，则进行更换。

（3）触点灼蚀严重。检查负载工作情况及继电器配合情况。

10. 在现场生产中液压缸经常会遇到什么问题？

（1）液压缸抬不起来。检查抱闸接触器吸合情况；检查线路是否有开路的地方，即液压缸是否缺相；用万用表测量液压缸内部是否开路。

（2）液压缸推力不够。检查液压缸内部油位，调整抱闸架子。

11. 行车行走限位、高度限位、重锤限位、门开关出现故障如何排查？

（1）限位信号没有。检查限位机械部分及触点闭合情况；检查线路是否接地或短路。

（2）PLC 没指示。检查模块插接情况；检查中间继电器吸合和触点情况。

12. 天车滑线和集电器常见故障有哪些？

（1）滑线弯曲变形。需要加装温度补偿器和过渡板；调整高压瓷瓶位置及固定卡子的压力，使滑线在受热膨胀时能充分拉伸，防止变形或撞坏集电器。

（2）刷块磨偏。检查滑线是否平直。

（3）高压缺失。检查集电器是否损坏，压线是否紧固。

13. 带整流桥和 CJ29 接触器的控制回路故障及处理办法有哪些？

整流控制回路如图 4-16 所示。

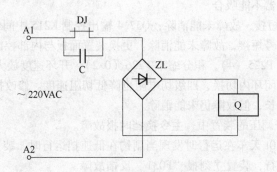

图 4-16 整流控制回路图

常见故障现象及处理方法如表 4-1 所示。

表 4-1 整流控制回路的故障和处理办法

故 障 现 象	故 障 原 因	解 决 办 法
控制回路开关跳闸	整流桥短路	更换整流桥
新投入的接触器保持不住（抖动）	机械部分动作受阻	静触头与母线连接不能受力
运行过程中接触器保持不住（抖动）	电容器断路	更换电容器
接触器不吸合	短接触头（闭点）不闭合	检修短接触头释放时短接触头闭合
烧线圈	短接触头（闭点）不打开	检修短接触头吸合时短接触头断开

14. 炼钢厂生产中主要行车故障有哪些？请举例说明处理过程。

（1）受钢跨天车，主要故障多发生在主小车变频器部位。

某厂受钢跨 3 号 240t 天车自投入使用以来，运行状态一直不稳定。主小车在正常运行过程中频报直流母线电压低（F008）故障。

经过实地统计，发现故障多发生在高速回低速的过程中。高速回低速时，装置通过制动单元、制动电阻把能量消耗掉，此时直流侧电压增幅较大（700VAC），考虑制动单元、制动电阻、变频器的直流逆变回路是否出现故障。检测制动单元、制动电阻为正常。更换变频器，故障仍未消除，排除装置硬件故障。

考虑软件基本不会人工干预、硬件又无故障之后，将检查的重点放在了电磁干扰上，更换主小车装置到 PLC 盘屏蔽控制电缆，去掉主小车盘端子排，故障消除。

（2）加料跨天车，故障多发生在 PLC 通信部分。

某厂加料跨 2 号 240t 天车在吊运铁水过程中，天车工反映突然送不上电，经过初步排查发现 PLC 故障灯亮红灯，停送电，故障未消除。

检查司机室 PLC 系统分站，发现当天车工转动联合操作台时，PLC 就出现故障，发现司机室 PLC 电源断电，估计应该是司机室端子排至联动台端子排 PLC 电源电缆接触不良，紧固电缆线后正常。

（3）在 PLC 控制天车中，副钩在运行过程突然报"F035"故障。

经观察，当装置报故障时，发现装置准备就绪（I11.6）的 PLC 输入信号没有，这就使 PLC 输出信号 Q37.4（使能信号）无输出。同时发现当装置报故障的瞬间，装置未能发出控制抱闸的信号，抱闸接触器不能吸合。

首先将 I11.6 信号短接，故障未能消除；Q37.4 输出控制 K215 中间继电器，此继电器能控制抱闸接触器，将此信号短接，故障未能消除。更换装置面板与内部控制板之间通信线，调整速度环参数：比例放大 P225（4），积分缩小 P226（0.2），开环速度放大到 85%，把二级切电阻、三级切电阻降低到闭环内切换，四级切电阻也降低切阻速度。修改抱闸制动时间，让制动尽量快，把堵转时间延长，但故障仍未能消除。

（4）在使用了定子调压的装置中，主令换挡时报故障。

某厂受钢跨 2 号 240t 天车在运行时发现当副钩在低速挡运行时，装置不报故障，但运行速度不稳，副钩在四挡运行，装置立刻报"F031"反馈故障。

先对编码器线路进行校线、紧固后，重新试车，故障未消除。将反馈参数封锁（P591 由 174 改为 167），重新试车，当副钩在四挡运行时装置不报故障，但速度慢（仅有 40% 速度），此时装置未发出控制切电阻接触器信号。又将二级切电阻参数调小（U634 由 50% 改为 35%），试车发现二级切电阻信号正常。这时判断副钩调压装置正常，应是编码器出现问题。更换编码器后，将参数调回原参数，试车后副钩恢复正常。

4.5　供配电及环保设备电气自动化故障 20 例

1. 炼钢厂 10kV 进线电压突然消失怎么处理？

10kV 变电所是炼钢厂的供电源头，当变电所电气室进线电源失压，带失压保护的设备就会动作跳闸，此时可断开失压线路断路器，合上联络断路器，经调度联系通知后将失压跳闸线路逐一送电。

2. 炼钢厂 10kV 线路接地故障怎么处理？

当高压线路发生接地故障时，应将接地线路断电，处理接地故障点，观察仪表显示，摇测绝缘合格后，方可再次送电。

3. 变压器报瓦斯故障怎么处理？

如果是变压器加油产生的少量气体，使轻瓦斯动作，可将气体放出变压器继续运行。如果持续发生瓦斯信号，应取样做气体色谱分析等试验，决定是否继续投用变压器。

4. 变压器着火或异常温升怎么处理？

发现变压器着火，应迅速断开变压器两侧断路器及隔离开关，及时报告调度和有关领导，并迅速组织灭火，火势较大时通知消防部门。变压器在正常负荷情况下，高出正常温度，应加强点检，记录温升情况。上层油温超过 80℃，应将变压器退出运行。

5. 精炼变压器有哪些常见故障，如何处理？

（1）精炼变压器有载调压装置不能自动调压。

将有载调压装置电源断开。用调压手柄手动调压一个周期后，再送上电源自动调压。

（2）精炼变压器油水泄漏故障。

将变压器停电，打开油水泄漏检测器，检查是否有泄漏情况。如果没有泄漏，就是由于振动造成的误动作，可将信号复位后继续运行。

6. 高压保护装置有哪些常见故障，如何处理？

高压保护装置经常报自检故障，自检红灯闪烁。将高压设备停电，断开保护装置电源，将同型号保护装置输入保护定值、通信地址及开关设置后安装。

7. 高压断路器常见故障有哪些，如何处理？

（1）不能合闸。

首先，检查保护装置是否有动作；其次，再看直流电压是否正常，储能电机能否储能。在已储能情况下，可先手动操作。若手动不能合闸，可判断为机械故障；若手动分合闸正常，电机不动作，可检查合闸回路及分合闸线圈。

（2）高压断路器手车不能摇至工作位。

检查高压柜接地刀是否分到位，机械连锁是否打开，手车是否与轨道对正，控制回路插头是否插好，摇进装置是否灵活无卡涩。

8. 一次风机房高压风机电机无法启动故障如何处理？

（1）从风机上位机画面中，查询开机条件是否满足。

（2）检查是否故障复位。

（3）按下启动按钮，观察由 PLC 输出模块控制的"风机启动"中间继电器是否动作，以此来判定故障点的范围。

（4）用笔记本电脑直连 CPU 模块，观察程序运行情况，可快速、准确地判定故障点。

（5）必要时将断路器手车摇至试验位，可以检测控制回路是否正常。

9. 一次风机房高压风机电机运行中跳闸如何处理？

（1）首先，从风机上位机"故障诊断"中查找故障信息，由此判断是由于电气原因，还是仪表信号，或水路、油路原因造成的跳闸。

（2）其次，从高压柜 SEPAM 模块中查找故障原因。由此可基本判定造成跳闸的原因，例如过流、过压、欠压、接地差动、电流不平衡等。

（3）转炉一次风机必须在转速小于 10r/min 时，才可以启动风机电机。

（4）风机电机热态允许启动一次，冷态允许启动两次，并且启动间隔大于 15min，再次启动必须冷却至常温进行。

10. 低压电气自动化设备常见故障有哪些？

（1）低压开关压头发热，可及时紧固螺丝。如压点烧坏、机构犯卡、外壳破损，要及时更换。

（2）PLC 模块。

检查模块上各指示灯是否正常，来判断输入输出模块是否正常。有时会因为保险损坏或者 24V 直流电源损坏，表现为模块故障，此时需要及时更换保险或者 24V 直流电源。

（3）接触器。

如触头发热，可及时紧固螺丝，如触点烧坏、机构犯卡、外壳破损、线圈烧坏，要及时更换。

11. LF 电极不动怎么处理？

LF 电极不能升降，分析应该是受中压柜上的 Q3 合闸信号连锁未到所致；Q4、Q5 不能合闸，也是因为与 Q3 合闸信号有连锁所致；此时先选到中压柜手动操作模式，人工操作 Q3 合闸后信号仍然未到，将 Q3 合闸信号短接，合上 Q4、Q5 后，合上 Q3 断路器，电极可以升降，最终确定是 Q3 断路器手车控制线路插头未连接到位引起。

12. 高压进线欠压怎么处理？

生产过程中发现 35kV 进线柜电压表指示不正常：相电压表指示为 A 相 0V，B 相 35kV，C 相 35kV；线电压表指示均为 35kV。

经查发现，对于中性点非直接接地系统，如果发生单相接地故障，其接地相的相电压为 0，其他两相的相电压升高 $\sqrt{3}$ 倍，即为线电压。根据进线柜电压指示，故判断为降压侧 35kV 系统 A 相接地故障。

13. 天车供电仪表指示异常怎么处理？

点检吊车配电室发现加料跨 3kV 高压 PT 柜电压表指示不正常：相电压表指示为 C 相 0V，A 相 3kV，B 相 3kV；查看 SEPAM 线电压指示均为 3kV，240t 吊车低压正常。

经查发现滑线接地，3kV 滑线施工区一根铁丝接地，停电处理后恢复正常。

14. 除尘器不能自动工作怎么处理？

转炉二次除尘 9 号振打电机不停机，查看除尘器监控画面，发现 9 号料仓高低料位信号同时到达，造成自动时振打电机不能停机，首先选择手动操作，停下振打电机，在处理好料位计后，恢复自动操作方式。

事故原因分析：料位计卡死，显示不正确所致。

15. 高压风机不能合闸怎么处理？

LF 除尘风机不能合闸，高压柜仪表指示正常，经检查发现合闸回路由于进风阀没有关到位，造成允许继电器不动作，手动关到位后恢复正常。

16. 一次风机房三通阀故障怎么处理？

将 1 号炉三通阀回收位转放散位时，旁通阀动作。

事故原因分析：检查三通阀，发现阀体机构运行不畅，钳工加油后，运行正常。

17. 出铁车有哪些常见电气自动化故障，如何处理？

（1）出铁车不能动作。

检查发现等待位、工作位限位灯同时亮，造成程序内部触发器封锁，按下停止按钮，解除封锁后正常。

事故原因分析：同时触动了等待位、工作位造成程序内部封锁。除此之外，如果发现电流很大，车不动，主回路供电正常，应该及时检查抱闸线圈，一般是抱闸线圈烧坏，更换抱闸线圈后正常。

（2）出铁车电流异常。

出铁车运行中，突然电流增大，运行中过流。经检查，在配电柜，电阻 R3 烧坏，更换 R3 后系统正常。

事故原因分析：控制回路电阻烧坏。

18. 倒罐站电机不动作怎么处理？

倒罐站风机检修后无法启动，查看其上位机画面时，发现液力偶合器调至 40%。操作工将液力偶合器调至 0%，重新开机，运行正常。

事故原因分析：液力偶合器不在 0%，电机无法启动。

19. LF 出现三相不平衡怎么处理？

1 号精炼沈高 35kV 变电所 PT 指示三相不平衡，检查达涅利高压柜，三相电压指示正常，排除电网原因。停电检查发现 PT 保险坏一相，因达涅利高压柜有电压保护，临时将 A03、A04 电压保护拆除。

20. 生产中遇到 LF 水冷电缆打火问题怎么办？

2006 年 6 月 11 日 18：30 时自动化丁班值班人员对 2 号、3 号 LF 巡检，巡检人员在点检中发现 3 号 LF 设备冷却电缆后面（变压器室东墙外）有打火进而出现放炮现象。停机后对该部位详细检查发现：在该墙面安装的用于固定电极臂冷却水管的螺丝部分打火，塑料垫块熔化，螺丝烧断。分析是由于大电流产生强磁场效应从而产生感应电流，因螺丝部位对地接触不良，发热熔化，继而出现放电打火现象。

将烧蚀螺丝拆除，紧固其他完好螺丝以加强固定，打火现象消除。

通过对 2 号 LF 的该部位进行跟踪观察，虽然没有出现打火现象，但是也存在固定冷却水管的卡子发热垫块熔化现象。

原因分析：由于没有采用不锈钢螺丝固定水管塑料垫块，形成磁场，造成发热。处理方法是可以用不锈钢螺丝替代。对水冷电缆附近金属构成回路的部位进行切断隔离改造，减少发热点。

4.6 自动化仪表故障分析70例

1. 副枪测量仪表故障分析。

2005 年 9 月 16 日 12：42 时，2 号副枪漏水。操作工反映副枪在降枪过程中，枪体上的 TSC 探头显示无，到达炉内又出现，转成紧急提枪后副枪开始漏水。DIRC 显示在降枪过程中，探头信号已经出现故障，并且出现氧电势的信号；5s 后副枪复位循环开始，2s 后转为紧急提枪，出现钢丝绳张力波动。

故障原因分析：依次按照以下顺序进行排查：

（1）硬件故障：电气、仪表元件有无故障。

（2）软件故障：HMI 有无故障报警，DIRC 系统是否正常。

（3）线路故障：DIRC 检测信号线路是否正常，螺旋导线有无损坏，枪体烧坏程度是否严重。

经过一定程序分析，副枪在检测不到探头信号的情况下仍然可以进行复位循环，不影响副枪的动作，DIRC 显示复位循环正常，只是在提枪过程中转成紧急模式。副枪在钢水内 10s，不会烧坏枪体。结合图 4-17，判断副枪在插入炉内以前可能已经开始漏水，影响到探头信号检测，所以 TSC 探头显示时有时无。

2. 铁合金称重故障处理经过分析。

2005 年 1 月 16 日凌晨 3 点多，转炉投料称重系统，18m 1 号、2 号炉中位合金秤均显示错误，检查发现称重柜内及传感器接线盒进水。首先，系统停电，并逐个进行烘干处理。1 号炉投料秤送电后运行正常。2 号炉合金秤柜内模板短路烧毁元件，更换模板后，送电北侧秤显示正常，南侧秤因换模板需重新进行校验，校验后运行正常。

该事故是由于环保车间在 24m 检修水管时，因操作不慎漏水，造成仪表系统大面积瘫痪。

3. 3 号转炉塔文系统一文流量波动处理经过分析。

2006 年 3 月 3 日以来，3 号转炉塔文系统一文流量一直有波动，检查线路正常，流量表本

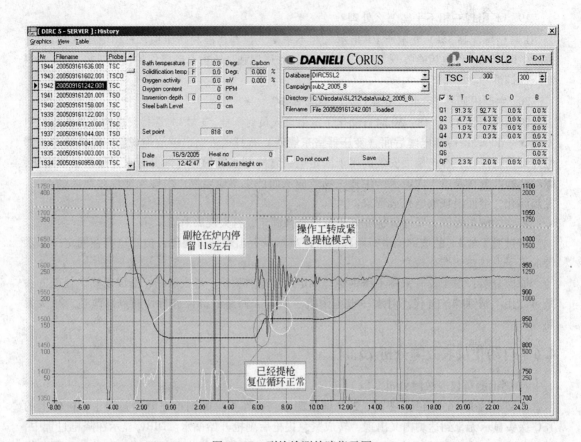

图 4-17   副枪检测故障指示图

身波动, 但不是连续的, 判断有两种可能情况: 一种是干扰, 另一种是结垢。因原运行正常, 所以排除了干扰的可能。3 月 5 日, 经联系调度利用生产间隙, 拆下流量计, 发现壳体内部果然结垢严重, 清垢后安装调试运行正常, 不再波动。

4. 倒罐站出铁车载秤故障处理经过分析。

2006 年 6 月 24 日倒罐站 2 号出铁车进行更换, 新车接线后校验正常。25 日中班, 生产工反映 2 号出铁秤波动大。值班人员对称重仪表停电后, 检查线路, 再送电发现校验数据丢失, 经查表后校验拨码 (CAL) 在校验后没有及时复位, 导致断电后校验数据丢失。26 日, 重新校验出铁秤, 发现波动量仍然很大。估计是远传导线有接地或短路现象, 故更换了信号远传导线, 故障仍然存在。又经细致的检查, 发现传感器接线盒 DKK69 内由于接线端子紧固时用力过度, 导致与电路板连接焊点松动, 造成信号波动, 更换新电路板后, 称重数值稳定。校验后, 一切正常。

5. 3 号转炉一次风机房电机停机事故处理经过分析。

2006 年 5 月 30 日, 1 号转炉、2 号铸机、2 号 LF 计划检修, 下午 2: 10 时, 3 号一次风机在运行中, 由于电机定子 1 温度高造成连锁风机停机, 生产工通知值班人员, 自动化仪表人员进行处理, 因电机定子温度高, 开机允许条件不满足, 不能开机, 就考虑封闭此连锁点, 但调出程序后, 因程序版本不匹配而无法在线, 上装程序后还是不能在线修改。于是, 就把现场电阻接线短接, 由于接线端子柜同时进行短接, 线路拆开时的步调不一致, 条件还是未能满足,又把端子处全部短接，开机条件满足。15：30 时开机运行。故障诱发点：由于电机定子 1 温度高造成连锁风机停机，测温电阻损坏，温度显示开路温度值 3767℃。

6. 3 号转炉煤气分析仪事故处理经过分析。

2006 年 2 月 3 日夜班凌晨 3：00，3 号分析仪发生故障，仪表人员甲班立即到达现场处理，经检查及校验分析仪等处理，都未能彻底解决问题。7：40 交班，经检查分析仪样气抽取正常，而通入标准气显示无变化，判断分析仪内部故障，打开分析仪发现管路脱开，连接处理，并把排气管路拆开疏通后，运行分析正常。故障诱发点：由于排气管路堵塞，造成管路内堵压，使管路脱开，无法正常测量分析。

7. 1 号转炉副枪事故处理经过分析。

2005 年 3 月 9 日 9 点 10 分 1 号炉副枪在连接 TSC 探头时，结晶温度点的信号连接不上，判断线路故障，进行校线，发现其中一根灰色线折断，但断头需分段查找。先查找 49m、24m 的接头处，发现 24m 副枪体内接线插头处有一根线脱焊，重新焊接后，连接 TSC 探头信号正常。故障诱发点：副枪连续使用率高，强振动使接线插头处有一根线脱焊，信号中断。

8. 1 号铸机结晶器控制系统波动过大事故分析。

2003 年 11 月 4 日起 1 号中间包车结晶器控制系统波动过大，无法满足生产工艺的要求，只能改为手动。

查找结晶器液面控制系统的硬件和软件。

软件为 C7-634 内的程序，车间管理制度严格，其参数设置和程序语句不易遭破坏。

硬件构成较简单，分测量系统和控制系统。测量系统包括放射接收探头和转换单元 LB352。控制系统则分别对应两辆中间包车，共两套，其中一套为 C7-634PLC、液压缸位置传感器、泄压电磁阀 Y102、急停电磁阀 Y103、循环阀 Y104、比例阀 Y101。

通过逐步排查的方法，最后发现是 LB352 的信号输出存在问题。LB352 的作用是将探头产生的脉冲信号转换为 4～20mA 的结晶器液位信号送给 PLC。分两个输出分别传给 1 号、2 号中间包车的 PLC，其中传给 1 号车的信号稳定性较差，从而造成结晶器液面控制不稳定。LB352 共包括五块 PCB 电路板，其中 CPU 板、电源板、双通道输出板在班组内有备件，接口板上也有两个通道可互换。

（1）原用接口板上的 a 通道，将其换至 b 通道，发现问题仍存在，说明接口板没问题。

（2）然后更换双通道输出板，问题仍存在，说明双通道输出板没问题。

（3）再更换电源板，问题仍存在，说明电源板也没问题。

（4）由于担心生产未更换 CPU 板。

基于以上排查，提出一个简单易行的方案。利用其中稳定性好的一路信号，在其后加进一入两出的信号隔离器，然后分别输出传给 1 号和 2 号中间包车的 PLC，至此问题得到解决，两辆中间包车均正常工作，并且控制质量较前好，波动在 3～4mm。

9. 2 号中间包车塞棒自动关闭事故处理经过分析。

2005 年 10 月 11 日 6 点 38 分 28 秒，3 号连铸机 1 号中间包车塞棒关闭，结晶器液位报液位低低故障，造成 3 号连铸机停浇事故。

经查结晶器液位控制主机画面、历史记录以及操作事件记录发现：6 点 38 分 28 秒结晶器液位控制系统报"Auto close by local emergency close"故障，塞棒关闭，同时该故障引起报"Mold level control fault"故障，6 点 38 分 30 秒结晶器液位报"Mold level min min"故障，液面无法控制，造成停浇。

经查 PLC 程序以及液位图纸发现 " Auto close by local emergency close" 故障的发生只与结晶器液位控制操作手柄 LC141 上 – S811 按钮有关（未经继电器或其他设备），– S811 按钮点直接进入 PLC，其地址为 I124.1，分析认为 "Auto close by local emergency close" 故障的发生是由于生产工误操作 – S811 按钮造成的。对于连铸车间提出的塞棒自动关闭，拉速降为爬行速度（0.1m/min），查看程序以及资料发现程序内没有此功能。

10. 结晶器液位参数影响投自动事故处理经过分析。

2005 年 2 月 2 日 9 点 40 分 1 号连铸机结晶器液位无法投自动，结晶器液位波动较大，经检查结晶器液位控制器 LB352 的校验空参数由原 1615 变为 1609，重新设置参数后，空值 2090、满值 129。投自动正常，液位波动较小。17：00 更换为 1 号中间包车后，液位自动正常。

故障原因分析：

（1）LB352 液位校验参数改变。

（2）参数改变可能是操作工不慎按到校验键，造成校验参数改变。

11. 3 号连铸机结晶器冷却水流量计故障处理经过分析。

2005 年 9 月 30 日夜班 12：30 结晶器右窄面冷却水流量突然显示为零，开始处理无效后，进行左右流量计接线互换，互换后左窄面流量计也出现故障。凌晨 3：00 进行更换流量计，更换后漏水严重，处理时间延长，早晨 7：00 处理好。故障原因分析：该电磁流量计电极稳定性、强度不够，与冷却水的 pH 值不能匹配，是电极极化强度不够引起的。

12. 3 号结晶器液位控制系统故障处理经过分析。

2005 年 10 月 26 日 15：30 时生产工反映 1 号中间包车塞棒在 "control" 模式下，使用 LC141 开关操作塞棒时，发现塞棒关闭正常，但打开时，不能全部打开，将塞棒液压缸拆下空试，液压缸关闭时动作正常，打开时动作非常缓慢，但液压缸行程没有问题。检查仪表线路以及信号均正常，判断液压系统可能存在问题，配合检修钳工处理。钳工对比例阀和液压缸分别进行了更换直至 22：00，但故障仍未排除。27 日，钳工继续检查，11：00 发现事故阀 Y104 堵塞，清理后，塞棒开关动作正常。此次事故的发生是因为液压油内存在异物，导致无法正常提供压力。

13. VD 锅炉房仪表放散阀事故处理经过分析。

2006 年 2 月 17 日 11：00，锅炉房准备点火试车，13：30 时，锅炉房点火试车，点火后，不能保持正常压力。仪表人员到达后，检查煤气点火系统，并更换点火器、火焰检测器等，事故仍未解决。第二天锅炉房检修，又校验并更换了煤气压力、流量变送器；检查蒸汽放散阀，发现放散阀气源管爆裂，更换气源管，放散阀工作正常。试车后锅炉点火运行正常。事故原因分析：由于放散阀气源管爆裂，当锅炉压力高于 15.2MPa 时，放散阀无法正常放散，造成锅炉压力过高，自动切断煤气。

14. 连铸机漏钢事故处理经过分析。

2004 年 6 月 20 日中班 7 点 30 分左右 1 号连铸机发生外弧漏钢事故，造成停拉。事故原因分析：由于结晶器热电偶多点出现测量问题，操作工将有问题的点封闭，导致这次漏钢预报系统漏钢时没有报警响应。针对这次漏钢事故，说明存在以下问题：

（1）部分热电偶老化，离线时测试正常，而上线后显示异常。

（2）密封圈做工不良，大小不合适，上线后导致轻微漏水。

（3）热电偶座加工尺寸不合适，造成拆卸困难，不易掌握安装松紧程度。

（4）备件及安装存在问题。

针对漏钢预报系统存在的问题，重点应从以下五方面着手解决：

（1）采用成套热电偶配件，包括热电偶、插针、插帽、热电偶接线盒、保护套管等。逐步制作新的成套热电偶，以新换旧。多调查几家密封圈生产厂，对其产品对比使用，择优选用。

（2）对热电偶座加工尺寸不合适及无销子问题及时与机动科联系解决。

（3）备件及时提用，选用优质产品。安装工作进一步做精、做细。

（4）建立热电偶管理台账，包括热试记录、热电偶更换记录等。

15. 大包滑动水口不能开启过程分析。

2004年2月13日中班，大包滑动水口突然不能开启，当慢开时，其慢开、快开、急停电磁阀均同时得电。

通过用万用表从公用柜到电磁阀的校线，得知布线系统结构为多个电磁阀 +24VDC 并联，采用双0V线的结构。而现在由于其中一根0V线在端子处虚接，而另一根0V线接错，所以造成操作时多个电磁阀同时得电的现象。

16. 中间包秤无重量显示处理过程分析。

2003年5月9日11：49，二班通知仪表班，中间包秤无重量显示。12：08到现场，中间包秤已正常，但是中间包溢流20t左右。17：00，经检查该系统，发现2号臂液压缸伸缩不灵敏，动作迟缓。通知钳工处理，经检查，该路供油压力比1号臂供油压力低2~3MPa，调整压力1号、2号臂基本一致后，两臂液压缸伸缩灵活性一致，满足了生产需要。

事故原因分析：液压缸阻力增大，油压低是造成事故的原因。

17. 与液压系统有关的结晶器液位控制报警分析。

2003年6月~7月，在近两个月的时间内，1号中间包车塞棒事故关停20余次。报警内容显示塞棒位置跟踪故障，结晶器液位控制故障。更换新的液压缸备件后，故障仍未消除。观测1号、2号中间包车 Y101 比例阀配备的信号隔离器的输入和输出信号，发现1号中间包车的信号隔离器线性不好。决定将1号、2号中间包车 Y101 的比例阀调换，调试1号中间包车的信号隔离器，使其放大倍数与2号中间包车的信号隔离器的参数相同。调换后，1号中间包车的塞棒手动仍有间歇性停顿现象。为消除故障，采用短接压力释放阀线圈，处理后系统工作正常。

事故原因分析：1号中间包车的液压压力释放阀 Y101 工作不正常，引起1号中间包车的信号隔离器线性不好。

18. 1号连铸机2号中间包车塞棒不动作事故。

2003年10月9日1号连铸机2号中间包车塞棒发生不动作事故。

检查塞棒处控制信号线，发现信号线全断，为外力挣断，重新焊接信号线，动作正常。另外，此处有时会因为插头松动，出现类似故障。

19. 1号连铸机2号中间包车塞棒突然关闭事故。

2004年2月28日凌晨2点20分2号中间包车塞棒突然关闭，检查现场电磁阀箱，发现电磁阀 Y102 线圈短路烧毁，更换后，2号中间包车塞棒控制系统无法投自动。

事故原因分析：经查是事故急停电磁阀 Y103 接线端子处线头脱落，致使电磁阀不得电，塞棒处于急停状态，无法投自动，重新接线后，投自动正常。

20. 结晶器不能投自动事故处理分析。

2004年9月26日检修连铸机未更换结晶器，无需对钴60进行校验。拉钢时使用1号中间包车，液位投自动后正常。9月27日8点左右换浇次后使用2号中间包车，液位投自动后液面波动幅度大，无法使用自动控制，反复几次投自动，使用一段时间后均失败。检查控制柜内8

只 SIEMENS 继电器（分别是 1 号、2 号车测量故障、开浇激活、事故关复位、塞棒事故关继电器），逐个压紧接线端子并检查塞棒位置传感器接线及现场电磁阀箱电气元件，均正常。中班 17 点左右液位投自动后正常，21 点 30 分换浇次后使用 1 号中间包车，液位投自动后液面波动幅度较大，改为手动控制。9 月 28 日凌晨 4 点 50 分液位投自动后正常，利用上午 10 点换浇次时间，检查探头电缆及接线盒，未见异常。重新包扎电缆并密封接线盒，检查 LB352 参数，发现 30、31 分别为 752、58，与上一次检修（9 月 14 日）校验值不符。另外，发现 OS1 上结晶器液位设定值偏小（104mm）。因立刻要进行开浇，未重新校验结晶器。将 LB352 参数 30 改为 3000，让生产工将结晶器液位设定值改为 115mm。开浇后 2 号车结晶器液位控制系统投自动正常。9 月 29 日 9 点 50 分利用浇次时间重新校验结晶器后投自动正常（LB352 参数 30、31 分别为 1380、97，结晶器液位设定值为 110mm）。

事故原因分析：因为本次检修连铸机未更换结晶器，所以无需对钴 60 进行校验，未发现 LB352 参数改变，而参数的改变是由于在未校验结晶器的情况下操作人员误按校空、校满按钮所致。

OS1 上结晶器液位设定值偏小（104mm），让生产工将结晶器液位设定值改为 115mm 后，液位波动较小。塞棒位置安装时设定值偏大，塞棒行程受限制。

未更换结晶器，未对钴 60 进行校验时，应仔细检查 LB352 各参数是否改变，尤其是校空、校满参数。维护人员在掌握维护技能的同时，应加强对操作技能及生产工艺的认识和加强与生产车间的沟通。

21. 现场哪些因素可能引起手动测温枪测量值异常？

首先，用标准信号发生器从测温枪上加一个输入值，然后对比，如果显示值与输入值一致，则是枪头或者测量部位不当的原因。如果显示值与输入值不一致，需要重点检查枪头是否粘了焦油、渣子等，用万用表测量枪体内导线是否短路，如果插头连接不紧或者手动/自动转换开关接触不好，也会引起测温枪测量值异常。

22. 影响仪表调节阀控制精度的因素有哪些？

（1）阀门定位器。功能不同，气源接口与电流信号接口选择不当会影响精度。

（2）空气过滤减压阀。选择不当起不到过滤、稳压作用，阀门容易出现机械犯卡故障。

（3）电磁阀。要确定好二位几通，电压等级，接口尺寸。

23. 结晶器专家预报事故分析。

2003 年 5 月 30 日，在线结晶器右窄面热电偶预报警，生产工让确认。经检查，热电偶常温下温度偏高，由于在线无法检修，待 31 日检修时处理。31 日，更换热电偶及热电偶座、密封垫，冷态测试正常。上线运行，一切正常。

事故原因分析：热电偶常温下所测温度偏高，为热电偶本身与密封接触面积小所致。应该加强设备巡检点，发现不良的热电偶及时更换，将问题消灭在萌芽状态，以保证生产的正常进行。

24. 连铸机漏钢结晶器专家系统状态分析。

2005 年 11 月 5 日 16：50 时 3 号连铸机（当时使用 1 号结晶器）出现拉漏事故后，配合处理漏钢事故，同时检查结晶器专家系统历史记录，发现 16：41 时专家系统自动保存一次漏钢报警记录。查看此次历史记录，发现结晶器专家系统运行、报警正常。

图 4 - 18 为漏钢报警前正常拉矫时热电偶状态显示，可以看出每组热电偶状态均正常。

图 4 - 19 为连铸机降拉速时热电偶状态，从该图可以看出每组热电偶均有明显的温度下降

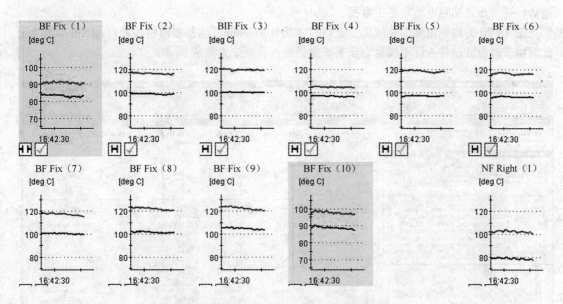

图 4 – 18 结晶器专家系统正常工作示意图

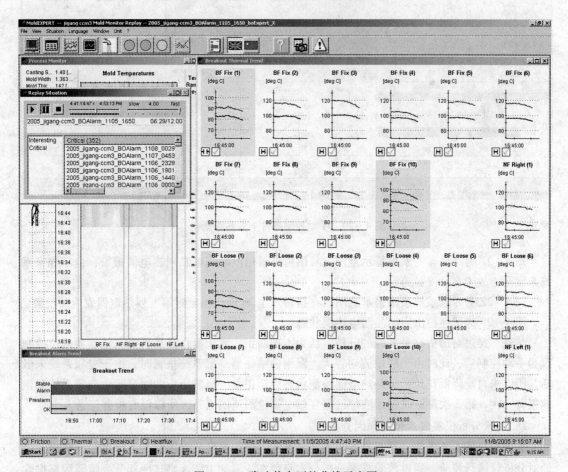

图 4 – 19 降速状态下的曲线示意图

趋势，进一步证明热电偶均是正常的。

图 4 - 20 为漏钢报警前曲线图，此时拉速为 0.7m/min，结晶器液位控制已改为手动控制，此时由于液位波动较大，不满足专家系统激活条件，系统未激活。

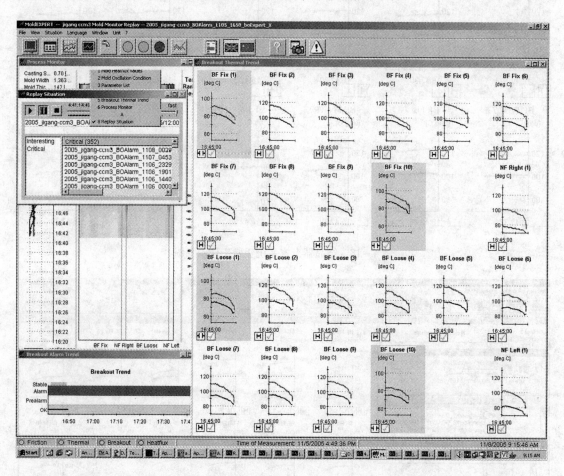

图 4 - 20　手动控制条件下的曲线变化

图 4 - 21 为结晶器专家报警示意图。从图可以看出活动侧第二列热电偶报警，由于专家系统未激活，故未自动降拉速。

图 4 - 22 为专家系统预报警示意图，在报警发生 3s 后，固定侧第五列热电偶发生预报警。

图 4 - 23 为尾坯拉出后结晶器电热偶状态。

结论：经过对历史记录曲线的分析，认为本次漏钢应属于操作滞后所致。结晶器液位控制改为手动控制后，此时由于液位波动较大，漏钢前结晶器专家系统报警时，由于专家系统未激活，所以未自动降低拉速，但是热电偶检测状态完全正常。报警历史曲线显示，专家系统漏钢前报警一次，第 2 次黏结时钢水液位已经在热电偶检测范围之外，所以没有报警记录。

25. 1 号分析仪氧气含量高原因分析。

首先，分析工艺条件，是否有人为增高的可能，例如前端的烟罩是否下降到位。其次，就地对分析仪进行校验，通过校验排除分析仪本身存在故障的可能。当这两部分故障原因都排除之后，可以对照图 4 - 24 ~ 图 4 - 26 进行分析，主要应分析探头部分，这是最容易出现故障的

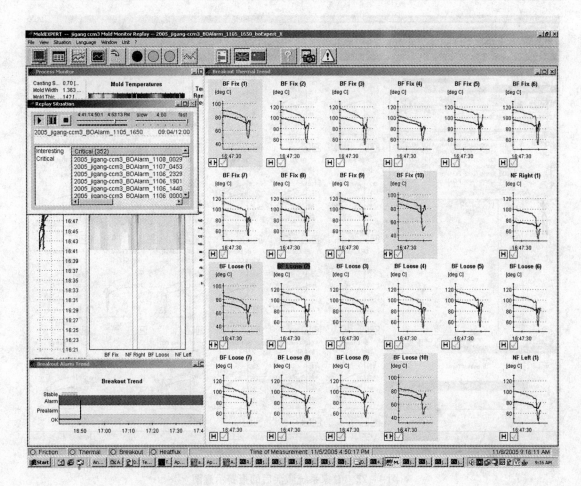

图 4 – 21　局部出现漏钢预报警的示意图

部位。图 4 – 24、图 4 – 25、图 4 – 26 分别做了注解示意。

26. 在日常生产维护中，副枪常见的仪表检测故障有哪些，如何处理？

副枪常见的仪表检测故障有：

（1）上位机显示安装上探头连接后失败；

（2）上位机没有安装上探头却显示连接正常。

处理办法：

（1）最快的办法是到生产现场检查副枪接插件有无别断、脱落等故障。如果接插件有故障马上更换一支，并检查上位机显示是否正常。

（2）检查螺旋补偿导线，用万用表测量六根线有无短路或断路。若是螺旋补偿导线问题则应立即更换。

（3）测量枪体内电缆是否拉断或短路。若是枪体电缆的问题应立即处理。

（4）若通过以上检查，故障还无法排除，则采用 DIRC – 5 系统校验。校验线有六根：熔池温度（红、黑）；结晶温度（灰、白）；氧含量（蓝、黄）。校验时，可按 F1 键，检查 DIRC – 5 系统指示灯是否正常。按 F2 键进入校验状态，按 F3 键（BATH）进入熔池温度校验状态。下限：在校验仪上输入 1600℃，按 F6 键（low），直到最小处显示 1600℃。上限：在校验仪上输

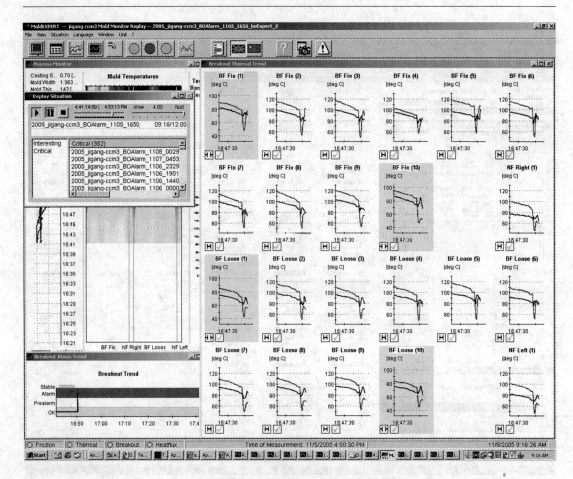

图 4 - 22　专家系统激活后的报警示意图

入 1700℃，按 F7 键（high），直到最大处显示 1700℃。在允许误差 10℃ 范围内，按 F8 键保存并退出。

27. 仪表氧气阀门动作慢的故障原因及处理措施。

（1）电 - 气阀门定位器连杆松动。处理措施：调整、紧固。

（2）气源压力泄漏。处理漏电或更换三联件。

（3）检查上位机 PID 参数。恢复正常值。

28. ABB 转炉 CO 煤气分析仪的故障排查方法。

（1）无气体成分显示，检查电源是否正常、探头有没有堵塞、过滤器滤纸是否潮湿，并分别做送电、更换处理。

（2）成分含量波动时，要用便携式 CO 报警仪检查取样管路是否泄漏，冷凝器循环泵是否积水，分别紧固、排水。

（3）故障仍无法排除时，应用标准气体校验。

29. 投料秤料斗重量出现较大偏差时如何处理？

（1）首先清空料斗秤的余料，观察此时秤显示是否为零，不显示零时应该置零。

（2）如果秤显示还不为零，需要检查料斗的机械部分和传感器机械限位是否犯卡，同时测量每个传感器的毫伏值是否相近，若偏差较大需要先处理犯卡再置零。

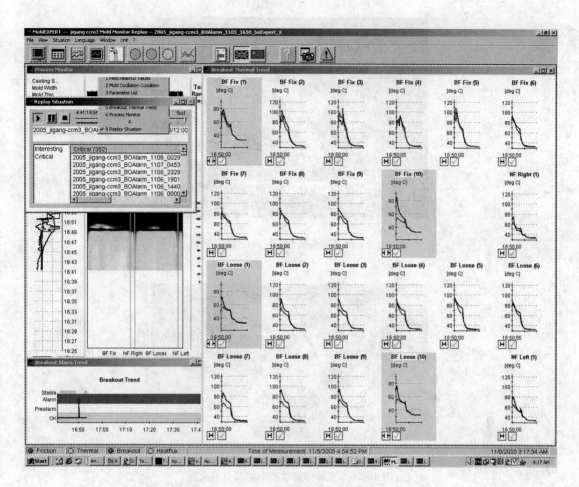

图 4 – 23　尾坯拉出后结晶器热电偶状态

图 4 – 24　煤气分析仪取样探头位置图

2008 年 11 月 18 日又出现漏气

图 4 - 25　探头部分漏气点位置示意图

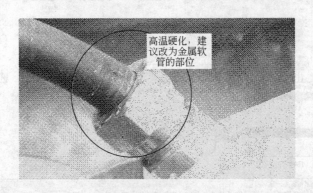

高温硬化，建议改为金属软管的部位

图 4 - 26　实际作业状态中的漏点变化图

（3）每次下料前应首先清零后再上秤，这样下的料才会准确。如果通过以上步骤还不能解决问题，就要在现场通过 momentum 软件校验。

30. 出铁秤、废钢秤校验基本步骤有哪些？

（1）校验零点。在秤台上，加载 10 倍分度值的重量，参考公式为：

$$E_0 = L - I + d/2 - \Delta m$$

（2）偏载测试，即对秤台四个称重传感器分别进行校验。

绝对误差公式为：

$$E_c = E - E_0$$

（3）回零校验。将秤台上的砝码全部移走后，显示为零，则表示正常，感量正常，误差在允许范围内。

（4）空秤校准，即零点调节。

对 T800 称重显示仪零点进行标定。按主菜单，进入设定状态，步骤如下：

主菜单 - 参数设定 - 基本参数组 - 校正 - 零点调节，确认秤台为空后，按确定，稍后零点标定完毕。

（5）量程的校准。零点标定之后，继续按确认，进入量程的标定。

31. 1 号连铸机液位检测原理和校验的方法。

（1）钻 60 的放射强度与结晶器中钢水的高度存在线性关系，通过探头采集到的脉冲信号送到 LB352，转换为 4～20mA 标准信号后送 PLC 和 HMI 显示。

（2）校空时由结晶器上沿下方铅块 210mm，校满时由结晶器上沿下方铅块 65mm，标准测量范围 145mm；一般情况下，对应脉冲空 1800 以上为正常，满在 150 以下为正常。

32. 1 号连铸机大包、中间包测温工反映温度显示不准确，该如何检查调整，大包与中间包温度传输网络设置有何不同？

（1）检查测温枪连线、手测枪头温度、环境温度是否正常。

（2）用校验仪发送 1550～1600℃ 标准信号比对。

（3）适当调整信号板调整旋钮。

（4）大包地址 5，网线插头选 on 表示投入终端电阻；中间包地址 6，网线插头选 off 表示不投入终端电阻。一旦改变，连铸机全部停止。

33. 结晶器漏钢预报系统安装与运行中应该注意什么问题？

（1）安装时检查塞管是否干净、漏水，否则检测温度显示偏低、不连续。下线后重点检查生产中不在标准温度范围内的电偶，有故障的需更换。

（2）检查气源、插头、IMP5000、网线是否正常。

（3）定期打开软件，检查历史记录。

34. VD 生产中真空泵系统常见的故障现象和处理办法。

（1）氮气罐压力放散，表示 PLC 的 MB 网路中断。

（2）阀门显示红色，表示无气源无法动作。

（3）无法自动抽真空。检查 5a～5d 阀门电源保险。

35. 锅炉房分汽缸蒸汽放散压力是多少，如果压力超过设定值无法自动放散应该做何检查？

（1）放散压力是 15.2MPa。

（2）检查气源压力是否太低，再选择仪表手动操作查看阀门是否动作。如果手动正常，检查定位器接线反馈信号，查看是否接反。

36. 皮带秤常见故障的处理方法。

2006 年 1 月 19 日 10：00 时，皮带秤显示不正常。仪表班值班人员到现场后，经调零处理后，显示为零。13：30 时，皮带秤在上料时，显示 −500t/h，仪表值班人员到现场后，测量后认为传感器可能损坏，未做其他处理，反馈给常白班并交班。15：30 时，仪表人员到现场后，先让生产工空转皮带，显示 −530t/h，而且比较稳定，上部分料也显示正常，只是零点低，初步判断传感器正常，后又到现场测量传感器及信号均正常。经重新校验秤的零点后，显示正常，并试上料显示均正常。

37. RH 废气分析仪发生故障，校验分析仪等处理后都未能彻底解决问题怎么办？

2009 年 7 月 3 日夜班凌晨 3：00，RH 废气分析仪发生故障，仪表人员甲班立即到达现场处理，经检查及校验分析仪等处理，都未能彻底解决问题。7：40 交班，8：00 仪表人员白班到达现场，经检查分析仪仪表显示状态正常，而通入标准气显示无变化，判断分析仪抽气泵故障，对照电路图，发现泵的工作与环境温度有连锁，判断空调无法起到调节温度作用。后检查发现是由于排气管路堵塞，造成管路内憋压，无法正常换热所致。

38. 电磁流量计数值时好时坏、波动怎么办?

2006 年 3 月 3 日以来, 3 号塔文系统一文流量一直有波动, 检查线路正常, 流量表本身波动, 但不是连续的, 判断有两种情况: 一种是干扰, 另一种是堵塞。因原运行正常, 所以堵塞排除, 检查发现接地连接线没有正确安装。

39. 生产工提出中间包秤不准怎么处理?

先简单判断秤是否真的出了问题, 可以站上 1~2 个人, 根据增加的质量与经验质量比较。如果秤真的不能显示, 可以考虑用 SIWAREX U 对中间包秤进行校对。

(1) 校对方法和原理。

基本方法是利用 SIWAREX U 软件在线进行校对, 主要是检验中间包秤的零点和量程。首先, 在中间包秤上放空的中间包, 此时校验零点; 然后放标准砝码, 每次用天车放 4t 的砝码, 并记下每次实际读数, 共放 22t; 校验量程后, 显示 20.0t。把砝码逐个吊走, 在吊走后, 将观察显示重量与实际重量进行比对, 检查线性是否在误差范围之内。砝码全部吊走后秤显示为零。

(2) 实验方法及步骤。

具体试验操作步骤如下: 首先, 连铸机停止生产并停在检修位置; 准备 20t 的砝码; 连接笔记本电脑 RS232 端口与中间包秤测试端口, 并打开 SIWAREX U 软件, 新建文件并设置测试参数, 如图 4-27 所示。

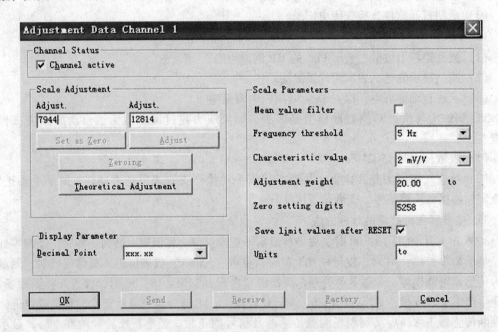

图 4-27 SIWAREX U 校秤软件

点击 Module 菜单下的 Connect 按钮, 进行在线测试。由于空中间包的重量未知, 因此中间包平台上放有空中间包。点击 Load cell channel 1 的图标, 进入其属性设置窗口, 点击 Set as zero, 设置此时的重量为新的零点。然后点击 OK 按钮。再点击 View 菜单下的 Digit values 按钮, 可实时观察内值码的变化。通知天车工吊放标准砝码, 每次放 4t, 并记下每次测量值及内值码的数值, 如表 4-2 所示。

表 4 – 2　实验数据表

砝码重量/t	测量值/t	误差/t	每加 4t 砝码的误差	内值码
0	0.00	0.00	0.00	7508
4	3.92	0.08	0.08	8520
8	7.87	0.13	0.05	9515
12	11.92	0.08	0.53	10537
16	16.11	0.11	0.03	11256
20	19.87	0.13	0.02	11984

然后，吊走 4t 砝码，显示为 16.04t。根据量具的精度为 0.5%，其量程为 75t，确定其允许误差为 75t × 0.5% = 0.375t。因此，校验成功，中间包秤计量合格。

用此方法对各种秤进行校验，具有简单、方便、快速和可靠性高等优点，并且在存下数据后不需要实际操作，只是用笔记本电脑下传即可。

40. 下装式沙克拉德辊缝仪如何操作？

连铸机辊缝仪检测有两个可采用的测量方向：向下运动时测量或向上运动时测量。在辊缝仪使用中，仅仅向下运动时测量被采用，所以下面仅描述向下运动时测量的操作规程。

在将辊缝仪和引锭杆通过结晶器之前，收回弹簧板。当辊缝仪通过结晶器后，放开弹簧板。当辊缝仪在连铸机中处于最上方位置时，启动辊缝仪。辊缝仪在连铸机中向下运动的同时测量和采集检测结果。当辊缝仪在连铸机中走过之后，通过与便携式计算机连接可将结果数据转输给计算机。

（1）弹簧板的收回。

将移动式液压泵移到辊缝仪的附近。将液压泵接到适当的单相电源上。将液压泵单元的软管通过快速连接头与辊缝仪连接，确保接头公母部分没有任何杂物。按动绿色按钮接通液压泵电源，允许电机达到其转速。

使用红外线遥控器，按动其上的 ON HYDRAULICS 按钮启动辊缝仪液压系统的压力保持电磁阀。辊缝仪显示单元上的红色闪烁指示灯亮。

液压电磁阀上消耗的电能将大大降低辊缝仪充电电池的使用时间，电磁阀每使用 1h 将大约消耗充电电池使用时间 1.5h。因此，应尽量在开始测量之前的最短时间内启动电磁阀，在辊缝仪到达开始测量位置后尽快释放电磁阀。

辊缝仪状态指示灯含义如表 4 – 3 所示。

表 4 – 3　辊缝仪状态指示

闪烁指示灯	电磁阀状态	不闪烁的指示灯	弹簧板状态
闪烁	电磁阀已启动	点亮	弹簧板被收回
熄灭	电磁阀未启动	熄灭	弹簧板未被收回

不闪烁的红色指示灯熄灭表明已经达到了所需要的液压压力。扳动液压泵单元上的弹簧板收回手柄将使辊缝仪上的弹簧板收回，当弹簧板被收回到与辊缝仪壳体相平或低于壳体 1mm 时，不闪烁的红色指示灯将亮。液压泵单元上的弹簧板收回手柄应扳回到原位，应在快速接头处将液压软管与辊缝仪断开，并将液压泵单元停车（按动红色按钮），使其与电源断开。

（2）测量步骤。

1）用辊缝仪取代引锭杆头将其连接到引锭杆上。放好经过改造的结晶器保护板。

2）引锭杆和辊缝仪应以通常的方式送入连铸机（可采用任何速度，但运动需要平稳）至结晶器下正确的开始测量位置（±15mm）。用户可以制作一个"T"形量杆来精确地为辊缝仪定位。

3）此时，弹簧板应松开。此项操作通过按红外线遥控器上的"HYD OFF"键来实现。当信号被接收和处理后，两个发光二极管都将熄灭。同时可以看到辊缝仪向外弧侧靠近。

4）启动辊缝仪系统，允许其完成启动过程的程序运行。红外线遥控器为手持式，可以通过按动按钮发送控制命令。

在红外线遥控器的侧面有一个红色的安全按钮，发送命令时需要同时按下此安全按钮。

红外线遥控器通过电池供电（9VDC 碱性电池，型号 PP3）。当电源接通时，有一个发光二极管点亮，指示电池的状态（表4-4）。

表4-4　按钮功能对应表

按钮标记	用 途 说 明
ON POWER	辊缝仪开机
OFF POWER	辊缝仪关机
ESCAPE	退出目前所执行操作模式，返回到菜单中
SELECT	此键有两个功能。在菜单中，用它可显示下一可选项目；在执行某一操作模式中，向上浏览可选项目
ENTER	此键有两个功能。在菜单中，用它可执行某一操作模式；在执行某一操作模式中，或者用它来确认所进行的选择，或者用它向下浏览可选项目
ON HYDRAULICS	关闭电磁阀，以便利用液压收回弹簧板
OFF HYDRAULICS	打开电磁阀，以便松开弹簧板

现在将允许操作工进入用户菜单中的运行模式。

Run：按动回车键进入这一模式，此时将显示默认的板坯厚度 200mm。按动选择键可以选择其他厚度，如 270mm，按动回车键可以选择该厚度。

完成后将显示测量方向，向上测量 U 或向下测量 D。按动选择键可以在 U 和 D 之间选择。按动回车键，显示屏幕将显示准备好（Ready）状态。

现在可以 1.5±0.1m/min 的恒定速度将辊缝仪穿过连铸机。为了确保在正确的时间位置上采集数据，需要保持这一恒定速度。请记住在辊缝仪通过驱动辊时应协调驱动辊。辊缝仪对连铸机检测完毕后，将以正常的方式将辊缝仪与引锭杆脱开。

（3）数据传送。

在测量过程结束后，所采集的数据可以通过电缆传送给便携式计算机。

通过便携式计算机传送数据的方式是利用通信电缆将便携式计算机的 com 1 接口与辊缝仪的 com 接口连接起来。显示小图标符号（图4-28）。

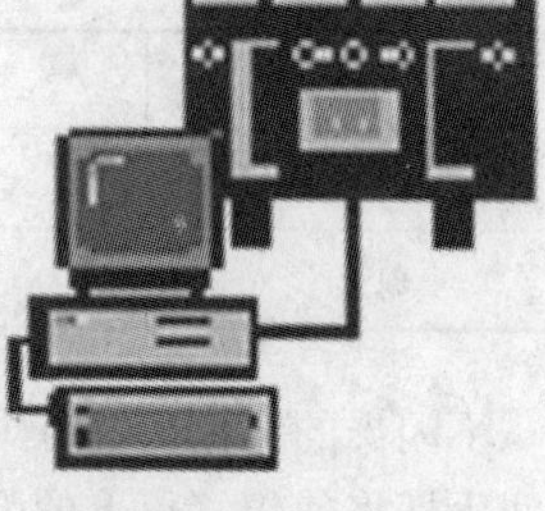

在辊缝仪电源打开的情况下并在便携式计算机上运行辊缝仪程序，在显示菜单中选择屏幕上方的数据传送按钮。数据传送过程将开始。

图4-28　辊缝仪通信状态显示图

在数据传送出错和受干扰的情况下，将显示警告信息。可以重新开始数据传送过程。

在数据传送过程结束后，将允许操作工输入测量备注。日期、时间和测量编号将被自动输入。测量数据当时即可被选用，测量结果可在屏幕上查看或如果需要，也可打印输出。

41. 上装式连铸机辊缝仪主要功能有哪些？

下列连铸机参数可由安装在辊缝仪上的传感器进行测量：

辊缝：对连铸机各对夹辊多处辊缝的测量，这一测量值可以用来设置浇注板坯时各对夹辊的正确辊缝值。

外弧辊对接状况（ORC）：在连铸机内多处的辊缝测量位置处给出外弧辊辊面相对一条沿铸坯宽度方向放置的直线的偏差值，即外弧辊的对接状况。

外弧辊对中（ORA）：在连铸机夹辊两端，对某一外弧辊位置相对其相邻两个外弧夹辊的设计位置偏差值的测量值，即连铸机的背弧对中状况的测量。

辊转动：各个夹辊自由转动的定量描述。

二冷水：二冷水的喷水状况由检测沿铸坯宽度方向的一些点的喷水量多少而确定。

温度：按每分钟间隔测量的辊缝仪壳体内部温度。

充电电池电压：按每分钟间隔测量的充电电池电压。可以利用它来检查充电电池的使用效果。

在测量过程中，所采集的数据存储在辊缝仪内部由充电电池供电的计算机中。在测量结束后，通过电缆将数据传送给便携式计算机。

数据一旦传送给便携式计算机，便携式计算机将利用事先测得的校验数据和连铸机参数数据对所获得的测量数据进行处理，而后显示处理结果。处理结果也可以打印输出作为存档记录。每次测量所获得的数据都将建立一个 ASCII 码的文件。以后允许用一些软件（如微软公司的 Excel 软件，不随机提供）来进一步分析处理。

辊缝仪内部计算机和便携式计算机上所使用的计算机软件和连铸机信息都是根据用户的连铸机的技术参数而专门编译的。辊缝仪及其连接链用来取代引锭杆头而被连接到引锭杆上。

上万次的测量结果数据可以存储在便携式计算机中，以便利用这些测量结果数据对连铸机状况进行历史性分析。每台辊缝仪都有其唯一的编译在其内电子系统中的参考编码。

42. 结晶器（MD）专家系统历史曲线回放的方法。

（1）回放历史记录的方法。

运行 the MoldEXPERT Replay HMI：先启动 the "mex TimerServer" application，然后启动 Replay HMI application。停止 the MoldEXPERT Replay HMI：先停止 Replay HMI application，然后停止 the "mex TimerServer" application。

在回放模式下运行结晶器专家系统。

（2）问题以及解决方法。

如果结晶器专家系统因为某些原因没有正常工作，可以检查所有应用程序是否在正常运行。

四个专家系统命令窗口和两个其他命令窗口（mex FileServer and mex LogServer）必须运行。另外，mex rmiregistry 命令窗口也必须运行。

ApplicomReader，ApplicomWriter，TempReader 运行时，显示状态为绿色或红色，如果有一个红灯亮，那么表示连接不正常或有错误发生。传输的文件夹必须时刻增加。

也可以从 AnalogReader 中直接查看输入信号。如果有应用程序没有运行，可以手动从开始文件夹（在桌面的右上角）中启动该应用程序。

如果找不到问题，可以重启计算机（结晶器专家系统程序会自动运行），注意保持运行程序。

43. 转炉称重驱动程序易丢失如何处理？

以转炉投料系统 Momentum 称重模块参数丢失为例说明：

转炉投料系统共有 7 个 Momentum（39m 两个 4t 和两个 8t，18m 一个 2t 和一个 4t，炉后铁合金 4t）。当不装电池停电时，会造成参数丢失，电池没电时会频频闪烁。此时要重新校秤。组态联网后，从 CONCEPT 下使用便携式校秤装置校验。

44. 如何查找处理 1 号 CCM 网络故障报警？

调出以下网络图（图 4 – 29），针对发红的部分（图中深色部分）查找相应的报警单元或者网络接线端子。

薄板坯（ASP）连铸机网络报警图如图 4 – 30 所示。

45. 一般网络故障的处理办法有哪些？

当电脑出现反应慢、频繁死机、画面切换时间长等现象时，应首先检查交换机上相应的端口信号灯是否均匀黄绿闪烁，如出现信号灯不亮或一个颜色常亮，可判断线路故障或接头松、交换机或网卡故障，应重新插拔接头。如有必要可以用校验仪校验网线、重新制作网络连接水晶插头，并更换交换机备件处理。

如故障还无法排除，可考虑是软件问题，先查杀病毒，然后检查应用程序是否处于正常运行状态。适当进行数据库备份，先停止数据库的服务程序进程，即停止 L2 级所有服务程序；然后以管理员的身份进入数据库；选择"关闭（数据库）"选项，并确认执行；进入"控制面板→管理工具→服务"，手动停止相对应的数据库服务；利用 EXPORT 批处理文件进行相应的备份。再停止客户端、停止服务器相应的后台服务和程序，利用操作系统命令进行备份，最好是异地备份。最后重新启动，或者重装软件。

下面以 MP72 系统网络版问题的处理进行介绍：

（1）当服务器出现问题时可以选择重启消除，先将客户端程序退出。方法为首先将监控画面退回到登录画面，然后用"administrator"这个用户名进行登录，最后单击"exit"按钮退出程序。如发现客户端计算机运行缓慢，则应对客户端计算机进行重新启动（若时间充裕，应对所有客户端计算机进行重新启动，运行到开机密码处等待服务器重新启动）。

（2）停止服务器运行。方法为在 CONFIGURATION EXPLORE 下打开 Enterprise/Factorylink servers/MyFactorylink server/正在工作的服务器项目，然后单击鼠标右键，在弹出的菜单中选择 start/stop 选项中 stop 项，等服务器停止运行后，重新启动服务器。

（3）重新启动服务器。方法为在 CONFIGURATION EXPLORE 下打开 Enterprise View/Factorylink servers/MyFactorylink server/需要工作的服务器项目，然后单击鼠标右键，在弹出的菜单中选择 start/stop 选项中 start 项。在服务器完全启动后，启动相应的客户端程序。

46. 如果发现出现 MP7 授权过期的现象怎么办？

打开服务器"控制面板"→"添加/删除程序"→"SCHNEIDER MONITOR PRO 7.0"→按照提示点击"NEXT"。

当时间不允许进行服务器重新启动时，则应进入"控制面板"中的"服务"（Administrative tools）选项中"service"项，对其中的"Factorylink autostart service"和"Factorylink license manager"两项进行重新启动。

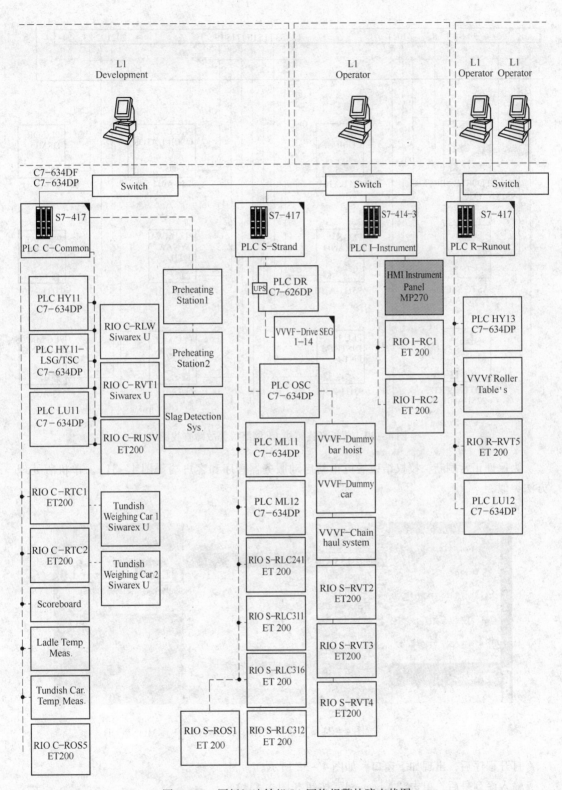

图 4 - 29 厚板坯连铸机 L1 网络报警故障查找图

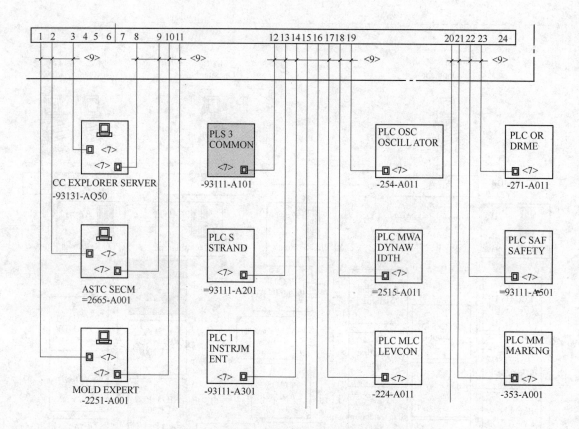

图 4-30 薄板坯连铸机 L1 网络报警故障查找图

为保证正常刷新，授权结束后可重新启动服务器程序和客户端（图 4-31）。单机版处理方法类似。

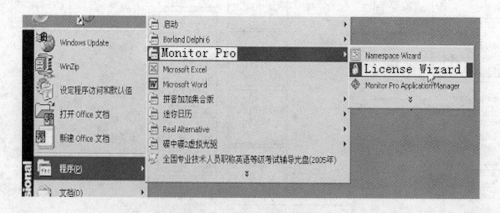

图 4-31 重新授权操作示意图

打开程序后，出现如下窗口，如图 4-32 所示。

输入序列号后，单击"Advanced"按钮（图 4-33）。

再输入授权号，如图 4-34 所示。

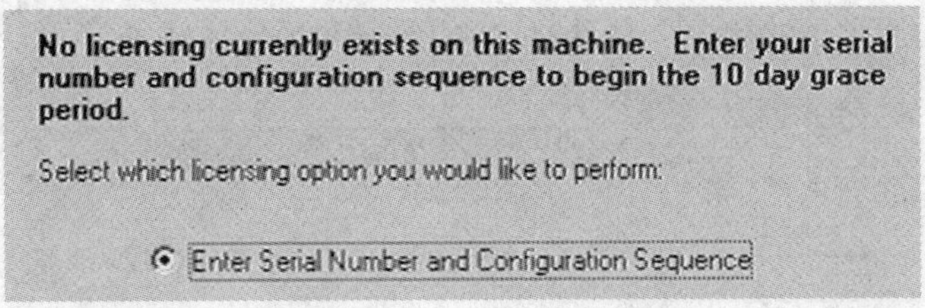

No licensing currently exists on this machine. Enter your serial number and configuration sequence to begin the 10 day grace period.

Select which licensing option you would like to perform:

⊙ Enter Serial Number and Configuration Sequence

图 4 – 32 选择输入序列号图

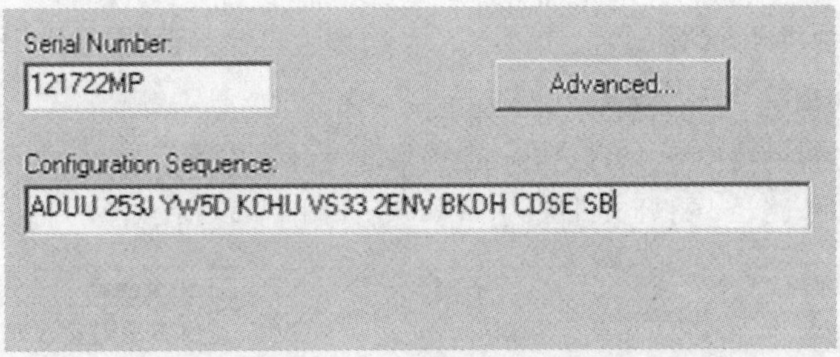

Serial Number:

121722MP   Advanced...

Configuration Sequence:

ADUU 253J YW5D KCHU VS33 2ENV BKDH CDSE SB

图 4 – 33 输入序列号图

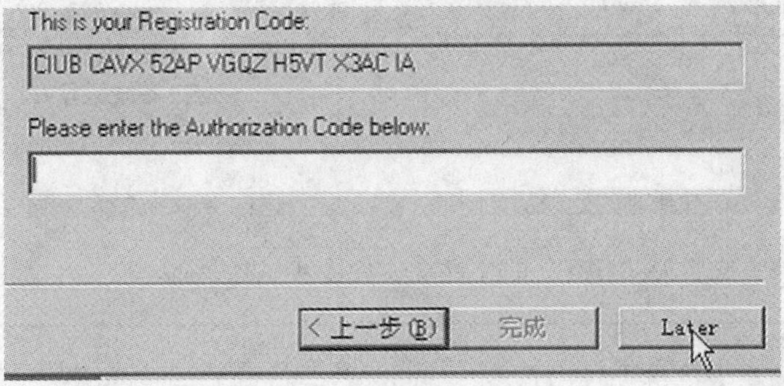

This is your Registration Code:

CIUB CAVX 52AP VGQZ H5VT X3AC IA

Please enter the Authorization Code below:

< 上一步(B)   完成   Later

图 4 – 34 注册号对话框

单击"Later"按钮，出现如下窗口，如图 4 – 35 所示。

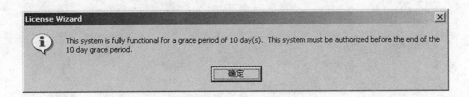

License Wizard

ⓘ This system is fully functional for a grace period of 10 day(s). This system must be authorized before the end of the 10 day grace period.

确定

图 4 – 35 授权成功对话框

证明授权成功，将有 10 天的使用期限。单击"确定"按钮，结束授权，返回桌面，双击图 4 – 36 图标，重启相应的服务项目即可。

受权限限制，其授权有效期为 30 天左右，也就是说可以连续授权 3 次，然后，系统将提示授权无效。如果在正常操作时，提示如下的窗口，如图 4 – 37 所示。

图 4 – 36　HMI 应用程序图标　　　　　　　　图 4 – 37　非正常注册状态图

说明系统授权失效，那么就必须采取如下的方法：

首先，记录软件的授权号，可以存为 KEY. TXT 文件备用，如图 4 – 38 所示。

然后，按照以下路径，打开文件夹"Server"，如图 4 – 39 所示。

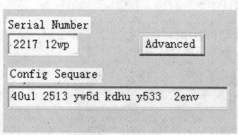

图 4 – 38　不能注册时的处理示意图　　　　图 4 – 39　选择 Server 的路径图

在打开的文件中选名为"OPT"的文件夹，如图 4 – 40 所示。

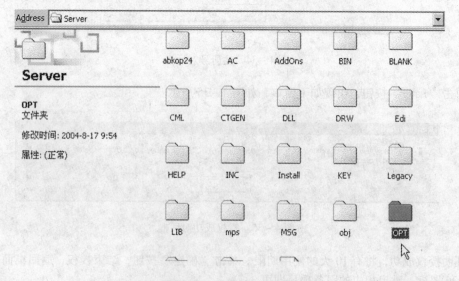

图 4 – 40　选择 OPT 路径图

将此名为"OPT"的文件夹删除。重新进行正常情况的授权过程，直至进行到显示如图 4-41 所示的窗口。

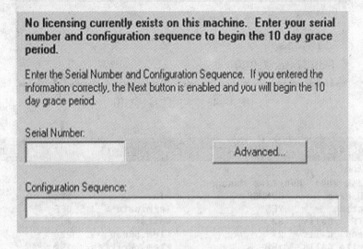

图 4-41 想要的授权提示显示

打开记录好的授权号文件，输入授权号，按正常操作进行。最后完成授权，显示如图 4-42 所示的窗口。

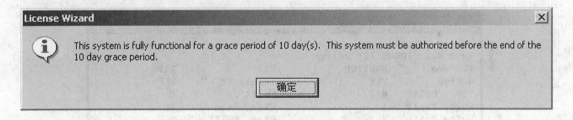

图 4-42 授权成功示意图

47. 冗余热备服务器（MP7.2）故障处理。

与 MP7.2 单机版启动步骤相同，如无效，打开"控制面板"START/SETTINGS/CONTROL PANEL/ Administrative tool/service，打开后，选择 factorylink license manager 项目进行重新启动。启动后，返回桌面，双击图标"configuration explorer"，重启相应的服务项目即可。由于存在完整的授权号，此时不能按照单机版的授权方法工作！

如出现服务器启动后，客户端连接正常但没有数据显示问题，需判断客户端是否连接服务器，方法就是观察客户端是否有时间显示，有则证明服务器已连接，没有则证明没有连接。

然后打开 Run_Time Monitor，如图 4-43 所示。

然后单击图 4-43 中 Options 菜单，在弹出的下拉菜单中选择 process，显示如图 4-44 所示。

同时点击窗口右侧滑块选择任务 MBUS TCP（图 4-45）和 IOXLATOR（图 4-46）。

检查运行情况，如果 Active 为 No 或 Write Calls 数值不变，则需人工干预，如图 4-47 所示。

单击 Options 选择 Stop，在 Active 变为 No 后再选择 Start，此时，应看到 Calls 数值不断增

FactoryLink Run-Time Monit...
Options
Poll Rate: 1.000

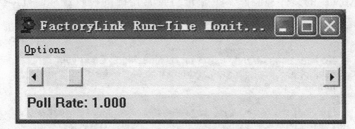

图 4－43　实时连接状态图

FactoryLink Monitor Process List
Options
Task #00: Run-Time Manager
FL Name RUNMGR
PID 3224
Active YES
Terminate OFF
TTF Calls 32
Waits 7
Read Calls 27
Elem. Read 27
Write Calls 150
Elem. Written 150
Lock Calls 200
Lock Time 15
Sleep Calls 9
Sleep Time 9719

图 4－44　进程状态指示图

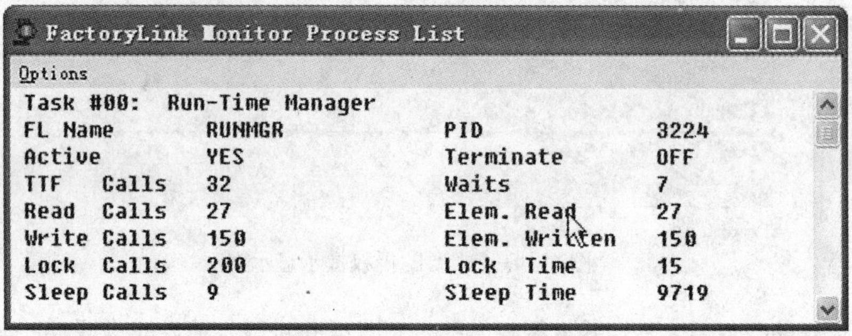

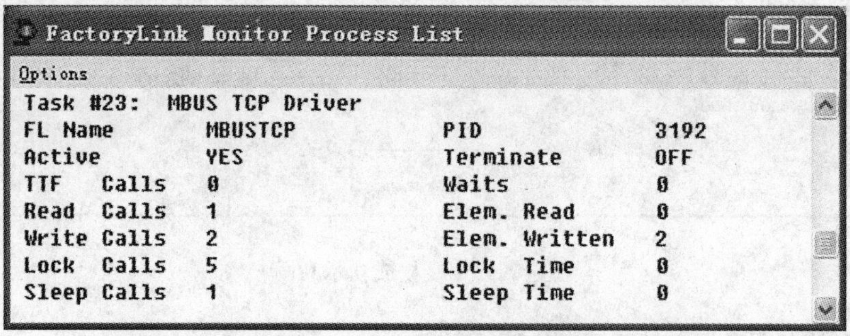

FactoryLink Monitor Process List
Options
Task #23: MBUS TCP Driver
FL Name MBUSTCP
PID 3192
Active YES
Terminate OFF
TTF Calls 0
Waits 0
Read Calls 1
Elem. Read 0
Write Calls 2
Elem. Written 2
Lock Calls 5
Lock Time 0
Sleep Calls 1
Sleep Time 0

图 4－45　任务 MBUS TCP 列表图

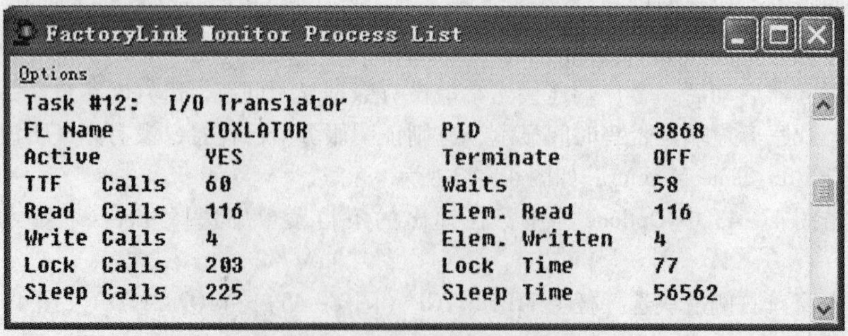

FactoryLink Monitor Process List
Options
Task #12: I/O Translator
FL Name IOXLATOR
PID 3868
Active YES
Terminate OFF
TTF Calls 60
Waits 58
Read Calls 116
Elem. Read 116
Write Calls 4
Elem. Written 4
Lock Calls 203
Lock Time 77
Sleep Calls 225
Sleep Time 56562

图 4－46　任务 IOXLATOR 列表图

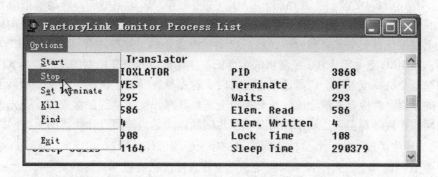

图 4 - 47　人工干预操作图

加、变化，证明人工干预成功。

48.　VEJILOOK 软件故障的排除办法有哪些？

检查网线、交换机，用 PING 命令测试网络通信，如果有硬件问题，按相应程序更换硬件，然后检查操作系统，并重启计算机。重启 VEJILOOK，如果启动后连接 PLC 速度慢，或出现连接失败，则应检查 OFS 设置是否正确。如果重新导入程序备份，也应检查 OFS 设置是否正确。

49.　精炼电脑故障排查的方法有哪些？

先检查网线插头、交换机、网卡及交换机灯闪烁是否正常，用 PING 命令测试网络通信。

再看 CPU 占用率是否超过 60% 及最近是否有改动，如有则将以前的备份恢复，重启计算机。

如收不到化验成分或 L3 级下达的计划，先检查与中心机房的通信是否正常。若通信正常，重启服务器。若时间紧迫，重新启动 RT1_LABSENTRY、RT1_GATEWAY 服务项目即可。若收不到现场仪表的信号，检查串行口通信线路，从任务管理器中结束 LABDRV_LF、LABDRV_VD1、LABDRV_VD2、LABDRV_HYDRIS 进程，双击桌面快捷方式重新启动。若收不到 PLC 信号，检查与 L1 交换机的连接，检查 PLC 的工作状况。OWS 收不到计划，则可能是计划号或者炉次号不对，可打开数据库查看、对证，通知调度室注意即可。

50.　连铸机电脑故障排查的方法有哪些？

ASTC 主机的界面上显示 L2 级控制不是第一位时，确认 L2 级服务器程序已启动并且联网，之后关闭 ASTC 的运行控制程序，注销机器后即可（控制程序已经加载到启动项）。

L1 级客户端出现注册过期现象时，注销机器，进入到管理员界面，把指针指向本机，之后注销机器进入"JINAN"用户界面即可。L1 级服务器出现死机现象时，关闭所有 L1 级客户端，关闭 2 号服务器，之后重启 1 号服务器，1 号服务器启动后重启服务项中的 FLINK 权限服务。如果主控程序还是启动不起来，再次重启机器并重启 FLINK 权限服务（这个过程可以持续直到可以启动主控程序为止）。如果出现"fly. key"丢失现象，就从"添加/删除程序"中自动加载 FLINK 一次，并重复上面的操作。但是注意 2 号服务器必须开机并联网，其控制程序可以不启动。

L2 级客户端出现错误时，关闭主界面后，再重新打开。如果错误还存在，重新启动机器，再打开主控界面即可。L2 级服务器出现故障时，关闭模拟服务器的控制程序（逐一"Rmove"），全部关闭后，点击主服务器主控程序的"shut down"按钮直到进程全部变为"NO"为止，重启服务器，确认联网正常，打开控制面板中的服务项，先后启动"ORACLE

JINPRD"、"ORACLE DEV"、" ORACLE CAQ" 三项服务。启动完毕后，启动模拟服务器的主控程序，并 "STARTUP"，直到进程全部为 "YES"。如果部分程序启动不起来，重启模拟服务器并重复上面操作直到全部启动为止，然后启动主服务器的主控程序并 "STARTUP"。程序全部启动后，到 MCC 室关闭 ASTC 控制机的主界面，注销该机器使其控制的优先权为 L2 级。

当出现某个机器或者多个机器通信不正常时，首先检查网卡工作是否正常，如果不是机器本身硬件的原因，就检查通信介质，从交换机上观察其网线连接是否正常或者检查光电转换器的光纤或网线连接是否正常。如果网络介质出现问题，应尽快按照设计线路图更换网络介质。

51. 在 RH 生产过程中，真空抽取模式自动停止应当怎样处理？

（1）查看画面真空模式是否全部满足，是否有急停按钮被按下或者触发。

（2）查看报警窗口有无报警信息画面，氧枪补偿器下限位、合金下料口补偿器下限位、热弯管下限位 3611 – Y136（Y236） – B001 – B002 – B003、台车锁定上限位 3625 – Y102（Y202）– B001、真空罐车处理位限位 3625 – M111（M211）– B003 – B004、氧枪旋转处理位限位 3616 – M105（M205）– B002 是否全到。

（3）如果发现无报警记录，且自动停止抽取真空，请关注热弯管限位。在生产过程中，存在由于振动可能会出现限位瞬间失灵的现象。

52. RH 钢包车无法正常开出时紧急处理措施有哪些？

首先确认钢包车变频柜、电机、电缆是否正常，然后检查有无急停限位到来，钢包顶升下降到位限位信号是否正常。

喷补车在待机位但没有上传信号，可将配电室 36A001 柜内开关（图 4 – 48）合上，待钢包车开出后，将此外开关断开，或者在喷补车内将待机位上传继电器强制也可，钢包车开出后必须复位。

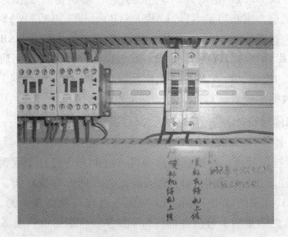

图 4 – 48　喷补车电机电源开关位置图

53. RH 钢包车顶升液压系统压力低紧急处理措施有哪些？

在液压站远程柜 HR36A210 内加装一个空开（图 4 – 49），用于控制 24V 电源数字量输入 H01.6、H01.7，用此法替代现场输入信号。

开关使用条件：当液压顶升缸检测压力低，顶升系统出现（液压系统 OK）条件不满足时，检查确认液压压力检测元件正常，系统无泄漏后方可将开关合上。操作工操作液压顶升上升后，将开关断开即可。严禁开关一直处于闭合状态。

图 4 – 49　液压顶升缸强制开关图

54. RH 钢包车不动时如何使用应急电缆进行处理？

先将制作完毕的电机线、抱闸线敷设在钢包车电缆卷筒与钢包车上的接线箱之间，遇到紧急情况打开钢包车电缆卷筒上的应急接线箱，断开两个正常开关，送上两个应急开关，插上插头。打开钢包车上的接线箱，停掉接线箱内两个开关，插上插头，即可使用。

此应急电缆设计有电机线、抱闸线，没有警灯线，所以钢包车开动时警灯不响，请注意。

55. RH 喷补台车在工作位无法正常开出时紧急处理措施有哪些？

喷补台车在工作位往待机位开强制控制如下：

KA22、KA24、KA25（KA26）、KA27 四个继电器（图 4 – 50）强制闭合，才能开车。若变频器报 F0002 故障时，需停电重新启动程序。

56. RH 点火器发生故障如何处理？

点火器控制面板指示如图 4 – 51 所示，点火条件控制顺序是，点火控制器电源灯亮，控制电压灯亮，自动控制灯亮。点火时，点火煤气阀灯亮，点火脉冲灯亮，瞬时火焰探测灯亮，氧枪开始下降，点燃主烧嘴。点火器示意图见图 4 – 51。

如果多次点火，点火脉冲灯仍不亮应检查：

（1）点火器出口是否堵塞；

（2）点火煤气阀限位是否到；

（3）点火器插头是否松动；

（4）点火煤气手阀是否全部打开，是否有煤气；

（5）压缩空气电磁阀与手阀是否正常打开，是否有空气；

（6）点火控制盒是否良好。

如果以上条件都正常，需更换点火器。

如果点火脉冲正常，火焰探测灯不亮应检查：

（1）氧枪点火器出口是否堵塞；

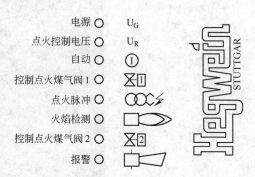

电源 ○　　U_G
点火控制电压 ○　　U_R
自动 ○　　①
控制点火煤气阀 1 ○　　⊠1
点火脉冲 ○　　∞⚡
火焰检测 ○　　▱▸
控制点火煤气阀 2 ○　　⊠2
报警 ○　　▱📢

图4-50　喷补台车控制继电器位置指示图　　　图4-51　点火器控制面板状态示意图

（2）点火器火焰检测器探头是否短路，是否积渣；

（3）点火煤气阀过滤网是否堵塞；

（4）点火控制盒是否良好。

57. RH 热井泵水位超过 65% 时，主泵运行，副泵没运行怎么处理？

正常开泵程序为：高于 30% 水位时，主泵开；高于 65% 水位时，副泵开；高于 75% 时备用泵开。

正常关泵程序为：低于 65% 水位时，备用泵关。低于 35% 水位时，副泵关。低于 25% 水位时，主泵关。

出现副泵不运行的处理措施：在画面上选择手动开泵，将水位降至 25% 以下，然后选择自动，系统将自动恢复。

58. 怎样判断 RH 氧枪密封气囊损坏？

在吹氧的 RH 生产过程中，经常出现氧枪密封气囊漏气现象，使真空度下降。氧枪密封气囊电磁阀开关限位，是根据压力开关实现的。压力高于 0.15MPa 时正常，电磁阀不报警，低于 0.15MPa 时，电磁阀报警。报警时请钳工检查氧枪密封气囊。

59. 氧枪在上极限时，遇到紧急情况降枪该如何处理？

此时可以选择氧枪旁路运行，执行如下操作：

（1）氧枪操作箱转换开关选择本地；

（2）在紧急提枪操作箱上转换开关选择本地；

（3）在氧枪操作箱上按氧枪下降按钮，氧枪即可下降；

（4）此时氧枪电机不经过变频器，为旁路运行，下降很快，请注意观察。

60. VD/RH 等抽真空设备遇到真空度无法下降怎么排查？

RH 真空度的高低直接关系到 RH 精炼整体效果，围绕 VD/RH 炉真空度控制，现归纳"真空度七步排查法"：

（1）真空室泄漏量大。排查真空槽、顶枪、合金料仓以及各法兰是否泄漏。

（2）系统外漏量大。排查热弯管、真空管路、泵体连接法兰处是否泄漏，冷凝器是否被腐蚀击穿，半球阀是否密封不严。重点排查 E3 泵排污阀。

（3）系统内漏量大。排查蒸汽阀门、真空管路切断阀等处是否蒸汽泄漏。重点排查 +18m

平台 DN300 真空蒸汽阀。

（4）冷凝水参数，如压力、温度、流量达不到设计要求，查看冷凝水压力（大于 0.5MPa）、温度（小于32℃）、流量（大于950m³/h）参数，判断冷凝器冷却效果以及是否堵塞、泄漏。

（5）检查工作蒸汽参数，压力（0.8～1.32 MPa）、温度（183～195℃）、流量（12～18m³/h）是否达到设计值。初设的蒸汽边界条件 $Q = 19.3t/h$、$t_{min} = 200℃$、$t_{max} = 220℃$、$p_{min} = 1.0MPa$。

（6）泵喷嘴因磨损、堵塞等原因，使泵的功能退化。重点检查真空系统内积灰状况（300炉打开粉尘分离器，1000炉清理真空泵），尤其是真空取压装置。

（7）真空检测装置可能存在误差。重点查看 0～2kPa 真空压力变送器是否堵塞。

61. 发现 RH 投料皮带机不运行如何处理？

在 RH 生产过程中，生产工反映加料水平皮带机不运转。让生产工操作，发现皮带机电机控制接触器不吸合，再检查控制接触器线圈的继电器也未吸合，查看图纸，发现急停继电器 K100 未动作，随即到现场检查拉绳开关，发现拉绳开关已动作，将其复位后到操作台按下确认按钮后皮带机恢复正常。后查实拉绳开关被人为拉动过。

发现皮带机不运行时，应先检查 HMI 画面有无报警信息，急停画面有无报警，然后根据相关报警采取相应措施。如画面上显示拉绳开关发红，可到现场检查并复位，并在操作台上按下"复位"按钮进行确认。

62. VD 预排空时间长（大于10min），达到500Pa（5mbar）以下的抽真空速度特别慢如何处理？

（1）拆卸真空压力计取压装置，清理过滤网，以保证真空压力计的灵敏度。

（2）判断5B、5C、5D 真空切断阀是否内漏，并及时更换。

（3）检查 VD 整个真空系统是否外漏。

63. VD 监控画面上无法操作，阀门等设备报警呈红色如何处理？

（1）查看网络 L09 – L10 – L11 – L12 远程站是否报警，检查网络插头是否松动。

（2）检查 L09、L10 远程站柜内断路器是否跳闸。

64. VD 无法破真空或破真空速度慢如何处理？

（1）检查 E3 下方的排放阀 YV19507 是否犯卡打不开。若犯卡打不开，需强行打开并及时更换。

（2）检查氮气破真空三通阀是否正常。

（3）检查 1 号罐或 2 号罐破真空阀是否正常，连接大气的管道是否有覆盖物遮挡。

（4）夏季 VD 抽真空过程中冷凝器温度超过连锁值，自动破真空。

（5）判断温度检测信号是否正常，联系钳工调节各水支路上手阀。

65. VD 锅炉房点不着火，报火焰故障如何处理？

（1）清理火焰监测器，用打火机确认能监测到火焰，调节火焰监测器的安装位置。

（2）确认延时继电器 21K4 是否得电延时 5s，确定点火时间 5s。

（3）确认点火煤气罐是否打开。

66. VD 锅炉房点不着火，报煤气浓度故障如何处理？

（1）拆卸压力开关，确认压力开关是否正常。清理压力开关取压管路及煤气放散管路。

（2）煤气主管道上的电动切断阀开，打开煤气放散管路上的手阀。若确认有煤气泄漏，说明气动煤气切断阀1内漏需更换。

67. RH顶枪系统发生故障如何排查?

首先在HMI画面上观察枪体颜色是灰色,还是红色或蓝色。

灰色:点火条件不满足,检查点火条件。点火器支路无火焰信号、无点火支路故障报警、顶枪阀门站仪表气源压力正常、顶枪阀门站煤气支路压力正常、顶枪阀门站压缩空气压力正常、顶枪事故急停未激活、主烧嘴热量不大于700kW、火焰检测器(UV cell)无火焰信号、点火支路煤气3616-Y141电磁阀得电、点火支路煤气3616-Y143电磁阀得电。

红色:报警,点HMI画面上的ACK(复位),待枪体变为蓝色重新点火试验,若还点不着火,则需逐一检查。

蓝色:具备点火条件。

68. RH点火器发生故障(小火不着)如何处理?

(1) 试点火观察控制盒显示脉冲灯不亮,则需做以下检查:

1) 检查点火器插头是否松动;

2) 检查点火器正负极是否短路。

(2) 脉冲灯亮,火焰检测灯不亮,则需做以下检查:

1) 检查点火器出口是否堵塞;

2) 检测火焰电极是否接地;

3) 检查点火煤气手阀是否全部打开,是否有煤气;

4) 检查压缩空气电磁阀与手阀是否正常打开,是否有空气;

5) 检查点火煤气阀3616-Y141、3616-Y143限位是否到(手动强制K141/K241接触器吸合);

6) 检查点火煤气阀过滤网是否堵塞。

如果以上条件正常,则需更换点火器。

(3) 主烧嘴点不着火。

1) 如果点火器点着枪体下降,中途灭火枪体上升。

事故原因分析:点火煤气阀过滤网堵塞严重,过气量小,枪体在下降过程中把火吹灭。

2) 如果点火器点着,枪到点火位,主火不着。

事故原因分析:主煤气或氧气不通,检查煤气或氧气手阀以及切断阀门运行状况。

3) 如果点火器点着,主火着,运行一会自动熄灭。

事故原因分析:UV火焰检测器检测不到火焰所致。

69. RH真空系统抽不下真空如何处理?

(1) 检查真空度表0~2kPa(0~20mbar),0~20kPa(0~200mbar),0~110kPa(0~1100mbar)检测是否正常。

1) 在试抽真空状态下查看真空表是否有变化。

2) 试抽真空,在真空表处加装脉式真空计,查看真空表显示与脉式真空计读数是否一致。若不一致,则需更换对应真空表。

(2) 检查氮气吹扫阀门及空气复压阀门关闭情况。

1) 检查氮气吹扫阀门是否关闭,关闭状态下是否关严(排除阀门关不严方法:把阀后手阀关闭看真空度是否下降,如下降证明此阀门关不严)。

2) 空气复压阀门关不严排除方法:用塑料纸放到通气口处,如有吸力则证明此阀门漏气。

（3）检查 E1、E2、E3、E4、E4a、主真空阀门工作是否正常。

1）检查阀门开关是否正常，阀门限位是否好使。

2）在阀门关闭状态下将听棒放在阀门出口，听是否有蒸汽流通声。

3）试抽真空。如果抽不下真空，加钢水后再试抽，如还抽不下来则证明真空主阀不漏气。

4）检查半球阀是否关闭。

5）检查热井罐液位是否正常；冷凝水工作是否正常。

70. LF 底吹阀门站发生故障如何排查？

（1）底吹没有氩气通过。

1）检查柜前手阀是否打开。

2）检查柜内支路电磁阀和阀排、旁通阀门是否得电打开。如果所有阀门都不得电，检查 PLC 室内的开关是否跳闸。

3）如柜内所有阀门都正常，拆开柜外手阀查看是否有气体通过。如有气体通过，检查钢包底吹连接口是否堵塞或管路堵塞。

（2）底吹气体阀门都关闭但还有气体通过。

检查对应支路开阀门是否得电关闭或关不严。

5 现场自动化电气仪表技术

5.1 炼钢厂现场仪表电气设备配置

炼钢厂的设备繁杂、数量庞大,设备如何配置,使其既不影响生产,又不造成浪费,是一个重要的课题。下面以一个年产量500万吨的炼钢厂为例,介绍其中涉及的仪表电气设备配置情况。

一个年产量500万吨的炼钢厂一般有3座120t转炉、3座LF精炼炉、4台连铸机。另外,转炉区域还有1座脱硅站、2座出铁倒罐站、3座KR;精炼区域还有1座锅炉房、1座VD和1座RH精炼炉;外围区域还有4座一次风机房,承担煤气回收;同时还有7座普通风机房以及22部天车超载限制器。下面按照区域划分对每个区域包含的基本仪表电气设备进行详细描述。

5.1.1 转炉区域仪表电气设备

(1)上料系统:地下料仓ER10电气室铁合金,辅原料MCC柜,UPS,PLC;地下电振电动机,机旁操作箱,除尘电动阀;上料皮带电动机,液压缸及操作箱,皮带速度检测器,跑偏开关,拉绳开关电铃;卸料小车电动机,电液推杆,旋转电动机,接近开关,除尘电动阀及现场操作箱;ER10电气室内外及上料廊照明设备。

(2)投料系统:电振电动机,电液推杆,接近开关,料位计,除尘电动阀及机旁操作箱。

(3)主控楼三楼设备:倾动、氧枪变频器,除尘、汽化、倾动、氧枪PLC,生产工操作台按钮指示灯。

(4)主控楼四楼设备:转炉本体辅助系统,汽化系统,二次除尘系统,投料系统MCC柜,副枪控制柜,二文喉口液压站控制柜。

(5)转炉活动烟罩液压站控制柜,转炉装置润滑站,转炉驱动侧和非驱动侧稀油润滑站。

(6)炉后挡渣棒控制柜;炉后CAS站测温取样,浸渍罩卷扬,喂丝机控制柜及现场操作箱。

(7)汽化冷却系统:给泵电动机,高低压强制循环泵电动机,加压泵电动机,出口电动阀门,加药装置计量泵,软水泵,现场潜水泵电动机及操作箱。

(8)转炉本体辅助系统:炉腹风机,炉前、炉后挡火门,主控室卷帘门,钢包倾翻,钢包整体浇注,钢包快速升温,钢包烘烤器的控制柜,电动机,抱闸,限位操作箱等。

(9)转炉倾动,氧枪升降,副枪升降,旋转的电动机、编码器、接近开关、行程开关、主令控制器。

(10)S4水淬泵房:低压开关柜,变频柜,操作台,热水泵,冷水泵电动机,水淬冷却塔电动机,卷扬电动机,拨钩电动机,电动蝶阀,电动阀门,渣罐车,干渣车,钢包车的控制柜,电缆卷筒,报警灯,水淬系统室内及厂房照明设备。

(11)转炉1号配电室,配电室负一层和二楼电缆夹层,电缆通廊的卫生防火设备等;C跨至F跨转炉区0~55m照明设备。

(12)铁水预处理电气室,UPS,PLC,MCC柜,烟罩升降电动机,测温取样电动机,旋转给料电动机,比例泵,循环泵,电磁阀,行程限位,除尘电动阀,拨渣机控制系统,铁水罐车,渣车的控制系统,电缆卷筒的滑环,KR区域室内外照明设备。

5.1.2 连铸区域仪表电气设备

（1）ER61 电气室：所有连铸机低压开关柜。

（2）ER62 电气室：MCC1 柜，PLC01，PLC02，PLC03，PLC05，PLC06，PLC09，PLC10，拉矫及引锭车变频柜，拉矫 PLC08，UPS。

（3）ER63 电气室：MCC2 柜，辊道变频柜，PLC，一切机，二切机，去毛刺机，打号机控制柜。

（4）HR01、HR02、HR03、HR04 液压室：高压泵，循环泵，加油泵，限位，球阀，电磁阀，加热器及控制箱和端子箱，甘油润滑系统，油泵，限位等。

（5）大包回转本体：行程开关，接近开关，电磁阀，比例阀，编码器，报警灯控制箱按钮，指示灯。

（6）中间包车本体：行程开关，接近开关，电磁阀，比例阀，编码器，位置传感器，报警灯及控制手柄，按钮，指示灯。

（7）引锭车电动机，引锭链电动机，引锭卷扬电动机，限位，电磁阀，编码器，液压缸，报警灯，操作箱按钮，指示灯。

（8）结晶器振动：调宽电磁阀、比例阀，位置传感器及控制屏。

（9）拉矫电动机，编码器，热敏开关及端子箱，扇形段的电磁阀，智能扇形段的控制箱。

（10）一切机、二切机的电动机、编码器、接近开关、电磁阀、端子箱和现场操作箱。

（11）一切机、二切机的测量轮、编码器、接近开关、电磁阀。

（12）去毛刺机、打号机的电动机、编码器、限位、电磁阀及现场控制柜和操作箱。

（13）后部辊道电动机，去电管，定尺挡板电磁阀，垛板台、卸板台的限位，电磁阀，两台过跨车电动机，主令控制器，现场操作箱。

（14）三台蒸汽抽引风机，中间包烘烤器的电动机、限位、抱闸及控制箱。

（15）本区域 0 ~ 13.3m 平台室内外照明设备及现场 10t 以下单臂吊电葫芦的维修设备。

（16）L1 级网络。

5.1.3 天车区域仪表电气设备

（1）出坯跨 1、2、3 号 30/30t 吊车。

（2）连铸整备跨 80t 吊车、滑线及检修电源段开关柜。

（3）连铸跨 100t、50t 吊车、滑线及检修电源段开关柜。

（4）钢水接收跨 240t、100t 吊车、滑线及检修电源段开关柜。

（5）精炼跨 20t、32t 遥控吊车。

（6）加料跨 240t、50t、20t 吊车、滑线及 9.6m 平台开关，检修段开关柜。

（7）混铁炉 140t 吊车、滑线。

（8）渣场 16t 吊车、63t 吊车、滑线及 H 柱电源开关。

（9）一次除尘、二次除尘、混铁炉除尘吊车及供电开关。

（10）S1 吊车配电室及 A 跨 ~ G 跨主厂房照明。

（11）配电室负一层卫生、防火设备。

5.1.4 供配电区域仪表电气设备

（1）10kV 开关柜及 S1 九台变压器。

（2）S2 两台变压器及低压配电室。

（3）S3 高压开关柜、电容器室两台变压器，直流屏和低压配电室。

（4）S4 两台变压器。

（5）S10 高压开关柜两台变压器和直流屏。

（6）S11 三台变压器和低压配电室。

（7）转炉一次除尘：2640kW 电动机，主油泵电动机，偶合器油泵电动机，电加热器，煤气入口电动执行机构，空气换气风机，PLC，UPS。

（8）转炉二次除尘：除尘电动机，入口电动执行机构，外置油泵电动机，盘车电动机，卸料电动机，振打电动机，料位计，斗提装置，提升阀，脉冲阀，电加热器，除尘电气室内控制柜及现场操作箱，按钮，指示灯。

（9）LF 地下料仓，混铁炉除尘。

（10）混铁炉控制室：倾动控制柜，操作台按钮，指示灯，倾动电动机，液压缸，炉门卷扬电动机，兑铁车，除尘电动阀，接近开关，兑铁车卷筒。

（11）铁水称量车控制柜，操作台：限位，电缆卷筒，加油泵，电动机，液压缸。

（12）现场热铁水烘烤器控制柜，电动机，抱闸，限位，回铁车电动机卷筒，抱闸，加油泵及控制柜，混铁炉区域单臂。

（13）电气室区域照明设备。

（14）LF 除尘地下料仓除尘吊车。

（15）10kV，S3、S10、S11 变电所。

5.1.5　自动化仪表区域设备

（1）转炉本体仪表柜，转炉底吹氩气压力、流量、温度调节阀，气动阀；氧气阀门站：气动调节阀，气动切断阀、压力、温度、流量调节阀、CO 报警仪；氮气阀门站：气动调节阀，气动切断阀，压力、温度、流量调节阀。

（2）氧枪、副枪冷却水（进水出水）温度、压力、流量调节阀。

（3）汽化冷却系统（除氧器、汽包、蓄热器）压力、温度、流量、液位以及流量调节阀、压力调节阀、气动调节阀、气动切断阀。

（4）炉前测温枪、显示屏、测温仪及三楼仪表 PLC，炉后 CAS 站测温枪装置。

（5）KR 脱硫系统：所有的压力表、显示器、压力变送器，温度、流量、气动调节阀，测温枪装置，喷粉氮气站等。

（6）一次风机房：压力、温度流量调节阀，振动转速测量，三通阀的气动切断阀，CO 分析仪。

（7）辅原料、混铁炉，转炉二次除尘高压电动机的检测，温度、压力、流量、振动、转速等。

（8）连铸 1 号、2 号、3 号配水室的全部压力变送器，压力表差压变送器、热电阻，双金属温度计，电磁流量计，流量开关，气动调节阀，气动切断阀，手阀的限位开关。

（9）ER62PLC 室：C04 仪表 PLC，C07 结晶器液位控制 PLC，C11 下渣检测 PLC，C12 结晶器专家 PLC。

（10）辊缝仪检测，结晶器液位控制，下渣检测，漏钢预报系统。

（11）大包、中间包测温仪，显示大屏，测温枪校验。

（12）连铸车间外线管的测量：压力变送器，差压变送器，热电阻。

（13）中间包烘烤器、钢包烘烤器、铁水缸烘烤器：差压变送器，压力控制仪，水液用电磁阀，温度调节器，电动调节阀，热电偶。

（14）称重：连铸大中包板坯称重传感器、显示仪，氧枪张力秤传感器，废钢秤传感器，显示大屏，辅原料、铁合金、料仓及上料皮带秤，两台240t吊车秤，KR喷粉罐称重，钢包车秤。

（15）两台铁水称量车的秤，信号电缆卷筒，混铁炉压力、温度显示仪，气动调节阀。

（16）炼钢厂的行政电话、调度电话、摄像镜头、显示器等。

5.2 现场电气仪表专业点检标准

专业点检是企业设备管理的重要组成部分，点检水平的高低，不仅体现企业自动化程度的高低，而且对企业降低成本，增强核心竞争力有很大的现实意义。

5.2.1 转炉本体电气岗位专业点检标准

转炉本体电气岗位专业点检标准如表 5-1 所示。

表 5-1　转炉本体电气岗位专业点检标准

点检部位	点检内容	点 检 标 准
倾动氧枪系统	电动机	温升正常（不超过60℃），无杂声、振动现象，各护盖齐全
	液压缸	动作正常，无缺油现象
	变频器	变频器指示灯正常，无报警指示
	电气柜	各开关、继电器、接触器触头良好，无灼伤、氧化现象，熔断器无熔断，闸刀开关接触牢固、可靠，无异味
	操作台（箱）	按钮、开关无松动，指示表、指示灯正常
	限位	各限位开关动作准确、可靠
	编码器	编码器连接牢固、可靠
副枪系统	电动机	温升正常（不超过60℃），无杂声、振动现象，各护盖齐全
	液压缸	动作正常，无缺油现象
	变频器	变频器指示灯正常，无报警指示
	电气柜	各开关、继电器、接触器触头良好，无灼伤、氧化现象，无异味
	操作箱	按钮、开关无松动，指示灯正常
	限位	各限位开关动作准确、可靠
	编码器	编码器连接牢固、可靠
辅助系统	电动机	电动机温升正常（不超过60℃），无杂声、振动现象
	操作箱	按钮、开关无松动，动作灵活，指示灯正常
汽化冷却及二次除尘	电动机	电动机温升正常（不超过60℃），无杂声、振动现象
	操作箱	按钮、开关无松动，动作灵活，指示灯正常
	电动阀门	动作正常
上料系统	电动机	温升正常（不超过60℃），无杂声、振动现象，各护盖齐全
	液压缸	动作正常，无缺油现象
	电气柜	各开关、继电器、接触器触头良好，无灼伤、氧化现象，无异味
	操作箱	按钮、开关无松动，指示灯正常

续表 5 – 1

点检部位	点检内容	点 检 标 准
投料系统	电动机	温升正常（不超过60℃），无杂声、振动现象，各护盖齐全
	变频器	变频器指示灯正常，无报警指示
	操作箱	按钮、开关无松动，指示灯正常
	限位	各限位开关动作准确、可靠
MCC柜、PLC柜及UPS电源柜	MCC柜	抽屉柜插头接触牢固、可靠，电气元件无异常现象，各表指示正常，模块指示正常，通信系统正常，无异味
	PLC柜	各模块运行指示正常，通信无故障，电气元件正常，无异味
	UPS电源柜	电源指示正常
烟罩升降系统	电动机	温升正常（不超过60℃），无杂声、振动现象，各护盖齐全
	液压缸	动作正常，无缺油现象
	电气柜	变频器指示灯正常，无报警指示，各开关、继电器、接触器触头良好，无灼伤、氧化现象，无异味
	操作箱	按钮、开关无松动，指示灯正常
	限位	各限位开关动作准确、可靠
二文喉口升降系统	电动机	温升正常（不超过60℃），无杂声、振动现象，各护盖齐全
	电气柜	指示灯正常，各开关、继电器、接触器触头良好，无灼伤、氧化现象，无异味
	操作箱	按钮、开关无松动，指示灯正常
挡渣系统	电动机	温升正常（不超过60℃），无杂声、振动现象，各护盖齐全
	电气柜	变频器、模块指示灯正常，无报警指示，通信正常，各开关、接触器、继电器触头良好，无灼伤、氧化现象，无异味
	操作箱	按钮、开关无松动，指示灯正常
	限位	各限位开关动作准确、可靠
CAS站系统	电动机	温升正常（不超过60℃），无杂声、振动现象，各护盖齐全
	电气柜	变频器、模块指示灯正常，无报警指示，通信正常，各开关、继电器、接触器触头良好，无灼伤、氧化现象，无异味
	操作箱	按钮、开关无松动，指示灯正常
	限位	各限位开关动作准确、可靠
钢包倾翻系统	电动机	温升正常（不超过60℃），无杂声、振动现象，各护盖齐全
	液压缸	动作正常，无缺油现象
	电气柜	各开关、接触器触头良好，无灼伤、氧化现象，无异味
	操作箱	按钮、开关无松动，指示灯正常
钢、铁包烘烤装置	电动机	温升正常（不超过60℃），无杂声、振动现象，各护盖齐全
	电气柜	各开关、接触器触头良好，无灼伤、氧化现象，无异味
平车装置	电动机	温升正常（不超过60℃），无杂声、振动现象，各护盖齐全，炭刷不小于1/3，刷架牢固，弹簧压力正常
	液压缸	动作正常，无缺油现象
	电气柜（台、箱）	各按钮、开关、接触器触头良好，无灼伤、氧化现象，指示灯正常，无异味
	电缆卷筒	仪表指示正常，元件无异常

点检部位	点检内容	点 检 标 准
水淬系统	电气柜	各开关、继电器、接触器触头良好，无灼伤、氧化现象，各模块运行指示正常，通信无故障，无异味
	变频器	变频器指示灯正常，无报警指示
	操作台	各开关、按钮、指示灯正常
	电动机	温升正常（不超过60℃），无杂声、振动现象，各护盖齐全
钢包整体浇注	电气柜	各开关、继电器、接触器触头良好，无灼伤、氧化现象，各模块运行指示正常，通信无故障，无异味
	变频器	变频器指示灯正常，无报警指示
	操作箱	各开关、按钮、指示灯正常
	电动机	温升正常（不超过60℃），无杂声、振动现象，各护盖齐全
电缆线路	电气柜、现场	线路无破损，接头无氧化松动，无异味

5.2.2 转炉前电气岗位专业点检标准

转炉前电气岗位专业点检标准如表 5 - 2 所示。

表 5 - 2 转炉前电气岗位专业点检标准

点检部位	点检内容	点 检 标 准
电气室	电控线路	开关、按钮、指示灯、继电器、接触器外观良好，动作可靠，线路无破损、老化现象，无异味，电阻柜电阻正常，PLC 工作正常
现场	电动机	电动机运行正常，无杂声、发热现象，温升不超过65℃
	液压缸	液压缸动作正常，无漏油现象
	电控线路	开关、按钮、指示灯、继电器、接触器外观良好，动作可靠，线路无破损、老化现象
	现场检测元件	灵敏、可靠，动作正常
电缆线路	电力缆	线路无破损，接头无氧化松动

5.2.3 铁水预处理（KR）电气岗位专业点检标准

铁水预处理电气岗位专业点检标准如表 5 - 3 所示。

表 5 - 3 铁水预处理电气岗位专业点检标准

点检部位	点检内容	点 检 标 准
电气室	电控线路	开关、按钮、指示灯、继电器、接触器外观良好，动作可靠，线路无破损、老化现象，无异味，PLC 工作正常
	UPS 电源柜	电源指示正常，电池无异常现象
现场	电动机	电动机运行正常，无杂声、发热现象，温升不超过65℃
	液压缸	液压缸动作正常，无漏油现象
	电控线路	开关、按钮、指示灯、继电器、接触器外观良好，动作可靠，线路无破损、老化现象
	现场检测元件	灵敏、可靠，动作正常

点检部位	点检内容	点　检　标　准
平车装置	电动机	电动机运行正常，无杂声、发热现象，温升不超过65℃
	液压缸	液压缸动作正常，无漏油现象
	电控线路	开关、按钮、指示灯、继电器、接触器外观良好，动作可靠，线路无破损、老化现象
	现场检测元件	灵敏、可靠，动作正常
电缆线路	电力缆	线路无破损，接头无氧化松动

5.2.4　一次、二次、倒罐坑、上料除尘电气岗位专业点检标准

除尘电气岗位专业点检标准如表 5 - 4 所示。

表 5 - 4　除尘电气岗位专业点检标准

点检部位	点检内容	点　检　标　准
电气室	电控线路	开关、按钮、指示灯、继电器、接触器外观良好，动作可靠，线路无破损、老化现象，PLC工作正常
	UPS电源柜	电源指示正常，电池无异常现象
现场	电动机	电动机运行正常，无杂声、发热现象，一次电动机轴承温升不超过75℃，定子温度不超过140℃
	电控线路	开关、按钮、指示灯、继电器、接触器外观良好，动作可靠，线路无破损、老化现象
	现场检测元件	灵敏、可靠，动作正常
电缆线路	电力缆	线路无破损，接头无氧化松动

5.2.5　连铸机电气岗位专业点检标准

连铸机电气岗位专业点检标准如表 5 - 5 所示。

表 5 - 5　连铸机电气岗位专业点检标准

点检部位	点检内容	点　检　标　准
大中包及振动、调宽系统	电动机	电动机温升正常（不超过60℃），无杂声、振动现象，各护盖齐全
	编码器	编码器与传动轴连接牢固、可靠，无明显抖动
	操作箱（台）	元件良好无松动，按钮、开关等动作灵活，指示灯正常
	限位开关	各限位开关动作准确，固定、牢靠
引锭、拉矫系统	电动机	电动机温升正常（不超过60℃），无杂声、振动现象
	编码器	编码器与电机连接牢固、可靠，无明显抖动
	限位开关	各限位开关动作准确，固定、牢靠
	液压缸制动器	动作可靠，无漏油现象
	操作箱（台）	元件良好无松动，按钮、开关等动作灵活，指示灯正常

点检部位	点检内容	点 检 标 准
蒸汽、烟气抽引风机系统	电动机	电动机温升正常（不超过 60℃），无杂声、振动现象，各护盖齐全
	电动执行器	动作正常，无损伤
	操作箱（台）	元件良好无松动，按钮开关等动作灵活，指示灯正常
切割、去毛刺、打号及垛/卸板台系统	电动机	电动机温升正常（不超过 60℃），无杂声、振动现象，各护盖齐全
	编码器	编码器与传动机构连接牢固、可靠，无明显抖动
	光电管	固定牢靠，保护及冷却装置良好
	限位开关	各限位开关动作准确、固定可靠
	操作箱（台）	元件良好无松动，按钮开关等动作灵活，指示灯正常
辊道系统	电动机	电动机温升正常（不超过 60℃），无杂声、振动现象，各护盖齐全
	光电管	固定可靠，保护及冷却装置良好
	限位开关	各限位开关动作准确、固定可靠
液压、润滑系统	电动机	电动机温升正常，无杂声、振动现象，各护盖齐全
	电磁阀、比例阀	动作可靠、指示正常
	限位开关、压力开关	各开关动作准确、固定可靠
	操作箱（台）	元件良好无松动，按钮开关等动作灵活，指示灯正常
ER62 及ER63 电气室	MCC 柜	各仪表指示正常，柜内电气元件正常，无异味、异声
	VVVF 柜	变频器各参数正常，通信正常，无故障报警，柜内各电气元件正常，无异味、异声
	PLC 柜及 I/O 站	各模块运行指示正常，通信正常，无故障报警，柜内各电气元件正常，无异味、异声
	UPS 柜	状态指示和工作参数正常，无报警
配电室	配电柜、电缆	各状态指示正常，无异声、异味、异常温度，环境无安全隐患
照明系统	照明线路	灯具、开关、线路等完好无损
电缆沟	电缆	电缆温升正常、无损伤，防火设施完好
	电缆沟	电缆沟内无积水及其他杂物
	桥架	桥架盖板齐全，电缆整齐有序

5.2.6 精炼电气岗位专业点检标准

精炼电气岗位专业点检标准如表 5 - 6 所示。

表 5 -6 精炼电气岗位专业点检标准

点检部位	点检内容	点 检 标 准
LF 系统	电动机	电动机温升正常（不超过 60℃），无杂声、振动现象，各护盖齐全
	编码器	编码器与传动轴连接牢固、可靠，无明显抖动
	操作箱（台）	元件良好无松动，按钮开关等动作灵活，指示灯正常
	限位开关	各限位开关动作准确、固定可靠

点检部位	点检内容	点 检 标 准
VD 系统	电动机	电动机温升正常（不超过 60℃），无杂声、振动现象
	编码器	编码器与电机连接牢固、可靠，无明显抖动
	限位开关	各限位开关动作准确、固定可靠
	操作箱（台）	元件良好无松动，按钮开关等动作灵活，指示灯正常
上料系统	电动机	电动机温升正常（不超过 60℃），无杂声、振动现象，各护盖齐全
	限位开关	各限位开关动作准确、固定可靠
	操作箱（台）	元件良好无松动，按钮开关等动作灵活，指示灯正常
液压、润滑系统	电动机	电动机温升正常，无杂声、振动现象，各护盖齐全
	电磁阀、比例阀	动作可靠、指示正常
	限位开关、压力开关	各开关动作准确、固定可靠
	操作箱（台）	元件良好无松动，按钮开关等动作灵活，指示灯正常
电气室	MCC 柜	各仪表指示正常，柜内电气元件正常，无异味、异声
	VVVF 柜	变频器各参数正常，通信正常，无故障报警，柜内各电气元件正常，无异味、异声
	PLC 柜及 I/O 站	各模块运行指示正常，通信正常，无故障报警，柜内各电气元件正常，无异味、异声
	UPS 柜	状态指示和工作参数正常，无报警
配电室	配电柜、电缆	各状态指示正常，无异声、异味、异常温度，环境无安全隐患
照明系统	照明线路	灯具、开关、线路等完好无损
电缆沟	电缆	电缆温升正常、无损伤，防火设施完好
	电缆沟	电缆沟内无积水及其他杂物
	桥架	桥架盖板齐全，电缆整齐有序

5.2.7　行车电气岗位专业点检标准

行车电气岗位专业点检标准如表 5 - 7 所示。

表 5 - 7　行车电气岗位专业点检标准

点检部位	点检内容	点 检 标 准
大车系统	电动机	（1）电动机运行无异声、异味，无打火现象，炭刷磨损小于 2/3；电动机无过热，定、转子绝缘不低于国家最低标准； （2）控制盘：继电器、接触器吸合正常，无犯卡现象，运行动作正常，无拉弧现象； （3）电阻器：螺丝紧固无松动，元件无断线、无过热发红现象； （4）各电缆无过热，无损伤，滑车完好，限位动作正常，灵活可靠； （5）PLC、定子调压装置显示动作正常
	控制盘	
	电阻器	
小车系统	电动机	
	控制盘	
	电阻器	
	滑线电缆，限位	

续表5-7

点检部位	点检内容	点 检 标 准
大钩系统	电动机	（1）电动机运行无异声、异味，无打火现象，炭刷磨损小于2/3；电动机无过热，定、转子绝缘不低于国家最低标准； （2）控制盘：继电器、接触器吸合正常，无犯卡现象，运行动作正常，无拉弧现象； （3）电阻器：螺丝紧固无松动，元件无断线、无过热发红现象； （4）各电缆无过热，无损伤，滑车完好，限位动作正常，灵活可靠； （5）PLC、定子调压装置显示动作正常
大钩系统	控制盘	
大钩系统	电阻器	
大钩系统	滑线电缆，限位	
小钩系统	电动机	
小钩系统	控制盘	
小钩系统	电阻器	
小钩系统	滑线电缆，限位	
操作控制器	变位装置	（1）零位正常清楚； （2）零位正常，动作程序正确
操作控制器	运行情况	

5.2.8 转炉自动化仪表专业点检标准

转炉自动化仪表专业点检标准如表5-8所示。

表5-8 转炉自动化仪表专业点检标准

点检部位	点检内容	点 检 标 准
副枪系统	一体化温度变送器	一次仪表接线牢固，变送信号正确
副枪系统	电接点压力表	现场指示正确，报警接点准确无误，接线牢固
副枪系统	电磁流量计	现场指示正确，变送信号正确，接线牢固
副枪系统	高性能蝶阀	开、关限位灵活、可靠，气源压力指示正常，气路畅通无阻
副枪系统	气动球阀	开、关限位灵活、可靠，气源压力指示正常，气路畅通无阻
副枪系统	DIRC与PLC	DIRC指示正常，DIRC通信正常；PLC系统各模板显示正常，PLC通信正常，接线牢固
转炉底吹	铂热电阻	一次仪表接线牢固
转炉底吹	压力变送器	现场指示正确，远传信号正确，接线牢固
转炉底吹	电磁流量计	现场指示正确，变送信号正确，接线牢固
转炉底吹	高性能蝶阀	开、关限位灵活、可靠，气源压力指示正常，气路畅通无阻
转炉底吹	PLC	PLC系统各模板显示正常，PLC通信正常，接线牢固
转炉本体（炉顶、CAS底吹、炉体冷却）	热电阻	一次仪表接线牢固
转炉本体（炉顶、CAS底吹、炉体冷却）	压力变送器	现场指示正确，远传信号正确，接线牢固
转炉本体（炉顶、CAS底吹、炉体冷却）	电磁流量计	现场指示正确，变送信号正确，接线牢固
转炉本体（炉顶、CAS底吹、炉体冷却）	调节阀	开、关自如，阀位指示正确，气源压力指示正常，气路畅通无阻
转炉本体（炉顶、CAS底吹、炉体冷却）	切断阀	开、关自如，开、关限位灵活、可靠，气源压力指示正常，气路畅通无阻
转炉本体（炉顶、CAS底吹、炉体冷却）	张力秤	接线盒内端子接线牢固，检测信号与显示一致
转炉本体（炉顶、CAS底吹、炉体冷却）	钢水温度	测温枪校验正常，大屏显示正常
转炉本体（炉顶、CAS底吹、炉体冷却）	PLC	PLC系统各模板显示正常，PLC通信正常，接线牢固

点检部位	点检内容	点 检 标 准
汽化冷却及烟气净化	热电阻	一次仪表接线牢固
	压力变送器	现场指示正确，远传信号正确，接线牢固
	电磁流量计	现场指示正确，变送信号正确，接线牢固
	调节阀	开、关自如，阀位指示正确，气源压力指示正常，气路畅通无阻
	切断阀	开、关自如，开、关限位灵活、可靠，气源压力指示正常，气路畅通无阻
	PLC	PLC 系统各模板显示正常，PLC 通信正常，接线牢固
一次风机房	热电阻	一次仪表接线牢固
	压力变送器	现场指示正确，远传信号正确，接线牢固
	电磁流量计	现场指示正确，变送信号正确，接线牢固
	调节阀	开、关自如，阀位指示正确，气源压力指示正常，气路畅通无阻
	切断阀	开、关自如，开、关限位灵活、可靠，气源压力指示正常，气路畅通无阻
	PLC	PLC 系统各模板显示正常，PLC 通信正常，接线牢固
	煤气分析仪	分析仪工作状态正常，分析数据与显示一致，样气校验正常，吹扫系统正常
上料、投料系统	现场设备	秤体机械结构牢固，各传感器限位位置正常，接线盒内接线牢固，现场显示与 HMI 一致
	PLC	PLC 系统各模板显示正常，PLC 通信正常，接线牢固
天车秤	现场设备	秤体机械结构牢固，各传感器限位位置正常，接线盒内接线牢固
铁水预处理（KR）	热电阻	一次仪表接线牢固
	压力变送器	现场指示正确，远传信号正确，接线牢固
	金属转子流量计	现场指示正确，变送信号正确，接线牢固
	调节阀	开、关自如，阀位指示正确，气源压力指示正常，气路畅通无阻
	切断阀	开、关自如，开、关限位灵活、可靠，气源压力指示正常，气路畅通无阻
	PLC	PLC 系统各模板显示正常，PLC 通信正常，接线牢固
	铁水温度	测温枪校验正常，大屏显示正常
混铁炉	热电阻	一次仪表接线牢固，二次仪表显示正常
	压力变送器	现场指示正确，远传信号正确，接线牢固
	铁水温度	测温枪校验正常，大屏显示正常
混铁炉除尘风机房	热电阻	一次仪表接线牢固
	压力变送器	现场指示正确，远传信号正确，接线牢固
	执行机构	动作自如，阀位指示正确
	PLC	PLC 系统各模板显示正常，PLC 通信正常，接线牢固

点检部位	点检内容	点 检 标 准
转炉二次除尘	热电阻	一次仪表接线牢固
	压力变送器	现场指示正确，远传信号正确，接线牢固
	执行机构	动作自如，阀位指示正确
	转速、振动	一次仪表接线牢固，远传信号正确
	报警、连锁	报警值设置正常，连锁值设置正常
	PLC	PLC 系统各模板显示正常，PLC 通信正常，接线牢固
辅原料除尘风机房	热电阻	一次仪表接线牢固
	压力变送器	现场指示正确，远传信号正确，接线牢固
	执行机构	动作自如，阀位指示正确
	转速、振动	一次仪表接线牢固，远传信号正确
	报警、连锁	报警值设置正常，连锁值设置正常
	PLC	PLC 系统各模板显示正常，PLC 通信正常，接线牢固
转炉车间能源介质总测量	热电阻	一次仪表接线牢固
	压力变送器	现场指示正确，远传信号正确，接线牢固
	差压变送器	现场指示正确，远传信号正确，接线牢固
	PLC	PLC 系统各模板显示正常，PLC 通信正常，接线牢固
工业电视	摄像机	电源正常，吹扫气源正常
	视频分配放大器	电源正常，工作状态正常，视频线连接牢固
	四画面分割器	电源正常，工作状态正常，视频线连接牢固
	电源控制器	电源正常，工作状态正常
	调制器	电源正常，工作状态正常
	混频器	电源正常，工作状态正常
	矩阵	电源正常，工作状态正常
	显示器	电源正常，工作状态正常
	切换器	电源正常，工作状态正常
钢渣水淬	热电阻	一次仪表接线牢固，远传信号正确
	压力变送器	现场指示正确，远传信号正确
	超声波液位计	现场指示正确，远传信号正确
钢包、铁水包烘包	热电阻	一次仪表接线牢固
	压力变送器	现场指示正确，远传信号正确
	执行机构	动作自如，阀位指示正确
	二次仪表	二次仪表显示正常

5.2.9 连铸机区域自动化仪表专业点检标准

连铸机区域自动化仪表专业点检标准如表 5－9 所示。

表 5 – 9 连铸机区域自动化仪表点检标准

点检部位	点检内容	点 检 标 准
铸机大、中包测温	钢水温度	测温枪校验正常，大屏显示正常，测温电缆无破损
结晶器专家	热电偶	在 HMI 观察各面温度显示状态，报警曲线显示正常，各接口处接线牢固
下渣检测	PICU100 就地操作箱	指示灯正常，检测显示正常，报警系统正常
	PI100 放大器	电源正常，工作显示正常，接线端子牢固
	各测试单元	电源正常，工作显示正常，接线端子牢固
中间包称重	大包称重	传感器结构牢固，各传感器信号正常，接线盒内接线牢固
	中间包称重	传感器结构牢固，各传感器信号正常，接线盒内接线牢固
	称重模块	模块显示正常，各传感器信号输入正常
1 号配水室	热电阻	一次仪表接线牢固
	压力变送器	现场指示正确，远传信号正确，接线牢固
	电磁流量计	现场指示正确，远传信号正确，接线牢固
	限位开关	流量指示正确，接点灵活、可靠
	切断阀	开、关自如，开、关限位灵活、可靠，气源压力指示正常，气路畅通无阻
	PLC	PLC 系统各模板显示正常，PLC 通信正常，接线牢固
2 号配水室	电磁流量计	现场指示正确，远传信号正确，接线牢固
	流量调节阀	开、关自如，开、关限位灵活、可靠，气源压力指示正常，气路畅通无阻
	压力变送器	现场指示正确，远传信号正确，接线牢固
	压力调节阀	开、关自如，开、关限位灵活、可靠，气源压力指示正常，气路畅通无阻
	流量开关	流量指示正确，接点灵活、可靠
	气动截止阀	开、关自如，开、关限位灵活、可靠，气源压力指示正常，气路畅通无阻
	限位开关	现场指示正确，接点灵活、可靠
	PLC	PLC 系统各模板显示正常，PLC 通信正常，接线牢固
3 号配水室	电磁流量计	现场指示正确，远传信号正确，接线牢固
	热电阻	一次仪表接线牢固
	手阀限位开关	现场指示正确，接点灵活、可靠
	PLC	PLC 系统各模板显示正常，PLC 通信正常，接线牢固
连铸车间能源介质总测量	热电阻	一次仪表接线牢固
	压力变送器	现场指示正确，远传信号正确，接线牢固
	差压变送器	现场指示正确，远传信号正确，接线牢固

点检部位	点检内容	点 检 标 准
中间包干燥、烘烤	电动调节阀	开、关自如，开、关限位灵活、可靠
	差压变送器	现场指示正确，远传信号正确，接线牢固
	电磁阀	开关指示正确，得电动作迅速，接线牢固
	热电偶	一次仪表接线牢固，远传信号正确，二次仪表显示正常
	压力控制仪	现场指示正确，远传信号正确，接线牢固
	信号分配器	电源指示正确，工作信号正确，接线牢固
结晶器液位	探头及其连接线	探头连接牢固，远传信号正确，接线箱接线牢固
	电磁阀	开关指示正确，得电动作迅速，接线牢固
	位置传感器	信号指示正确，接线牢固
	压力开关	开关指示正确，接点灵敏、可靠，接线牢固
滑动水口系统	电磁阀	开关指示正确，得电动作迅速，接线牢固
	流量表	现场指示正确，远传信号正确，接线牢固
	稳压电源	电源指示正确，电压正常，接线牢固
LF 炉	温度变送器	一次仪表接线牢固，变送信号正确
	压力变送器	现场指示正确，远传信号正确，接线牢固
	压力开关	现场指示正确，远传信号正确，接线牢固
	电磁流量计	现场指示正确，远传信号正确，接线牢固
	流量开关	流量指示正确，接点灵活、可靠
	限位开关	现场指示正确，接点灵活、可靠
VD 泵和锅炉房	智能型差压变送器	现场指示正确，远传信号正确，接线牢固
	内藏式文丘里流量计	现场指示正确，远传信号正确，接线牢固
	铂热电阻	远传信号正确，接线牢固
	电磁流量计	现场指示正确，远传信号正确，接线牢固
	氧化锆分析仪	现场指示正确，远传信号正确，接线牢固
	气动切断阀	开、关自如，开、关限位灵活、可靠，气源压力指示正常，气路畅通无阻
	差压变送器	现场指示正确，远传信号正确，接线牢固
精炼除尘风机房	热电阻	一次仪表接线牢固
	压力变送器	现场指示正确，远传信号正确，接线牢固
	执行机构	动作自如，阀位指示正确
	转速、振动	一次仪表接线牢固，远传信号正确
	报警、连锁	报警值设置正常，连锁值设置正常
	PLC	PLC 系统各模板显示正常，PLC 通信正常，接线牢固

5.2.10　高低压供配电仪表专业点检标准

高低压供配电仪表专业点检标准如表 5 - 10 所示。

表 5 - 10　高低压供配电仪表专业点检标准

点检部位	点检内容	点　检　标　准
转炉、精炼、连铸机、一次除尘高低压开关站	变压器、高压柜、低压柜、直流屏、滤波器、电缆	**变压器:** (1) 油位: 在标准线 (2) 油色: 无变色 (3) 声音: 无异声 (4) 温度: 上层油温不超过 60℃, 接头处不超过 70℃, 干式变压器绕组和铁芯不超过 100℃ (5) 瓦斯继电器: 内部无气体 (6) 外壳: 无渗漏油 (7) 干燥剂: 无吸潮变色 (8) 绝缘瓷瓶: 清洁、无裂纹、无放电声 (9) 压接处螺丝无松动 (10) 摇测变压器绝缘及直流电阻 (11) 负荷开关: 无放电声、刀闸口处温度不超 60℃ **高压柜:** (1) 声、味: 无异声、异味 (2) 各指示: 正确 (3) SEPAM 装置: 运行正常 (4) 后台监控机: 无灰尘且运行正常 (5) 电压电流: 正常 (6) 紧固各端子排接线 **低压柜:** (1) 各指示: 正确 (2) 声音: 无异常 (3) 电压电流: 正常 (4) 刀开关: 应接触良好、无发热 (温度不超过 60℃) (5) 接触器: 吸合正常、触头表面无氧化、腐蚀及灼伤 (6) 检查各压线螺丝是否松动 **直流屏:** (1) 声、味: 无异声、异味 (2) PLC: 运行正常 (3) 浮充电压: 正常处于浮充状态, 浮充电压为 245VAC。 (4) 控制母线电压: 200 ~ 240VAC (5) 电池端电压: 200 ~ 260VAC (6) 故障灯: 不亮 **滤波器:** (1) 室温: 不超过 40℃ (2) 电容器温度: 不超过 45℃ (3) 电容器外壳: 无渗漏油、无鼓肚 (4) 声、味: 无异声、异味 (5) 电抗器: 无异常振动声、无放电声或其他不正常的声音、导电接头应无打火、过热现象。 (6) 支持绝缘瓷瓶: 应清洁、无裂纹、无放电痕迹 (7) 电容器、电抗器及支架上应无杂物 (8) 电流: 三相电流指示应平衡, 各相电流差不应超过 5% **电缆:** (1) 温度: 缆芯温度不应超过 80℃ (2) 隧道内: 应无杂物、无积水及其他异常现象 (3) 保护区: 电缆保护区内的土壤、构筑物应无下沉现象, 电缆井的沟盖应无丢失或损坏, 电缆无外露

5.3　电气仪表设备专业分工

整体来讲，电气仪表维护人员必须按照国家相关法律（如《计量法》）和公司体系文件从事各项作业，特别是为了保证一些高端技术长期稳定运行，对一些规定必须详细界定。

为明确职责，细化分工，扎实搞好设备管理的各项相关工作，针对目前炼钢厂的实际情况，经现场实际运行，从专业角度对部分设备的检修维护职责作如下规定。

5.3.1　液压缸

液压缸属材料管理范畴，它的计划提报、领取、点检维护及下线液压缸的回收、检查、修复由电气自动化车间负责；安装更换由检修车间负责；如确需外委修理，由机动科通过装备部联系，办理外委手续。

5.3.2　电液推杆

电液推杆属备件，由装备部采购，它的计划提报由机动科负责；安装及日常加油由检修车间负责；限位调整、接线由电气自动化车间负责。

5.3.3　电磁抱闸

电磁抱闸的管理、调整由电气自动化车间负责。

5.3.4　仪表设备的风、水等介质管路

管路的一次安装由检修车间负责；管路至仪表设备（镜头、仪表等）前1m设备的检修、维护由检修车间负责；仪表设备本体及1m以内设备的检查、维护、检修由电气自动化车间负责。

5.3.5　电动机

更换电动机时，由电气自动化车间负责将电动机运到吊装位置，电动机的拆卸、安装、找正，由检修车间负责。在用电动机的专业点检由电气自动化车间负责，日常检查由使用单位负责，如轴承润滑需要检查、加油，当班调度可协调检修车间或环保车间处理。电动机轴承的计划提报及轴承更换由检修车间或环保车间负责。

5.3.6　电动阀门执行机构

电动阀门执行机构的更换由电气自动化车间负责；阀体的更换由检修车间负责。执行机构的计划提报由电气自动化车间负责，整体阀门由检修车间负责提报。

5.3.7　秤

地秤机械部件的安装、修理由机动科外委计量管理处进行；校秤时砝码的倒运工作由使用车间负责。

5.3.8　指针式压力表、温度计等无源测量仪器仪表装置

指针式压力表、温度计等无源测量仪器仪表装置计划提报及更换由使用单位负责；一次安

装、改造、大中修时由电气自动化车间负责安装。

5.3.9　照明灯具、平车电缆

照明灯具、平车电缆计划提报及材料领取由使用单位负责；安装更换由电气自动化车间负责；各操作室、值班室内照明灯泡更换由使用单位负责；厂房照明维护由电气自动化车间负责。

5.3.10　振动电机偏心块

振动电机偏心块的调整由电气自动化车间负责。

5.3.11　二文液压系统

二文液压系统的检修由检修车间负责；环保车间负责该系统的操作和日常点检以及重锤的清理。

5.3.12　水淬泵站

水淬泵站所属设备的检修由检修车间负责。

5.3.13　快速燃气锅炉

快速燃气锅炉的点检维护由环保车间负责。

5.3.14　真空泵设备

真空泵设备的检修由检修车间负责。

5.3.15　VD 热水泵

VD 热水泵的检修由环保车间负责。

5.3.16　氧、氮、氩介质管线及阀门

转炉平台区域、氧枪阀门站、底吹阀门站、氮封阀门站、连铸区域的检修由检修车间负责；其余区域由环保车间负责。

5.3.17　煤气、压缩空气、采暖、蒸汽管路及阀门

风机房区域及快速燃气锅炉区域煤气、压缩空气、采暖、蒸汽管路及阀门的检修由环保车间负责；其余区域的由检修车间负责。

5.3.18　水管路及阀门

转炉除尘水、一次风机、四个除尘点及汽化水系统的检修由环保车间负责；其余由检修车间负责。

5.3.19　介质系统

介质系统检修所需材料的计划提报及领取由使用车间负责。

5.3.20 事故抢修

事故抢修及未尽事宜，由调度室现场平衡。

5.3.21 二次除尘散装料、合金吸风阀

二次除尘散装料、合金吸风阀点检由使用车间负责；维修由检修车间和电气自动化车间负责。

在此基础上，对专业分工更加细化的单位可以依据图纸所对应的专业进行更加细致的划分，如电气图纸上的设备归电工负责；自动化仪表图纸上的设备归仪表工负责；现场作业人员的分工如下：

（1）值班人员负责转炉各处的测温枪日常维护和校验；测温枪仪表系统的炉役、大修改造、仪表元件计划提报等由仪表班负责。

（2）转炉渣场电磁吊以控制盘的进线开关进线端子为分界点，电磁吊的控制系统、控制线路的日常维护、电气元件的计划提报等由自动化转炉区域负责；渣场电磁吊控制盘进线开关进线端子前的电源进线及电磁吊的控制系统、控制线路的大修改造由自动化电气区域负责。

（3）转炉区各稀油润滑站及钢包铁包烘烤器的温度计、热电阻、数显表等信号类仪表维护、检修、元件计划提报由仪表工负责，开关类由电气工负责。

（4）转炉二文液压站：模拟量检测远传仪表（如位置传感器）由仪表工维护，液压站的部分温度、压力等开关量远传一次元件由转炉区域电工维护。

（5）转炉区汽化 0m 平台潜水泵仪表液位开关等维护、检修、元件计划提报由转炉区域电工负责（按照主体为主，系统集成原则）。

（6）转炉二次除尘挡风门由转炉区域电工维护。

（7）整个底吹阀门站内的控制系统由仪表班整体维护。

（8）连铸区天车夹钳以控制盘的进线开关进线端子为分界点，夹钳的控制系统、控制线路的日常维护、电气元件的计划提报等由连铸区域电工负责；夹钳控制盘进线开关进线端子前的电源进线及夹钳的控制系统、控制线路的大修改造由天车区域电工负责。

（9）大包滑动水口电气控制系统由连铸区域电工维护。

（10）天车秤、超载限制器、车载台由自动化仪表班维护，其余设备（如天车声光报警系统）由天车区域电工维护。

（11）各区域电流表、电压表、电度表、电流变送器、温度表、温控器等在电工班维护的区域内由电工进行维护，在仪表班的维护区域内由仪表班进行维护。

（12）火灾报警感烟探测器，由供配电区域电工进行维护、检修。

（13）各区域的漏水监测开关、料位开关、脉冲开关阀、风机入口调节阀开关量的维护、检修、元件计划提报由各区域电气人员负责；各区域的差压变送器、料位计等模拟量及风机入口调节阀模拟量的维护、检修、元件计划提报由自动化仪表班负责。

（14）转炉副枪：探头连接件至 DIRC5 仪表测温补偿电缆、称重传感器至副枪控制柜 Momentum 模块电缆由仪表班维护；副枪两个阀门门站由仪表班维护；其余所有汽缸电磁阀、限位等由转炉区域电工维护。

（15）一次风机房：三通阀、旁通阀、水封阀电气控制柜由供配电区域电工维护。

5.4　仪表设备现场维护工作标准

5.4.1　结晶器塞管与热电偶整备标准

为了使结晶器漏钢预报系统温度检测更加准确可靠，保证连铸生产的顺行，在安装、使用结晶器热电偶前新铜板塞管应具备以下条件：

（1）塞管必须干净无锈迹、卡销齐全。

（2）热电偶塞管座内应保持干燥卫生，不得有任何杂物，包括水、铁锈、黄油、污泥、万能胶、生料带等，热电偶插针眼处必须干净无杂质。

（3）铜板背板上的热电偶塞管应保证装卸松紧自如，不得有歪丝、滑丝、塞管尺寸不合。

（4）热电偶塞管上的密封圈（垫）定期更换，必须使用质量优良、尺寸合适的密封圈（垫）。

（5）上塞管时应用力均匀，松紧适度，以保证密封良好，试压时无漏水、渗水现象。

（6）若塞管密封不严，须重新换密封圈（垫）或塞管，严禁使用密封胶及生料带等缠绕。

为了使结晶器漏钢预报系统温度检测更加准确可靠，保证连铸生产的顺行，在安装、使用结晶器热电偶前应严格按照如下标准执行：

（1）认真检查每只热电偶外表，热电偶体不得弯曲，热电偶尖不得有歪曲、磨平现象。

（2）热电偶补偿导线不能有破皮、打结现象。

（3）热电偶压紧弹簧松紧适度，不得有变形现象。

（4）热电偶旋转卡套灵活、可靠，卡套尺寸应符合标准。

（5）集线插座内热电偶补偿导线与插针、插帽的连接应使用专用工具，包括在线路上更换热电偶，一律不准用焊锡焊接。

（6）集线插座内热电偶补偿导线与插针、插帽的连接处应加热缩管保护，保证每根导线对地绝缘良好。

（7）集线插座内应保持干燥卫生，不得有油污、灰尘、水等杂质。

（8）热电偶保护套管应保持干净、无破损。

（9）上热电偶塞管时应用力均匀，松紧适度，以保证密封良好，试压时无渗水现象。

（10）热电偶束安装在背板上的集线槽内，并用钢片或耐火泥压紧。

（11）热电偶集线插座应牢固安装在结晶器上，并接好冷却风管。

5.4.2　行车电工仪表故障处理标准

当集电器由于滑线变形损坏时，对其进行临时处理并控制如下：

（1）利用停电机会用磨光机打磨刷块导角。

（2）常白班组装新的成套的集电托架（滑块已打磨好），接地刀，并备在受钢 1 号天车上。

（3）值班室备好高压柜分、合闸把手，高压验电笔，安全带等工具。

（4）值班与常白班人员加强对该架子的点检，提前、及时发现问题。

（5）一旦架子再次被撞坏，要及时与生产调度联系，进行更换。

（6）更换时将受钢 1 号天车停到南头检修段，先停检修段高压柜刀闸，用高压验电笔检验无误后，打上接地刀，扎好安全带后方可作业。

（7）更换完毕检查无误后，拆除接地刀，给检修段高压柜合闸，然后送电试车。

5.4.3　仪表工岗位作业标准

本标准规定了自动化车间仪表工岗位的职责、人员素质、作业程序、作业方法及检查考核办法，适用于电气车间仪表工岗位。

5.4.3.1　人员素质要求

（1）本岗位人员素质符合技术等级相应标准要求的规定，并持证上岗。

（2）能够胜任本岗位所辖区域仪表设备的维护、检修、故障处理及事故应急处理。

（3）积极参加本岗位业务学习及民主管理。

（4）做好基础工作和定置管理，做好原始记录和信息反馈工作。

（5）服从领导安排，认真完成各项任务。

（6）坚守岗位，遵守劳动纪律，严格执行三大规程。

5.4.3.2　作业程序

仪表工岗位作业流程如图 5 - 1 所示。

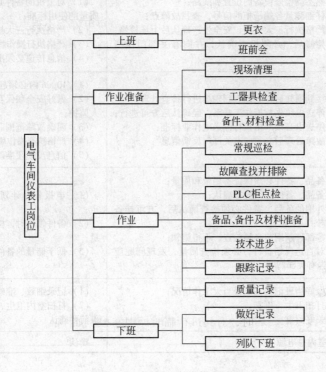

图 5 - 1　仪表工岗位作业流程

5.4.3.3　作业方法及要求

仪表工作业方法与作业要求如表 5 - 11 所示。

表 5 - 11　仪表工作业方法与作业要求

项　目		作 业 方 法	作 业 要 求
接班	更衣	(1) 提前 10min 到岗并更衣； (2) 两穿一戴准备齐全	(1) 不准迟到； (2) 穿戴符合岗位安全标准的要求
	班前会	(1) 列队听取班长、安全员交待工作任务及安全情况； (2) 列队上岗，明确当班任务及安全注意事项	(1) 接受及提出所需条件； (2) 听清班长交待的各项任务
	接班	(1) 认真查看交班记录，听取交班情况； (2) 检查备品、仪器器具等是否与交班记录符合	确认后可签字
作业准备	现场清理	专责区卫生打扫、工具清理物品摆放整齐	物品摆放按定置管理要求
	工具准备	(1) 日常使用的工具准备齐全完好； (2) 检查量具仪表是否符合标准，有问题及时向班长反映	(1) 确保工具符合要求； (2) 对量具、仪表进行确认
	备品、备件材料准备	按定额和需要领用原材料和备品备件	检查领用本，保证不超定额
作业	检查	(1) 按照规定的巡检路线进行检查； (2) 发现设备的异常现象及时查明原因并采取措施排除； (3) 对异常现象要及时处理，处理情况进行记录	(1) 按点检标准进行； (2) 检查必须仔细； (3) 填写记录必须字迹清晰，内容准确； (4) 不能排除的情况及时向上级报告
	检修	(1) 熟悉需检修设备的位置和线路； (2) 仔细测量各端子柜的信号，查找故障点； (3) 严格执行三大规程，安全生产确认后上场检修； (4) 检修后，必须检查确认，并向有关部门反馈信息	(1) 对上机的备件必须确认型号、外观质量的使用标准； (2) 严格执行三大规程； (3) 严格执行操作牌制度和停电牌制度； (4) 信息传递必须准确及时
	故障处理	(1) 接到通知后，立即赶到现场进行检查处理； (2) 停送电须先与操作工联系，经确认后方可进行； (3) 停送电必须严格执行停送电作业标准； (4) 故障处理后必须向有关部门反馈信息	(1) 10min 内必须赶到现场； (2) 做好安全联保互保，重要部位要派人监护； (3) 明确故障范围职责； (4) 严格执行操作牌制度和停送电制度； (5) 信息反馈须准确及时
	备品、备件及原材料准备	(1) 备品、备件必须保证备用量和质量； (2) 备品、备件必须检查确认； (3) 外围的备品、备件必须检查确认后，方可挂备用牌标志； (4) 零部件领用前必须检查，不得错领； (5) 对直达现场备件，必须检查质量，发现问题应及时报告有关部门	(1) 申报备品计划，根据实耗情况确定； (2) 备件领用时，检查型号、规格、数量； (3) 低于储量的备件应及时提报计划
交班	下班前的准备	(1) 做好当班记录，汇报当天工作情况； (2) 打扫卫生、更衣； (3) 关好门窗	(1) 记录细致、准确； (2) 打扫室内卫生、物品摆放整齐、下班前要确认
	下班	切断室内总电源	确认

5.4.4　仪表工岗位技能标准

5.4.4.1　总则

本标准规定了炼钢仪表工岗位专业理论知识及设备应知应会内容。必须取得电工上岗合格证，必须经过四级安全教育合格。技能水平必须达到仪表工要求，思想素质达到职业道德规范要求。

5.4.4.2 岗位基本职责

转炉区域仪表工负责辖区转炉本体现场设备及其 PLC 系统、汽化冷却烟气净化现场设备及其 PLC 系统、一次风机房系统现场设备及其 PLC 系统、钢渣水淬系统现场设备、KR 铁水预处理系统现场设备及其 PLC 系统、二次除尘风机房系统现场设备及其 PLC 系统，当班发生的故障处理及设备点检维护、信息反馈等。

连铸区域仪表工负责辖区连铸一、二、三号配水室的各检测设备及其 PLC 系统、结晶器控制系统、漏钢预报系统、大包下渣检测系统，当班发生的故障处理及设备点检维护、信息反馈等。

5.4.4.3 转炉区域岗位技能标准

熟练掌握以下知识，并能够正确操作实物的使用。
(1) 仪表工常用的工具；
(2) 智能压力变送器的工作原理；
(3) 电磁流量计的工作原理；
(4) 热电阻的工作原理；
(5) 精小型气动调节阀的原理；
(6) 压力表的校验；
(7) Concept 2.5 的基础知识；
(8) 仪表柜中昆腾系列各模块的型号、类别及功能；
(9) 仪表系统各 PLC 柜的配置。

5.4.4.4 现场应知应会部分

(1) 应该了解转炉本体系统有几台智能压力变送器（含差压）、几只压力表、几只热电阻、几台调节阀、几台切断阀、几台电磁流量计、几台煤气报警仪以及其安装地点布置。
(2) 应该了解汽化冷却及烟气净化部分安装了哪些设备、数量及其安装地点。
(3) 应该了解烟气净化部分一次风机房系统有哪些检测点，以及其数量各是多少。
(4) 应该了解铁水预处理仪表维护区域有哪些设备，以及如何布置。
(5) 应该了解混铁炉、倒罐站系统有几个检测点，其布置如何，以及有何连锁。
(6) 应该了解连铸区域水冷系统分为几个部分，其内部组成如何。
(7) 应该了解连铸区域结晶控制系统。
(8) 应该了解连铸区域下渣检测系统。
(9) 应该了解连铸区域漏钢预报系统。

5.4.4.5 仪表基础理论知识

(1) 仪表工常用工具有万用表、压线钳、尖嘴钳、旋具、试电笔等。
(2) 压力变送器工作原理。
压力变送器由压力传感器和变送器构成，其中压力传感器是压力检测系统的重要组成部分，其过程是压力敏感元器件将被测压力信号转换成容易测量的电信号，再由变送部分变成 4～20mA

直流信号输出给显示仪表显示压力值，供控制、报警及远程指示用。

（3）电磁流量计的工作原理。

电磁流量计是电磁感应定律的具体应用，当导电的被测介质垂直于磁力线方向流动时，在与介质流动和磁力线都垂直的方向上产生一个感应电动势 U，$U = Blv$，U 单位是 V；B 代表磁场强度，单位是 T；l 是导体长度，单位是 m；v 是速度，单位是 m/s。公式 $U = Blv$，意思是两个测试电极间的电压与磁感应强度、管径以及可导电的流体流速成正比，电磁流量计的磁感应强度与管径是一定的，则电极电压就与流体流速成正比，通过转换就能得到流量了。

（4）热电阻的工作原理。

热电阻是中温区最常用的一种温度检测器，它的主要特点是测量精度高，性能稳定。其原理是基于金属导体的电阻值随温度的增加而增加这一特性来进行温度测量的。

（5）精小型气动调节阀的原理。

调节阀由执行机构和调节机构两部分组成。其中执行机构是调节阀的推动部分，它按控制信号的大小产生相应的推力，通过阀杆使调节阀阀芯产生相应的位移（或转角）。调节机构是调节阀的调节部分，它与调节介质有接触，在执行机构的推动下，改变阀芯与阀座间的流通面积，从而达到调节流量的目的。

（6）压力表的校验。

校表时尽量选取与所校表量程相同的或相近的标准表。将两表安装在校验台上。加压时以所校表为准，校验点分别为校验表量程的 20%、50%、80%、100%，泄压后再以这四个点为准，注意各点与标准表示数的偏差。如偏差过大，压力表不可再用，需报废处理。

5.4.4.6　Concept 2.5 的基础知识

Concept 包括 IEC 编程语言功能块图（FBD）、梯形图（LD）、顺序功能、流程图（SFC）、指令表（IL）和结构化文本（ST）以及面向 Modsoft 的梯形图（LL984）。

在一区段中，只是用一种编程语言，FBD 编程语言的基本元素是功能和功能块，在联结时就变成了逻辑单元。同样的基本元素也在 LD 编程语言中应用。编程语言 SFC 应用基本元素步（Step）、转换（Transition）、链路（Link），择一分支（Alternative branch），择一接点（Alternative joint）和转移（Jump）。除了与编程语言有关的编程器外，还有数据类型编程器、变量编程器、参考数据编程器。

仪表柜中昆腾系列各模块的型号、类别及功能如下。

（1）Quantum CPU 模块。

CPU 是一种数字化的电子操作系统，它使用用户保存在可编程存储器中的指令进行操作。这些指令用于一些专用功能，如逻辑、过程顺序控制、时序、耦合、算术运算等，以通过数字量和模拟量输出对不同类型的设备装置和过程进行控制。还作为通信总线的主控，控制 Quantum 系统的本地、远程和分布式 I/O。

（2）Quantum I/O 模块。

Quantum I/O 模块是电气信号转换器，它将送至和来自现场装置的信号如限位开关、接近开关、温度传感器、电磁阀、阀执行器等信号转换成 CPU 能接收的信号电平和格式。

（3）Quantum 电源模块。

Quantum 电源模块用于向插在底板上的包括 Quantum CPU、接口和 Quantum I/O 等模块在内的所有模块供电。

（4）Quantum 以太网模板（NOE）、Quantum 以太网 TCP/IP 模板。

Quantum 以太网 TCP/IP 模板使得 Quantum 控制器与采用 TCP/IP 事实上的标准协议的以太网上的设备进行通信成为可能。以太网模板可以插入现有的 Quantum 系统，并通过光纤或双绞线电缆与现有的以太网络相连。

（5）Quantum Modbus Plus 光纤模板。

Quantum Modbus Plus 光纤模板通过光纤电缆，不用光纤中继器而实现与 Modbus Plus 节点的连接，并得以产生纯光纤网络或混合式光纤/双绞线网络。以 17PLC 柜为例，介绍仪表系统各 PLC 柜的配置，如表 5 - 12 所示。

表 5 - 12　PLC 柜内配置

序　号	名　称	型　号	数　量	符　号
1	中央机架	140XBP00600	2	CR - 1、CR - 2
2	远程机架	140XBP01600	1	RR - 1
3	电源模板	140CPS11420	3	CPS1 - 3
4	CPU 模板	140CPU53412A	2	CPU1 - 2
5	RIO 接口模板	140CRP93200	2	CRP1 - 2
6	以太网模板	140NOE77100	2	NOE1 - 2
7	热备套件	140CHS21000	2	CHS1 - 2
8	RIO 分支模板	140CRA93200	1	CRA1
9	模拟量输入模板	140ARI03010	3	ARI01 - 03
10		140ATI03000	2	ATI01 - 02
11	开关量输出模板	140DDO84300	3	DDO01 - 03
12	模拟量输出模板	140ACO02000	4	ACO01 - 04
13	稳压电源	DC24V、15A	2	PW - 1、PW - 3
14		DC24V、5A	1	PW - 2
15	配电器	DC24V	48	K1 - 48
16	开　关	20A	1	QFO
17		10A	8	QF1 - 7、QF61
18			4	QF51 - 54
19	电源端子	AC220V	5	X01
20	Caelefast 端子	CFA04000	7	FA01 - 07
21	电源插座（三孔）	导轨安装	1	

5.4.5　转炉自动化仪表设备巡检要求

5.4.5.1　设备组成

鉴于每个炼钢厂的设备组成情况十分相似，甚至每层平台的结构与标高也大同小异，下面以 120t 转炉为例，统计了设备的分布情况，以利于维护和检修人员的工作。

A　转炉本体系统

有 17 台智能压力变送器（含差压）、12 只压力表、10 只热电阻、6 台调节阀、11 台切断阀、6 台电磁流量计、10 台煤气报警仪、4 个张力传感器、1 个钢水测温仪。其安装地点如下：

顶吹阀门站（氮气、氧气）：有 14 台智能压力变送器（含 1 台差压变送器）、10 只压力表、7 只热电阻、5 台调节阀、9 台切断阀、4 台电磁流量计。4 个张力传感器分别装在左右氧枪上。

钢水包底吹系统：有 2 台智能压力变送器（含 1 台差压变送器）、2 只压力表、1 只热电阻、2 台调节阀、2 台切断阀、1 个钢水罐测温仪。

炉体冷却：有 1 台智能压力变送器、2 只热电阻、2 台电磁流量计。

CO 报警系统：10 台 CO 报警仪，分别安装在 18.35m 平台、24.03m 平台、33.750m 平台、39.45m 平台、49.75m 平台。

B　汽化冷却及烟气净化系统

有 51 台智能压力变送器（含 15 台差压变送器）、31 只压力表、12 只热电阻、1 只双金属温度计、6 台调节阀、8 台切断阀、8 台电磁流量计、6 个电磁阀。其安装地点如下：

4m 平台：有 6 台智能压力变送器，18 只压力表。

7m 平台：有 5 台智能压力变送器（含 3 台差压变送器），1 台调节阀，2 只热电阻。

18.35m 平台：5 台压力变送器（含 4 台差压变送器），6 个电磁阀，1 只压力表。

24.03m 平台：11 台压力变送器（含 2 台差压变送器），5 只压力表，2 只热电阻，2 台调节阀，2 台切断阀，1 台电磁流量计。

33.75m 平台：2 台压力变送器，1 只热电阻，1 只双金属温度计，2 只压力表，1 台切断阀，3 台电磁流量计。

39.45m 平台：1 台压力变送器，3 只热电阻，3 只压力表，1 台调节阀，2 台电磁流量计。

49.5m 平台：4 台压力变送器（含 1 台差压变送器），1 只热电阻。

55m 平台：4 台压力变送器（含 2 台差压变送器），1 只热电阻，4 台切断阀。

烟气净化部分一次风机房系统有 2 只热电阻，13 台压力变送器（含 3 台差压变送器），2 只压力表，2 台电磁流量计，2 只 CO 报警仪，2 台调节阀，1 台切断阀，1 台一氧化碳、氧气分析仪；还有 2 个 PLC 柜。

5.4.5.2　现场检测点进入 PLC 柜的路线

现场信号 PLC 柜的路线如图 5 - 2 所示。

图 5 - 2　现场信号 PLC 柜的路线

5.4.5.3　智能压力的选型

转炉本体 17 台压力变送器全部是罗斯蒙特的 3051 型，其中压力变送器型号为 3501 TG3 A2B21AB4M5；差压变送器型号为 3501 CD2 A52A2AB4M5，并配套有 HART276 型手操器。

HART276 型手操器与 HART286 型的工作台接线示意图如图 5 - 3 所示。

设定量程方法如下：

3501 型压力变送器有三种重设变送器量程的方法，即：用手操器重设量程；用压力输入

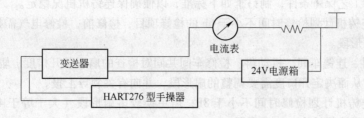

图 5 - 3　变送器现场校验接线图

源和手操器重设量程；用压力输入源与本机零电和量程按钮重设量程。

5.4.5.4　电磁流量计安装注意事项

安装时应保证两电极水平并使其充满同一种介质，如遇缩径问题，注意前 D5 后 2D，并且要按箭头方向安装。

5.4.5.5　煤气分析系统的巡回检查

每班至少进行两次巡回检查，其内容如下：

（1）根部切断阀的开度检查。

（2）伴热保温装置（包括电加热/蒸汽伴热/流体夹套、伴热）的检查和调整。

（3）冷却部件，包括探头夹套、水冷器、半导体制冷器、节流膨胀冷却器的检查和调整。

（4）高温减压阀、节流部件、限流孔板、显示部件、安全阀等工作状态的检查和调整。

（5）排污阀、疏水器、旁通阀、放空阀的检查和排放。

（6）装置泄漏检查。

5.4.5.6　日常维护注意事项

A　巡回检查

仪表工一般每天至少巡回检查一次所管辖区域。查看仪表指示记录是否正常，变送器指示和控制室 CRT 画面显示是否一致，调节器输出指示和调节阀阀位是否一致。

查看仪表电源、气源是否达到额定值。查看仪表本体、连接件损坏及腐蚀情况。查看零部件是否完整，是否符合技术要求。

B　定期润滑

定期润滑是仪表工日常维护的一项内容，不容忽视。润滑部位有气动执行机构的传动部件、气动凸轮曲阀转动部件、气动切断球阀转动部件、气动蝶阀转动部件、调节阀椭圆形压盖上的毡垫。

C　定期排污

定期排污主要针对差压变送器、压力变送器、液位计仪表上导压管内积灰。应注意：在排污前，必须先通知工艺人员，并征得其许可。流量式压力调节系统排污前，应先将自动切换到手动，以保证调节阀的开度不变。对压力变送器，排污前应将三阀组正负取压阀关死。

5.4.6　连铸机辊缝仪使用要求

辊缝仪是获取连铸机辊道信息的有效工具，为了保证连铸板坯的内部和表面质量，为连铸生产提供良好的工艺保障条件，制订了如下标准，以便确保连铸机机况稳定。

（1）对于连铸机计划检修时间不小于 6h 的检修项目，检修前，检修电气需提前做好准备，用辊缝仪检查扇形段。

（2）技术科、连铸车间、机动科、检修车间共同对检查的扇形段开口度、辊子转动、对弧情况进行确认，从而决定开口度需要调整的扇形段，并向有关领导汇报。

（3）对于连铸机计划检修时间不小于 8h，需更换较多扇形段（大于等于 4 个）的情况，检修前后均要用辊缝仪检查一遍扇形段。

（4）做检修计划应充分考虑使用辊缝仪的时间。

（5）辊缝仪操作和使用单位需加强对辊缝仪的维护。对于由于操作或维护不当造成辊缝仪损坏，影响辊缝仪使用的情况，应视情节轻重给予有关单位适当的经济处罚。

5.5　现场电气仪表自动化设备维护规程

5.5.1　维护工作通则

（1）每班进行两次或以上点检维护，并认真填写点检维护记录。备用设备经常检查，确保能随时投入运行。

（2）对点检中发现的故障、隐患应及时汇报，并做相应处理。

（3）在点检维护的同时，对设备进行基本的卫生清扫。

（4）工作时，遵守安全规程，穿戴齐全劳保护品。维护工具齐全、完好，使用方法标准，符合操作规程。

（5）发现重大隐患及发生突发事故，应及时汇报，做相应处理。

（6）做好交接班记录，内容准确、详实。

（7）设备定期清扫，保持清洁。

5.5.2　电气设备维护规程

5.5.2.1　电气通则

（1）应全面检查电气室电气 MCC 低压柜内各电气元件及接线端子，如自动开关、闸刀开关、按钮、指示灯、接触器、继电器、电阻器及接线端子；检查并记录各电动机的运行电流及启动和制动电流等，发现变形、变色、拉弧、异味等异常现象应及时进行相应处理。

（2）对现场电动机的运转情况进行点检，检查电动机温升是否在正常范围内，有无异味、异声、异色，电动机的振动是否在正常范围内，检查并记录各电动机的运行电流及启动和制动电流等。发现问题应及时上报调度室、车间，并进行妥善处理。

（3）对电动机液压缸进行点检，检查液压缸是否有渗油、漏油、缺油等现象，推杆动作有无异常。

（4）检查按钮、指示灯等各操作部分，发现异常声音、异常气味、异常颜色应及时处理。

（5）检查各类照明系统。检查照明开关有无异常的声音、气味、颜色等，点检照明灯泡、灯管等是否损坏，若损坏则应及时更换。

5.5.2.2　电缆

（1）保证电缆及其桥架干燥，无积水、积油、无高温，检查并确认电缆本身温度是否正常。

(2) 电缆及其桥架附近不得堆积易燃物品及其他杂物。

(3) 电缆阻火墙、防火门齐全、严密，发现孔洞应及时封实。

(4) 检查桥架支架是否锈蚀，是否牢固。

(5) 检查电缆是否有损伤，标示牌是否齐全，外露部位是否有损伤、烧伤危险。

(6) 风雨等特殊天气，应增加点检、巡检次数及范围。

5.5.2.3 变频器设备

(1) 检查变频器柜，观察变频器运行的电压、电流是否在正常范围内，启动、制动电压、电流是否正常。

(2) 检查变频器温升是否正常，有无异常声音、气味、颜色，发现问题应及时处理。

(3) 检查变频器的风扇运转是否正常。

(4) 检查变频器的制动单元、制动电阻温升是否正常。

(5) 检查变频器进线电压是否平稳，波动不要超过5%。

(6) 检查变频器接线端子有无氧化、滑丝、脱落等现象，发现问题应及时进行相应处理。

5.5.2.4 供配电设备及 MCC 柜

(1) 各种开关、按钮触点部分应无过热现象，接触良好，操作力度感适中，无卡、滞现象。

(2) 检查各种接触器、继电器、自动开关的吸合声音是否正常，有无卡死现象。

(3) 互感器及二次电压（流）表应指示灵敏、准确，接地良好、可靠。

(4) 短路、过载保护元件的整定值符合实际生产的需要，且不得随意改动。

(5) 不得擅自取消连锁和保护，确需取消，必须经领导同意并有要求取消连锁和保护的人员签字，由取消人确认并作妥善处理后方可操作。

5.5.2.5 电动机及液压制动器

(1) 检查电动机、液压制动器运行是否有杂声，触摸外壳温度是否正常。

(2) 保持电动机、液压制动器的运行环境，应无积水、积油、积尘、高温等情况。

(3) 检查电动机、液压制动器的接线盒等部件是否齐全完好。

(4) 检查电动机、液压制动器的固定螺栓是否有松动现象，外壳接地是否牢固，引出线有无绝缘损伤。

(5) 检查电动机的电压、电流是否正常。检查各电动机的定子、转子接线是否牢固，有无烧损。观察电动机转子滑环是否光滑，有无磨损，有无刺痕。炭刷压力是否均衡，运行中有无冒火现象。

5.5.2.6 操作台（箱）

(1) 保持操作台（箱）内、外部清洁，无积尘。

(2) 保持操作台接线端子接线紧固，无松脱。

(3) 转换开关、按钮操作灵活，接触良好。

(4) 指示灯定期试灯，显示正常，亮度符合要求。

5.5.2.7　现场检测元件

（1）要求检测元件的接线紧固，元件外观清洁，无明显积尘。

（2）要求检测元件动作灵活、可靠。

（3）保证现场检测元件周围无有害因素（积水、积油、腐蚀性气体等）。

（4）检查高温区域元件的风冷、水冷设施工作是否正常。

5.5.2.8　电磁阀

（1）检查电磁阀接线是否牢固、动作有无异常，发现问题应及时处理。

（2）确保电磁阀不在积油、积水、高温的环境下工作。

5.5.3　仪表系统维护规程

5.5.3.1　仪表通则

（1）保证仪表外观清洁、干燥，各标识齐全完好。

（2）观察仪表指示灵敏、准确。

（3）保证仪表一次元件周围无积水、积油、蒸汽等对元件有损害因素存在。

（4）高温区域，检查一次元件的风冷、水冷等设施工作是否正常。

（5）仪表接线牢固、正确，屏蔽良好，对地绝缘符合要求。

（6）对温度、粉尘、电磁干扰有特殊要求的仪表，检查防护措施是否有效。

（7）检查露天仪表的遮护装置是否安全、有效。

（8）定期对仪表进行现场校对，保证各项参数符合要求。

（9）检查仪表机械传动装置无松脱、卡滞，运行无杂声，定期对机械部件清理、加油。

（10）检查仪表刻度清晰，符号、精度、标记信息无污损。

（11）对一次元件的管路定期吹扫，保持畅通，接头无泄漏、堵塞。

（12）检查仪表的工作气源压力是否符合要求。

（13）仪表的机械部位应无松动、无脱落。传感器密封良好，绝缘、屏蔽良好。

（14）所有仪表、仪器的投用、维护应严格执行其相应的操作规程。

5.5.3.2　转炉本体仪表

（1）检查氧枪、副枪系统压力仪表、流量仪表、温度仪表是否准确可靠，发现问题及时处理。

（2）检查氧枪、副枪张力及其上下限，确保准确可靠。

（3）检查底吹系统氮气、氩气的温度、压力、流量等仪表指示是否正确。

（4）检查溅渣护炉系统氮气压力、温度、流量仪指示是否正确。

（5）检查顶底复吹系统氧气、氮气、氩气流量控制阀、切断阀是否准确无误，灵活自如。

（6）检查副枪成分分析仪表是否正常。

（7）检查氮封系统氮气压力、温度、流量仪表是否正常，流量控制是否灵活可靠。

（8）检查各仪表接线，要求无松动、脱落现象。

（9）检查转炉润滑系统仪表是否正常。

5.5.3.3 称量系统

（1）检查秤台是否活动自如，有无卡住现象，如有问题，及时处理。

（2）检查称重传感器、补偿接线盒、称重模块、PLC模板之间的接线是否牢固。

（3）检查称量仪表的连接电缆有无松动、破损。

（4）检查称重仪表是否正常，精度值是否在正常范围之内。

（5）检查接线盒内有无灰尘及爬电现象，如有应及时处理。

（6）检查称重仪表及显示屏指示是否正常。

（7）检查信号输出是否正常，接线是否牢固。

5.5.3.4 工业电视

（1）检查现场电视摄像头运行情况，重点加强包盖摄像机冷却系统，以及监视快速锅炉汽包与除氧器液位计实际液位摄像头的检查。

（2）检查控制室内工业电视运行情况，特别是射频头的接线情况。

（3）检查信号转换器，确保各路信号输入输出正常。

5.5.3.5 通信系统

（1）检查程控交换机工作状况，重点加强主处理器、信号模板的检查。

（2）检查程控交换机工作电源与UPS是否正常。

（3）检查通信主干线电缆，做好防高温、电磁处理。

（4）检查对讲、扩音通信系统是否正常。

5.5.4 计算机设备维护规程

5.5.4.1 计算机通则

（1）定期用干棉布清扫设备，保持清洁。

（2）检查计算机及其外设供电电压是否正常，波动不超过5%。

（3）检查计算机运行状况。

（4）遵守相应操作规程，非相关人员禁止操作。

（5）打印机运行无杂声，字迹清楚，定期检查墨盒（或炭粉）。

（6）计算机软件做好备份方可使用，禁止非专业人员对软件做无关改动。

（7）检查计算机网络通信是否正常，接口连接是否牢固，网线应无破损。

（8）非即插即用设备，禁止带电插拔。

（9）网卡的连接正常，通信流畅，无瓶颈。

（10）对计算机设备，不得倚、靠、压、挤，其上不得放置任何杂物。

（11）保持机房清洁，禁止在机房内（或计算机旁）吸烟。

（12）定期对计算机进行病毒扫描、磁盘碎片整理。

（13）定期清理服务器无用闲置线路，并对其进行病毒扫描、磁盘碎片整理，严禁随意重启服务器。

5.5.4.2 PLC设备

（1）检查PLC柜主机CPU模板上的电池电压、通信、运转等指示灯是否指示正常，波动不得大于 5% 。

(2) 检查通信模板上的通信指示灯是否正常。

(3) 检查电源模板是否有发热、发烫等现象，若有问题应及时处理。

(4) 检查 CPU 模板、通信模板上的通信接头是否有松动、接线脱落等现象。

(5) 检查各个数字和模拟 I/O 模块、各智能模块的通信指示是否正常，每节点的指示灯是否正常。L1 级网上通信是否正常，接口牢靠是否无松脱，通信线是否无破损。

(6) 检查柜内其余电气元件是否有变形、异常气味、异常声音等现象，发现问题应及时处理。

(7) 检查 PLC 主机底板上的接地线是否有松动等现象，对地阻值应小于 4Ω。

5.5.5　供配电设备维护规程

5.5.5.1　电力变压器

(1) 变压器的门应加锁，并在门上或墙上标明变压器的名称、编号。门前挂"高压危险"字牌。

(2) 变压器的铭牌应保护好，不得有损坏。

(3) 检查变压器的外壳是否与设备的接地网连接，使其可靠接地。

(4) 变压器的保护装置，应定期进行年度校验。

(5) 大修后变压器每小时检查一次，坚持 3 天。

(6) 检查变压器油位是否符合标准，油有无变色，箱体及密封处有无渗漏。

(7) 检查温度计指示与主体箱温度是否接近或一致，检查变压器上层油温是否超过 85℃。

(8) 检查变压器外部及套管瓷瓶是否清洁、有无破损和裂纹、接头有无烧伤和过热现象。

(9) 检查变压器的声音有无异常变化。

(10) 检查事故排油筒玻璃是否损坏、母线及电缆有无异常、冷却装置运行是否正常。

(11) 检查瓦斯继电器的油面是否正常，油门是否打开。

(12) 检查工作接地和保护接地是否良好、可靠，是否符合要求。

(13) 检查储油柜、呼吸器是否畅通，吸湿剂有无变色。气温和负荷变化时，油标指示是否准确。

(14) 对备用变压器的检查要求，应与运行中的变压器要求相同。

5.5.5.2　变压器的异常运行及事故处理

(1) 有下列事故之一者，应立即停运：

1) 油浸式变压器外壳破裂，大量漏油。

2) 事故排油筒玻璃破碎，向外喷油。

3) 套管网络爆裂。

4) 变压器着火。

5) 套管接头熔断。

(2) 发现下列情况之一者，应及时汇报：

1) 变压器内部声音不正常，或有放电声。

2) 变压器温度异常上升，散热器局部不热。

3) 变压器局部漏油，油标油位偏低。

4）变压器油色变化过甚，化验不合格。

5）事故排油筒有裂纹或防尘玻璃破碎。

6）端头引线发红、发热。

7）在正常负荷时油位上升过度。

8）变压器上盖有掉落的杂物，可能危及安全运行。

（3）温度升高及过负荷。

1）变压器温度急剧升高时，检查与核对温度表是否自身有故障。

2）应做详细检查与核对，可以同等条件相比较，如温度确有特殊升高时，应及时汇报。

3）变压器温度超过允许温度时，如因过负荷引起，应按生产的重要性减、转负荷，必要时投入使用备用变压器。

（4）过电流继电器动作跳闸。

1）经迅速检查后，未发现短路或放电烧伤痕迹，可联系恢复送电。

2）确认是线路造成越级跳闸时，可先切掉故障回路，再迅速联系恢复送电。

3）如发生明显二次母线及变压器出口引线短路时，应对变压器整体作仔细检查并作记录，进行全面试验，处理缺陷后方能送电。

（5）瓦斯继电器动作跳闸。

1）轻瓦斯动作。

2）因加油、过滤油在24h内轻瓦斯动作，属正常现象。

3）因温度下降、漏油致使轻瓦斯动作，应及时报告，迅速处理。

4）因变压器内部故障而产生少量气体，使轻瓦斯动作，应取样做色谱分析等试验，对变压器作全面分析与鉴定。

5）经分析确属变压器内部故障，可报告有关领导，投入使用备用变压器。故障变压器可空载运行或停运。

6）如保护回路有故障，应报告领导及时处理。

（6）重瓦斯动作。

1）重瓦斯动作一般会看到变压器有喷油现象，发现这些现象应及时停电并报告领导，做好安全措施，等待处理。

2）如果重瓦斯动作而检查变压器无任何异常现象时，应详细检查保护回路，作保护及绝缘试验检查，处理合格后才能送电。

（7）高压电动机。

1）对电动机各部温度、振动、声音、火花以及绝缘气味等进行巡视检查，发现问题应及时处理。

2）检查电动机的电压、电流等参数是否正常，发现问题应及时处理。

3）检查差动保护、接地保护、过载保护、低电压保护是否正常，发现问题应及时处理。

（8）真空断路器。

1）观察断路器分闸时弧光的颜色（正常情况下弧光呈蓝色，当真空度降低后呈粉红色）；检查钼玻璃壳上是否粘有杂物，壳内有无氧化铜颜色，是否变暗失掉光泽。若发现真空灭弧室的真空度降低时，应停电检查、更换。

2）隔离插头等接触部位和接头应无过热现象。

3）用红外线测温仪检测动、静触头的导电杆是否过热。

4）检查有无异声、异味，各绝缘件有无破损、裂纹及烧伤痕迹。

5）检查传动机构及连接部件有无松动及脱落。

（9）隔离开关及负荷开关。

1）检查各接触点及连接部位，是否接触良好，无发热、变色、放电等现象，允许温度不得超过70℃。

2）检查瓷瓶是否清洁完好，无裂纹及放电现象。

3）检查各传动装置的连接是否完好无缺，检查有无异常振动和声响。

（10）高压熔断器。

1）检查各接触部位有无发热、变色及接触不良所引起的放电等现象。

2）检查各瓷质绝缘子是否清洁完好、无裂纹及放电现象。

3）检查有无振动和异常声响。

（11）互感器。

1）检查电压互感器的一、二次保险器限流电阻有无异常现象。

2）检查各接头有无松脱、放电及发热现象；套管有无污秽、裂纹及放电现象；互感器有无异常声音。

3）在发生短路后，检查电流互感器一次线有无破裂及变形。

4）停电时，应测量互感器的绝缘电阻。

5）检查充油式互感器有无漏油，油位及油色是否正常。

（12）补偿系统。

1）检查运行中的电抗器、电容器有无异常振动声、放电声及其他不正常的声音。

2）检查运行中的电抗器是否绝缘良好，无脱落及松动现象；电容器有无漏电、渗油现象。

3）检查各部位接头有无打火、过热及烧熔现象。

4）检查支持瓷瓶及套管有无裂纹及放电痕迹。

5）检查电器及固定架上有无危及安全运行的物体。

6）检查电阻接头有无烧红及打火现象。

7）检查电阻有无烧熔、断裂等现象。

（13）蓄电池。

1）蓄电池在使用及带电保存时，严防正负极短路及与腐蚀性物质接触。

2）应经常保持电池外壳、盖、极柱及紧固件的清洁。每月清扫一次，可用清水洗净后擦干（注意避免水进入电池内）。

3）有关蓄电池的充放电，按产品说明书进行。

4）蓄电池组运行一定时期后，应检查每只电池的容量。将容量相差大的电池更换，容量相近的电池组合在一起使用。电开关应灵活可靠、接线牢固。

5.6 现场电气仪表自动化设备检修规程

5.6.1 通则

（1）检修周期和工期：检修分小修、中修、大修。小修为一般性检查和修理，一般1~2周进行一次；中修为中等规模的检查和修理，一般一年进行一次；大修为较大规模的全面检修，一般两年到三年进行一次。工期根据设备、生产情况确定。

（2）检修时必须停电，经确认无电后，挂上"有人工作、严禁合闸"停电牌。

（3）根据各区域检修规程进行全面、认真的检修工作，并应对附属设备如照明、通风、消防设施、防火设备进行同步检修。

（4）检修中，对电气设备上未能吹扫干净的灰尘应该用毛刷清理掉，并检查是否有小的部件掉落，应保持电气设备的完整性。

（5）对电气室、操作室进行防雨、防水、防风、防冻、防尘等检查。

（6）检修后，应联系有关人员进行全面系统的调试，调试正常后方可投入正常使用。

（7）检查各电气元件及其接线是否牢固，若有松动须紧固。

（8）检查电气设备及线路的各部分，冷态时（温度为20℃±5℃，相对湿度为50%～70%）电阻不小于10MΩ；热态时，达到稳定温升后，电阻应不小于5MΩ；特殊情况下，工作电压在500V以下者，电阻应不小于0.5MΩ。

（9）对电气元件的紧固螺丝，应认真检查有无滑丝、氧化、脱落等现象，并根据具体情况进行相应处理。

（10）严禁带电插拔计算机PLC等设备的通信接口。

5.6.2　电气设备检修规程

5.6.2.1　常规电气设备

（1）电动机及液压缸。

1）检查电动机的滑环，炭刷应拆下检测，要求电动机运行无发热及杂声。

2）测试电动机、液压缸对地绝缘，绝缘值不小于0.5MΩ。测试绕组阻值，应在有关规定的范围内。

3）检查紧固电动机定子、转子接线及保护电阻的接线。

4）检查倾动、氧枪升降、烟罩升降、副枪升降等电动机的液压缸，要求液压缸油位正常，否则加油并排气。要求液压缸无渗、漏油现象，否则更换。检查液压制动器缸体各部件（接线端子盒、加油孔螺丝、上下连杆防脱栓等）是否完整，发现缺失及时补充。及时紧固接线端子螺丝和连杆固定螺丝，清扫接线盒内的灰尘，使盒内保持清洁。检查液压制动器推杆是否灵活可靠，发现卡滞现象应及时处理。

（2）控制盘（柜）。

1）清扫柜内灰尘，要求干燥、无灰尘。

2）检查柜内元器件、接插件有无发热、损坏情况，如有损坏，应及时更换。

3）紧固各接线螺栓，检查线鼻子有无过热、氧化现象，并进行处理。

4）检查柜内开关、接触器、继电器等元件，若损坏应更换。

5）清扫各交、直流配电柜、变频柜、PLC柜灰尘，禁止用湿布擦拭设备内部。

6）整理柜内配线，要求布线无杂乱、接线无松动等现象。

7）检查PLC主机，I/O通信等模块有无损坏，如有应及时处理。

8）检查PLC主机和通信模块的状态指示灯，发现问题应及时处理。

9）调试转炉倾动、氧枪、副枪的备用系统，要求备用系统处于良好状态，能随时投入运用。

（3）控制台（箱）。

1）检查各控制台上的主令、转换开关、按钮、信号灯等元件，更换损坏的元件。

2）检查紧固各元件接线及端子接线，更换临时线，要求线号码清晰，卫生清洁。

（4）检测装置和电磁阀。

1）检查并调整氧枪、副枪、转炉倾动、活动烟罩等限位，要求各限位点动作可靠。

2）校核转炉、氧枪、副枪等的编码器，要求输出准确可靠。

3）检查下料系统各气动阀，要求各闸阀动作可靠。

4）检查各限位、电磁阀接线，发现问题应及时处理。

（5）电缆。

1）检查动力电缆、控制电缆每股间及对地绝缘符合技术要求。

2）检查各电缆桥架，要求桥架封闭完好，电缆防火措施得当。

3）要求各电缆号标记清楚，利于查找。

4）检查控制柜内动力电缆、控制电缆的防火设施，发现问题应及时处理。

5）检查各接地线，要求各接地电阻值小于4Ω。

6）检查电缆有无破损，发现问题应及时包扎处理。

5.6.2.2　电气控制回路元件

（1）自动开关。

1）检查开关是否完整。

2）检查各机构动作是否灵活。

3）检查触头接触是否良好。若触头烧损，应及时用锉刀修整；触头磨损至原有厚度三分之一时，应更换自动开关。禁止用润滑油擦拭触头。

（2）接触器。

1）检查接触器灭弧罩、辅助触点、接线螺丝、固定螺丝等部件是否完整。

2）检查接触器动作是否灵活可靠，无卡滞等现象。

3）检查触头压力是否合适，接触是否良好，有无过热现象。若触头有氧化、积尘等现象，应及时处理或更换；当触头磨损或烧伤至接近原厚度的三分之一时，应更换触头。

4）对有互锁功能的接触点或接触器，应检查其相应机械连锁或电气连锁是否灵活可靠，发现问题应及时处理。

（3）继电器。

1）检查继电器动作是否灵活可靠，有无卡滞等现象，若有应作相应处理。

2）检查继电器的触头接触是否良好，应用万用表电阻挡进行多次测量。若发现异常应及时更换。

3）检查继电器的部件是否完整，发现缺失及时补充。

4）电流继电器应与被保护电动机的额定电流相匹配，按电动机启动电流的120%～130%进行整定。

5）检查继电器各部件有无氧化现象、固定是否牢固、复归装置是否良好。若发现动作不灵活及有生锈现象应及时更换。

6）检查继电器的辅助触点，应用万用表多次测量其实际数据，若发现异常应及时处理或更换。

7）时间继电器除进行常规继电器的检查项目外，还应检查延迟时间，用秒表校验。

（4）电阻器。

1）检查电阻器是否完整，发现部件缺失应及时补充。

2）检查电阻器的绝缘电阻，测量结果须符合绝缘要求。

3）应重点检查电阻器的接线是否牢固，固定螺丝应无松动、氧化、滑丝等现象。

4）清除电阻器上的各种脏物，保持其良好的通风条件，以利散热。

5）用500V摇表测量绝缘电阻，其阻值不应小于2MΩ。

（5）闸刀开关。

1）检查闸刀开关的转动装置是否灵活好用。

2）刀片与固定触头的表面应清洁，无油污、灰尘。

3）触头与刀片应接触良好，并保持足够的接触面积和适当的压力。

4）各零部件不得有损伤、裂纹，固定及连接用的螺钉、螺帽应牢固可靠。

5）底盘绝缘应良好，装配应牢固。固定触头的钳口应有足够的夹持力，分合时不应有卡、阻等现象。

（6）选择开关、按钮、指示灯。

1）检查选择开关、按钮、指示灯的接线，若发现松动应及时紧固。

2）用万用表检查选择开关、按钮各触点的接触电阻（应该多测量几次），若发现问题应及时更换。

3）应彻底清理选择开关、按钮、指示灯的内部积尘。

4）检查选择开关、按钮的机械部分动作是否灵活，发现卡滞现象及时处理。

（7）电工指示仪表及一次检测元件。

1）检查各类电工指示仪表（电压表、电流表、功率表等）的外壳、仪表玻璃、机械调零器等是否完整、清洁、干净、无裂缝，发现问题应及时处理或更换。

2）检查指针能否回零，转动是否灵活可靠，有无卡阻现象。

3）定期校验电工指示仪表。

4）检查电流及电压互感器的接线螺丝、外壳辅件及固定螺丝是否完整齐全，绝缘是否良好。

5）检查互感器二次线圈的接地点及接地状况。

6）电压互感器的二次侧不得短路；电流互感器的二次侧不得开路，不用时应可靠短路并接地。

（8）照明及辅助供电设施。

1）各照明控制开关动作灵活、可靠。

2）照明灯具齐全，照明线路安全，运行可靠。

3）辅助供电开关应灵活可靠、接线牢固。

（9）UPS。

1）UPS各工作参数正常。

2）UPS在系统掉电情况下能自动切换。

3）清理UPS内部的灰尘，检查各端子接线是否牢固可靠。

（10）变频器。

1）检查变频器的接线端子是否牢固可靠，有无松动、氧化、脱落等现象。

2）检查变频器及电机的接地端子是否牢固、接触良好。

3）当变频器出现短路或接地故障时，应切断负荷侧开关，再测试故障点。

4）变频器短路故障的判断不得用摇表测试，应用万用表测试。变频器外部线路摇测绝缘时，应先断开与变频器的连接。

5）变频器的参数设置在调试完成后，未经有关领导的批准，不得任意改动。

6）变频器开壳清扫灰尘，检查接线端子有无松动及过热现象。

5.6.3　仪表系统检修规程

5.6.3.1　常规仪表设备

（1）气动、电动调节阀及其手操器。

1）检查气动、电动调节阀和手操器，应保证各部件导压管路、仪表设备（外壳、零件、铭牌）完整、牢固，固定螺丝齐全。

2）打开端盖，吹扫内部积尘，保持内部清洁。

3）测试电动执行器的绝缘电阻，应满足以下条件：各输入端与机壳之间应不小于 20MΩ，各输入端与电源端之间应不小于 50MΩ，各电源端与机壳之间应不小于 50MΩ。

（2）称量系统。

1）检查称量系统的运行状态。

2）定期校对各种电子秤，若发现设备计量精度降低可考虑增加校秤次数。

3）检查传感器接线插头是否牢固可靠且焊接良好。更换有故障的压力传感器，对秤体积灰进行清除。称量系统的机械构件不得有弯曲、变形，连接螺栓不得松动。对错位、磨损等机械外部变形应及时找正。

4）传感器密封应良好，固定件应牢固可靠，零件应完整无损，外观洁净应无锈蚀。

5）用额定电压小于 100V 的兆欧表检查传感器接线端与外壳间的绝缘电阻，应不小于 500MΩ。

6）信号电缆、传输电缆的屏蔽层应良好接地。

7）电气线路间的绝缘电阻应保证在 20MΩ 以上，其对地绝缘电阻应在 200MΩ 以上。

8）称量系统要用砝码进行校验。

9）检查称量装置接线是否牢固可靠，各输出接头是否紧固可靠。

10）更换有故障的二次显示表，确保数据准确，与外部信号传输畅通。

（3）工业电视。

1）更换有故障的摄像头、射频接头、监视器。

2）对集中监控切换设备进行检修。

3）定期开盖吹扫工业电视设备的内部灰尘，吹不掉的灰尘用毛刷清理。

5.6.3.2　现场检测元件

（1）热电阻、热电偶。

1）检查热电阻、热电偶性能是否良好，零部件是否完整。若发现问题应及时处理。

2）检查热电阻、热电偶的接线及固定设施是否牢固。若发现问题应及时处理。

3）检查热电阻、热电偶的电极与保护套管之间的绝缘电阻应不小于 5MΩ（环境温度为 25℃ ±5℃，相对湿度不高于 80%）。

4）检查精炼各测温仪表显示是否正常，表壳是否有漏水、渗水现象。

5）检查精炼各钢水测温系统显示是否正常，各测量功能是否可靠。

6）更换有故障的显示大屏，确保显示正常。

（2）压力变送器、差压变送器。

1）检查压力变送器、差压变送器各部件及排污阀、三通阀是否完整。

2）检查压力变送器、差压变送器的接线及固定螺丝，若松动应紧固。

3）检查线路对地绝缘电阻，用 500V 兆欧表测量阻值应不小于 10MΩ。

4）检查变送器前后的连接部分密封是否良好，各开关、截止阀及系统中的旁通阀应灵活可靠，能全开、全关且无泄漏现象。

5）检查差压管道，若发现氧化、堵塞、泄漏、脱落等情况应及时进行相应的处理。

（3）孔板。

1）检查孔板各部件是否完整、固定螺丝是否紧固。

2）检查孔板导压管接头、管路是否有泄漏、氧化、堵塞、脱落等现象，若有则作相应处理。

3）吹扫孔板上的灰尘，保持孔板清洁。

（4）通信系统。

1）检查通信电缆，要求完好无损。

2）检查无线通信系统，要求信号清晰。

3）检查有线广播系统，应符合现场要求。

5.6.4 计算机系统检修规程

（1）清扫计算机系统主机、显示器、键盘、鼠标的内外部，使之清洁、干净。

（2）检查各电源、通信接口及接头，要求通信接口及接头螺丝压紧、电源插头及插口无松动现象。

（3）检查电源及网络通信电缆，应无破损、断裂现象；防火设施良好、耐用。

5.6.5 PLC 检修规程

（1）拆下模板并打开外壳，清理内部灰尘，观察线路板元器件有无损坏，检查完毕，将外壳封好。

（2）用标准信号发生器等测试器具对各种模板性能进行测试，要求符合技术要求。

（3）对控制程序进行系统优化并调试运行。

（4）拆装模板要轻拿轻放，保持清洁。

（5）拆装模板要在断电的情况下进行。

5.7 转炉常见机电仪故障及处理方法

5.7.1 转炉汽化冷却及蒸汽回收系统机电仪常见故障及处理方法

转炉汽化冷却及蒸汽回收系统机电仪常见故障及处理方法如表 5 - 13 所示。

表 5 - 13 转炉汽化系统常见现场机电仪故障及处理方法

序号	故障现象	原　因	处　理　方　法
1	水位计假水位	水位计汽、水旋塞堵塞	冲洗水位计
2	两侧水位计显示水位不同	（1）水位计漏水或漏气； （2）水位计放水阀未关严； （3）有一个水位计堵塞	（1）检修汽水旋塞； （2）关闭放水阀或检修； （3）冲洗水位计

序号	故障现象	原　　因	处 理 方 法
3	两侧水位计与远传水位显示不符	(1) 水位计故障引起假水位； (2) 水位表失灵	(1) 冲洗校对水位计； (2) 通知仪表处理
4	水位计看不到水位	(1) 汽包严重缺水或满水； (2) 汽、水旋塞堵塞； (3) 放水阀未关	(1) 通知炉前提枪，查明原因后处理； (2) 冲洗水位计； (3) 关闭放水阀
5	水位计玻璃管炸裂	(1) 玻璃管质量不好； (2) 水位表上、下管座中心线偏斜； (3) 更换玻璃管后没有预热	(1) 更换玻璃管； (2) 调整上、下管座中心线成一条直线； (3) 按规程操作
6	汽包水位突然降低	(1) 烟道漏水； (2) 排污阀关不严	(1) 通知炉前提枪； (2) 通知炉前提枪修理
7	汽包补不上水	(1) 电动补水阀门坏； (2) 软水箱无水； (3) 给水泵损坏； (4) 给水压力小于汽包压力； (5) 止回阀阀板脱落	(1) 通知炉前提枪，更换阀门； (2) 加大软水箱补水阀开度，增加软水箱补水量； (3) 倒泵或停炉检修； (4) 调整给水泵压力，使之大于汽包压力； (5) 停炉更换阀门
8	汽包压力高	蒸汽回收阀及放散阀开度小	开大阀门
9	安全阀失灵	安全阀长期不动作损坏	更换安全阀
10	汽水共腾	(1) 锅炉水质不良，含盐量大； (2) 排污不及时或排污不足	加大连排，适当开启下部排污阀，同时及时补水保证水位
11	烟道上升管振动	(1) 弹簧吊架松动或脱落； (2) 停炉时间长，水温降低造成水冲击	(1) 维修后重新安装； (2) 提高系统压力，增设保温措施
12	烟道或活动烟罩漏水	(1) 焊接质量差或腐蚀严重； (2) 炉前剧烈大喷或放炮粘钢	(1) 停炉时焊补，烟道应定期排污； (2) 停炉时清除粘钢
13	除氧器补不上水	(1) 除氧器压力大于补水压力； (2) 给水管道堵塞或漏水； (3) 停泵或泵坏； (4) 补水阀门坏	(1) 调整补水压力； (2) 停炉检修； (3) 倒泵； (4) 停炉更换
14	炉口冒黄烟	(1) 炉前操作不当； (2) 烟道粘钢粘渣； (3) 烟道拐点积灰多； (4) 除尘系统结垢； (5) 脱水器排污管堵塞； (6) 烟气管道结垢或积灰严重； (7) 进风蝶阀开度小； (8) 偶合器调速失灵或低速； (9) 风机叶轮挂灰多，压力降低； (10) 放散烟囱或风机出口管道结垢或积灰多，风机出口阻力大； (11) 风机前管道破裂，吸入空气； (12) 配水量过大或过小； (13) 二文喉口开度小，自动调节失灵	(1) 提示炉前规范操作； (2) 清理； (3) 清理； (4) 检查系统并清理； (5) 检查并清理； (6) 检查并清理； (7) 增大风机进风蝶阀开度； (8) 手动将偶合器置高速； (9) 清理叶轮积灰或更换； (10) 待停炉时清理结垢； (11) 停炉焊补； (12) 调整配水量； (13) 手动调节，加大喉口开度

5.7.2 转炉烟气净化系统常见机电仪故障及处理方法

转炉烟气净化系统常见机电仪故障及处理方法如表 5 – 14 所示。

表 5 –14 转炉烟气净化系统现场常见机电仪故障及处理方法

序号	故障现象	原　　因	处 理 方 法
1	回收净化系统突然停水	入口阀门控制失灵	(1) 三通阀从回收转向放散; (2) 炉前提枪; (3) 风机调为低速; (4) 及时处理,排除事故
2	煤气回收过程中一文发生煤气爆炸事故	一文净化参数不在允许范围之内	(1) 立即操作三通阀由回收位置转为放散位置; (2) 通知炉前停吹; (3) 及时处理,排除事故
3	净化系统水封箱排污管堵塞	排污管的温度、水量和污水浑浊度存在问题	用锤击打,如无效,需停炉处理
4	90°弯头脱水器排污管堵塞	排污管与脱水器前后压差、负压水封箱的排水量发生变化	(1) 用锤击打振动; (2) 停炉时打开人孔进行处理
5	复挡旋风脱水器结垢或堵塞	脱水器前后有压差	停炉时打开人孔进行处理
6	水冷夹套供水不正常(根据配水量变小或没有,手感水冷夹套出水管道温度变高)	(1) 流量表、压力表有损坏; (2) 进出水阀门未开到位	(1) 检查仪表是否正常,如断水,应停止吹炼; (2) 检查进出水阀门是否打开
7	内喷配水量变小,压力升高或回零	(1) 管道漏水或断水; (2) 喷头结垢堵塞	(1) 检查管道是否断裂或供水断水; (2) 喷头堵塞应在停炉后取下内喷头进行清理
8	设备冲洗水不冲水	(1) 断水; (2) 切断阀损坏	(1) 联系供水; (2) 检修切断阀
9	中段Ⅲ与末段弯点处积灰	系统压力降低,风机电流降低,炉口溢烟	停炉时打开中段Ⅲ和末段烟道清灰孔进行检查
10	一文、二文出口负压偏低	(1) 二文至风机烟气管道积灰严重; (2) 脱水装置积灰严重,阻力增大; (3) 二文后脱水器下负压水封箱抽空; (4) 系统漏气或密封不严	(1) 检查并清理; (2) 检查并清理; (3) 检查负压水封箱溢流情况; (4) 修补
11	一文、二文出口负压偏高	(1) 一文喉口结垢; (2) 烟道拐点处积灰; (3) 烟道粘钢; (4) 一文配水量大	(1) 停炉清理; (2) 停炉清理; (3) 停炉清理; (4) 调整配水量
12	一文出口负压降低,二文出口负压升高	(1) 重力脱水器脱水效果不好或堵塞; (2) 重力脱水器下负压水封箱抽空	(1) 检查并清理; (2) 调节一文水量或调节排污阀开度

序号	故障现象	原　　因	处　理　方　法
13	溢流水封抽空	(1) 烟道积灰严重或粘钢； (2) 配水量明显降低； (3) 排污阀关不严或未关	(1) 停炉清理； (2) 调整配水量； (3) 关闭排污阀或更换阀门
14	负压水封箱抽空	(1) 配水量小； (2) 前端阻力大或有堵塞； (3) 排污阀未关	(1) 调整配水量； (2) 检查原因，停炉时处理； (3) 关闭排污阀
15	二文喉口调节失灵（液压伺服机构故障）	(1) 油泵不工作； (2) 现场手动失灵； (3) 炉口微差信号失灵	(1) 通知钳工处理； (2) 通知电工、钳工处理； (3) 通知仪表工处理，手动调节二文开度

5.7.3　一次风机系统常见机电仪故障及处理方法

一次风机系统常见机电仪故障及处理方法如表 5 – 15 所示。

表 5 – 15　一次风机系统现场常见机电仪故障及处理方法

序号	故障现象	故　障　原　因	处　理　方　法
1	风机风量不足	管道系统阻力超过风机规定风压	检查管道并清灰
2	风机电动机超负荷	(1) 风压过低致使风量过大； (2) 烟气（煤气）密度大于额定数据或温度过高； (3) 内部发生摩擦碰撞； (4) 电动机转速增大； (5) 管道漏气	(1) 关小入口风门； (2) 降低转速； (3) 停机处理摩擦部位； (4) 降速； (5) 焊补漏气点
3	风机风压不足	(1) 管道系统阻力估计过高； (2) 煤气密度小于额定数据	适当增大系统各阀门（如一文、二文）开度，减少系统阻力
4	风机振动	(1) 基础不牢； (2) 主轴变形； (3) 机内有碰撞现象； (4) 电动机与偶合器轴不同心； (5) 转子不平衡； (6) 各连接螺栓松动； (7) 偶合器振动； (8) 管道振动	(1) 利用检修时处理； (2) 换转子； (3) 停机处理，换转子； (4) 停机找正； (5) 换转子； (6) 检查紧固螺栓； (7) 停机检查处理； (8) 加缓冲
5	风机轴承温度过高（大于65℃）	(1) 润滑油有杂质或混有砂子； (2) 转子失去平衡，发生振动； (3) 油中混有水； (4) 油冷却不充分； (5) 轴承的进油孔堵塞； (6) 油位降低，油量不足； (7) 风机、偶合器、电机轴不同心	(1) 换油并清理滤油器； (2) 换转子； (3) 换油； (4) 调节水量； (5) 停机处理，清理进油孔； (6) 加油到规定油位； (7) 停机找正
6	风机突然停电	连锁条件不满足	三通阀从回收位置转向放散位置，风机选择开关置"零位"，偶合器置"低速"，炉前提枪，及时排除事故状态，恢复正常

序号	故障现象	故障原因	处理方法
7	偶合器油温过高	(1) 冷却器堵塞或冷却水量不够; (2) 驱动负荷(风机)负载发生变化,使偶合器超负荷工作	(1) 清洗冷却器,加大冷却水量; (2) 检查驱动负荷情况,排除故障
8	偶合器导流管能正常移动但不能正常调速	无工作油进入偶合器	停机检查油位及油泵运行情况
9	偶合器箱体振动	(1) 安装精度过低; (2) 基础刚性不足; (3) 地脚螺栓松动	(1) 按要求重新校正; (2) 加固或重新做基础; (3) 拧紧地脚螺栓
10	三通阀不动作或开关不到位	(1) 气路堵塞或泄漏; (2) 连接轴销脱落; (3) 气缸故障; (4) 五位三通阀故障; (5) 三通蝶阀结垢严重; (6) 限位不正常	(1) 检查处理,更换和起用备用气路; (2) 紧固; (3) 检查处理; (4) 检修或更换; (5) 停炉时进行清理; (6) 请仪表工检修
11	回转水封不动作或开关不到位	(1) 气路堵塞或泄漏; (2) 连接轴销脱落; (3) 气缸故障; (4) 五位三通阀故障; (5) 阀体损坏	(1) 检查处理,更换和起用备用气路; (2) 紧固; (3) 检查处理; (4) 检修或更换; (5) 停炉检修处理
12	煤气回收过程中氧气含量超标	(1) 系统管道漏气; (2) 净化系统水封抽空; (3) 管道排污水封抽空; (4) 煤气分析仪不准确	(1) 检查处理,密封管道; (2) 保证水封溢流; (3) 保证水封溢流; (4) 校验分析仪
13	操作信号系统突然停电	(1) UPS 故障; (2) PLC 网络中断	立即操作三通阀从回收位置转放散位置,立即用电话了解煤气加压站的信号指示和设备情况,当问题处理妥善后,方可恢复正常操作
14	回转水封突然断水	(1) 气路堵塞或泄漏; (2) 连接轴销脱落	监视水位下降情况,查明原因,及时处理,如正在煤气回收,立即将三通阀从回收位置转向放散位置,及时进行"V"形水封充水,切断回流煤气来源
15	氮气压力下降	(1) 五位三通阀故障; (2) 三通蝶阀结垢严重; (3) 限位不正常	(1) 立即操作三通阀从回收位置转向放散位置; (2) 及时处理,排除事故后恢复正常
16	三通阀动作不到位	(1) 电磁阀故障; (2) 限位故障	(1) 打开旁通阀进行煤气放散; (2) 关闭回转水封; (3) "V"形水封充水; (4) 故障排除后,三通阀置放散侧
17	回收过程中风机入口发生煤气爆炸事故	超出煤气爆鸣范围,对照规程检查操作是否妥当	(1) 三通阀回收位置转放散位置; (2) 通知炉前停吹; (3) 停风机; (4) 进行事故处理

序号	故障现象	故 障 原 因	处 理 方 法
	回转水封发生煤气爆炸，大量煤气泄漏	超出煤气爆鸣范围，对照规程检查操作是否妥当	(1) 三通阀回收位置转放散位置； (2) 通知气柜关进柜阀； (3) "V" 形水封充水； (4) 进行事故处理
18	风机房发生煤气泄漏事故	超出煤气爆鸣范围，对照规程检查操作是否妥当	(1) 现场人员戴好空气呼吸器； (2) 三通阀回收位置转放散位置； (3) 通知炉前停吹； (4) 风机降低速； (5) 及时查明原因，进行事故处理； (6) 如有煤气中毒人员，立即组织救护并通知煤气救护站或医院前来现场救护
	机前管道排污水封堵塞	排污管温度低，风机低速时水封溢流，水量变小	用大锤击打降水管，如无效，在转炉非吹炼时关闭水封补水阀门，打开清扫孔，进行处理，通后关闭排污阀，安装好清扫孔，打开补水阀门，溢流后，打开排污阀，恢复正常
19	机后管道排污水封堵塞	排污管、风机高低速、三通阀、风机叶轮水冲洗异常	用大锤击打降水管，如无效，在转炉非吹炼时关闭水封补水阀门，打开清扫孔，进行处理，通后关闭排污阀，安装好清扫孔，打开补水阀门，溢流后，打开排污阀，恢复正常
20	轴瓦发热	(1) 油环掉下，紧固销松动； (2) 缺油； (3) 轴瓦裂纹； (4) 油质不清； (5) 轴承座振动大； (6) 冷却水断； (7) 轴承压盖紧力过大	(1) 打开轴承体检查，并安装紧固； (2) 调整供油量，要适中； (3) 装配新轴瓦； (4) 换油，保证油质； (5) 加固轴承座； (6) 检查冷却系统，保证冷却水； (7) 调整紧力，要适中
21	电机电流过大温升过高	(1) 满负荷启动电动机； (2) 气体流量超过规定值及吸管漏气； (3) 风机输送气体密度大，温度低，使压力增大； (4) 与风机、偶合器的同轴度有误差； (5) 轴承座剧烈振动	(1) 启动前偶合器调到 0 位； (2) 检查是否漏气，并调整风机转速； (3) 调整风机转速； (4) 调整三者同轴度在万丝以内； (5) 重新找正

5.7.4　转炉二次烟气除尘系统常见机电仪故障及处理方法

转炉二次烟气除尘系统常见机电仪故障及处理方法如表 5 – 16 所示。

表 5 – 16　转炉二次风机系统现场常见机电仪故障及处理方法

序号	故障现象	原　　因	处 理 方 法
1	风机振动大	(1) 联轴器同心度不合格； (2) 轴间隙大； (3) 设备地脚螺栓松动	(1) 调整同心度 ±0.1； (2) 更换轴或调整轴间隙； (3) 紧固地脚螺栓

序号	故障现象	原 因	处 理 方 法
2	刮板机不动	(1) 电动机不动作; (2) 内部积灰过多; (3) 内部有异物卡阻; (4) 减速机坏; (5) 链条断	(1) 由电工处理; (2) 清灰; (3) 取出异物; (4) 更换减速机; (5) 检修更换
3	卸灰阀不动作	(1) 电动机不动作; (2) 内有异物卡阻; (3) 齿轮减速器坏	(1) 由电工处理; (2) 取出异物; (3) 更换损坏件
4	滤袋破损	时间过长破损	更换滤袋
5	除尘器阻损过大	(1) 滤袋使用时间长失效; (2) 滤袋进水汽形成板结; (3) 脉冲阀膜片坏未清灰; (4) 压缩空气工作压力低	(1) 更换滤袋; (2) 更换滤袋; (3) 更换膜片; (4) 调整压力,达到 0.3~0.6MPa
6	电动阀不动	(1) 电动机不动作; (2) 阀体卡阻	(1) 由电工处理; (2) 处理阀体
7	压差低于设备额定阻力	(1) 喷吹过于频繁; (2) 滤袋严重破损; (3) 进出口阀门未开	(1) 调整喷吹周期; (2) 更换破损滤袋; (3) 打开进出口阀门
8	风机排出口浓度显著增加	(1) 滤袋破损; (2) 滤袋口与板之间漏气	(1) 更换滤袋; (2) 重新安装滤袋
9	气动停风阀不能动作或常闭	(1) 压缩空气压力大大低于额定值; (2) 阀杆被卡死; (3) 二位五通滑阀的电磁阀损坏; (4) 二位五通阀不动作	(1) 提高压缩空气压力; (2) 重新调整轴套; (3) 更换电磁阀; (4) 清洗滑阀内滑块
10	脉冲阀常开	(1) 电磁阀不能关闭; (2) 小节流孔完全堵塞; (3) 膜片上的夹片松脱漏气	(1) 检修或更换电磁阀; (2) 清除节流孔中污物; (3) 重新安装脉冲阀,装好垫片,更换失效弹簧
11	脉冲阀常关	(1) 控制系统无信号; (2) 电磁阀失灵或排气孔被堵; (3) 膜片破损	(1) 检修控制系统; (2) 检修或更换电磁阀; (3) 更换膜片
12	脉冲阀喷吹无力	(1) 大膜片上节流孔过大或有砂眼; (2) 电磁阀排气孔部分被堵; (3) 控制系统输出脉冲宽度过窄	(1) 更换膜片; (2) 排气孔堵塞; (3) 调整脉冲宽度
13	电磁阀不动作或漏气	(1) 接触不良或线圈断路; (2) 阀内有脏物; (3) 弹簧橡胶件失去作用或损坏	(1) 调换线圈; (2) 清洗电磁阀; (3) 更换弹簧或橡胶件
14	星形卸灰阀电机被烧毁	(1) 灰斗积灰过多; (2) 叶片被异物卡住; (3) 减速机故障	(1) 及时排除灰斗的积灰; (2) 清除叶片内的异物; (3) 排除减速机故障
15	电动阀不动	(1) 电动机不动作; (2) 阀体卡阻	(1) 由电工处理; (2) 处理阀体

5.8　连铸现场操作注意事项及常见机电仪故障处理方法

5.8.1　连续测温操作注意事项

连续测温操作注意事项如表 5 - 17 所示。

表 5 - 17　连续测温操作注意事项

序号	操作	注意事项
1	测温管的插拔操作	测温管在中间包中插拔时，操作者一定要用夹具保护，不得使测温管与包盖发生碰撞
2	钢水液面保证高度	正常浇注时，保证测温管插入钢水深度超过300mm
3	测温管上结渣	测温管在使用中，有时在渣线处结渣，出现这种情况时，应每隔一定时间在测温管周围扔稻壳或化渣剂，以避免天车吊测温管时，由于结渣而将测温管拽断
4	测温管的寿命	测温管从中间包内拔出，发现断管、漏洞或渣线处管径小于φ45mm时，应停止使用
5	测温管的运输	测温管在使用前的运输过程中，一定要采取保护措施，以防在运输中损坏，影响测温管使用寿命
6	测温管防潮及防尘	测温管应防潮湿，否则会大大降低测温管的寿命。停浇不测温时，应扣上防尘帽，以防杂物掉进测温孔内
7	冷却风源的通断	测温探头插入测温管后通风，测温探头从测温管上拔下之前停风，否则会污染防尘镜片
8	测温探头的安装	测温管与测温探头间是依靠锥度配合连接的，插上测温探头时，不可用力向下按，否则测温探头从测温管上拔下时会有困难
9	防尘盖的作用	测温探头不工作时，一定要拧上防尘盖，否则现场的灰尘将直接污染防尘镜片
10	防尘镜片的检查与擦拭	测温探头使用一段时间后，应检查防尘玻璃，若不清洁应及时更换或擦拭（防尘镜片经擦拭后可继续使用）
11	插拔测温探头	安装及取下测温探头时，手一定要拿住头部，不可只拿通风管部分，防止测温探头悬空碰坏。要轻拿轻放，防止严重撞击及掉在地上
12	保证风源质量	测温探头所使用的冷却风源必须是无油无水，否则测温探头光路系统会受污染而无法正常工作
13	测温探头的连接	测温探头与信号处理器连接时注意方向，4P（分体探头为6P）矩形插件，定位螺钉方向朝外，连接时应将插头与插座置于同一轴线对齐插上，用定位卡使其可靠连接，后用压板将其固定
14	测量烘包温度	使用钢水连续测温系统可以测量烘包温度。估计烘包温度超过 1000℃ 以上时，将测温管放入测温孔内，插好测温探头，开通冷却风源（并保证测温探头连接软管不直接在火焰区内或严加保护），这时仪表即可显示烘包温度。若同一台铸机的另一台中间包车正在浇注，则大屏幕显示值为钢水测温值；若另一台中间包车未工作，则大屏幕显示值为烘包温度值
15	测温探头环境温度高	测温探头光电转换器环境温度超过70℃时，信号处理器和大屏幕显示器进行钢水温度和测温探头环境温度交替显示或声光报警，应立即加大冷却风量并采取隔热措施，当测温探头环境温度超过80℃时，输入至计算机的信号也有报警显示

5.8.2　电磁搅拌系统常见机电仪故障及处理方法

电磁搅拌（EMS）作为一项新技术在世界主要发达国家开始应用于连铸中。我国自20世纪70年代初开始研究此项技术，至今已取得较大突破。电磁搅拌对连铸带来的积极效果，已为大家所公认。合理采用电磁搅拌技术能有效地细化铸坯晶粒，减少中心偏析和疏松，大大提高等轴晶率，并可最终提高连铸成材率。电磁搅拌系统现场常见机电仪故障及处理方法如表5-18所示。

表5-18　电磁搅拌系统现场常见机电仪故障及处理方法

序号	故障现象	原　因	处　理　方　法
1	逆变系统开机无电流电压	(1) 没有设置电流、频率等参数； (2) 进线熔断器断路或主接触器坏； (3) 主电源没有送上	(1) 进主画面选择电流、频率； (2) 更换熔断器或主接触器； (3) 合上主电源空气开关
2	漏电流保护	(1) 没有设置漏电流参数； (2) 电缆或负载绝缘低； (3) 漏电流检测模块故障	(1) 在监控软件中设置漏电流参数； (2) 断开主电缆后启动逆变柜，如能正常启动则逆变柜正常，故障点在电缆或负载，再分段检查电缆和负载。反之则在逆变柜； (3) 更换漏电流检测模块
3	风机工作异常	断开逆变风机电源线，如果能启动则判断风机坏	更换逆变风机
4	散热器过热	(1) 环境温度过高； (2) 温度传感器损坏； (3) 干扰信号	(1) 降低室温，小于40℃； (2) 更换温度传感器； (3) 散热器线单独连接或加旁路电容
5	短路/过流保护	主电缆、高温电缆、电磁搅拌线圈等接地，IGBT、驱动板或逆变板损坏	包扎接地部分，摇测绝缘，更换新件
6	水泵无法启动	(1) 水泵空开没合或熔断器损坏； (2) 纯水箱没水，液位过低； (3) 纯水箱出水阀没打开，压力低； (4) 水泵前面的Y形过滤器堵塞	(1) 合上空开或更换熔断器； (2) 给纯水箱补水； (3) 打开水箱出水阀门； (4) 清理Y形过滤器
7	液位低	(1) 纯水箱没有水； (2) 液位计损坏； (3) 信号干扰	(1) 补纯水； (2) 更换液位计； (3) 加信号隔离器
8	压力低	(1) 压力表损坏； (2) 纯水箱没水，水泵无流量出来	(1) 更换压力表； (2) 补纯水
9	流量低	(1) 纯水箱没有水，水泵压力低； (2) 流量计堵塞； (3) 流量计损坏； (4) 信号干扰； (5) PLC故障	(1) 补纯水； (2) 清洗流量计； (3) 更换流量计； (4) 加信号隔离器； (5) 更换PLC模块
10	温度高	(1) 环境温度高； (2) 热交换器冷却水没开； (3) 温度传感器损坏； (4) 信号干扰； (5) PLC故障	(1) 降低环境温度； (2) 开冷却水（设备水）； (3) 更换温度传感器； (4) 加信号隔离器； (5) 更换PLC模块

连铸电磁搅拌设计，首先要考虑的是必须在高温、湿度大的恶劣环境下稳定运行，其次必须在较小的空间内，产生较大的搅拌功率，为此，EMS 的线圈必须进行冷却。EMS 线圈冷却的方式主要有三种：（1）用纯水直接冷却；（2）用油 - 水二次冷却；（3）用纯水内部冷却。其中以第一种冷却方式最直接，冷却效果最好，可大大提高线圈寿命，是国内外 20 世纪 90 年代以后最新的技术。采用纯水直接冷却方式，对线圈的绝缘性能要求十分苛刻，在运行中必须保证冷却水的流量、压力、温度以及水质要求，同时应定期保养、检测。

参 考 文 献

[1] 吕玉红. 120t LF 精炼进口底吹搅拌系统的控制原理 [J]. 工业加热, 2005, 6: 65~66.

[2] 蒋慎言, 陈大纲. 炼钢生产自动化技术 [M]. 北京: 冶金工业出版社, 2008.

[3] 张志杰. VD 设备常见故障分析 [J]. 山东冶金, 2008, 30 (SI): 31~33.

[4] 张志杰. 连铸机漏钢预报系统优化改造 [J]. 山东冶金, 2007, 4: 62~64.

[5] 夏德海, 何功晟. 钢铁企业过程检测和控制自动化设计手册 [M]. 北京: 冶金工业出版社, 2000.

[6] Nanjing Operating And Maintenance Manual C_ CBD0_ SL36 – Rev. 1, 185~202.

[7] Zhang Zhijie. Thin Slab CCM Automation Control Technology and Equipment to Improve. Journal of Iron and Steel Research, 2009, 5: 522~528.

后　记

　　济钢第三炼钢厂从筹备到投产、达产不觉已经十年了，我有幸和很多领导、同事一起参加了这个当时定位在"国内先进、国际一流"的炼钢厂的整个建设过程，参与生产的运行、维护、检修、抢修的每个环节，期间也积累了一些现场生产经验。工作之余，面对现场出现的问题，我有时也思考，自动化仪表如何能更好地促进企业发展进步。诚然，一个企业的生产组织是否正常，产量是否稳定，管理是否科学，取决于多个方面的原因；但笼统地划分不外乎操作的原因、设备的原因、制度的改善等。大家到兄弟企业交流，除了了解大面上的信息，最关心的莫过于生产维护中的一些细节（实际上应该算作诀窍（know-how））。而实际工作中，现场一线人员跨企业交流的机会相对较少。如何把生产实践中的一些成熟作法固定成形，供其他企业的现场工作人员交流参考和即将步入工作岗位的大中专毕业生借鉴，是写作本书的主要目的。

　　从 2005 年 10 月开始，我便尝试做这方面的工作，积累这方面的素材。面对现场繁重的生产维护任务，我只能在仅有的周末休息时间写作，有时白天有了一个好想法，晚上便开夜车到下半夜。繁重的工作和坚苦的写作，使我仅有的一点兴趣也几乎消耗殆尽，期间多次产生了作罢的念头。

　　在我最没有信心的时候，我的领导、朋友给了我极大的鼓励。感谢为本书的出版而奔忙的宋良先生，感谢所有给我鼓励的人。

　　为此，我会一如既往地总结现场生产中通用的知识与技巧，以便促进各方面的交流与提高，帮助企业更好地发展。

编　者

2011 年 8 月 31 日于济南

冶金工业出版社部分图书推荐

书　名	作　者	定价(元)
热工测量仪表（国规教材）	张　华　等编	38.00
自动检测和过程控制（第4版）（本科教材）	刘玉长　主编	50.00
机电一体化技术基础与产品设计（第2版）（本科教材）	刘　杰　主编	45.00
可编程序控制器及常用电器（第2版）（本科教材）	何友华　主编	30.00
自动检测技术（第2版）（本科教材）	王绍纯　主编	26.00
电力拖动自动控制系统（第2版）（本科教材）	李正熙　等编	30.00
电力系统微机保护（第2版）（本科教材）	张明君　等编	33.00
电液比例与伺服控制（本科教材）	杨征瑞　等编	36.00
冶金设备及自动化（本科教材）	王立萍　等编	29.00
机电一体化系统应用技术（高职教材）	杨普国　主编	36.00
冶金过程检测与控制（第2版）（高职教材）	郭爱民　主编	30.00
单片机原理与接口技术（高职教材）	张　涛　等编	28.00
维修电工技能实训教程（高职教材）	周辉林　主编	21.00
钢铁冶金原燃料及辅助材料（本科教材）	储满生　主编	59.00
冶金过程数值模拟基础（本科教材）	陈建斌　编	28.00
冶金过程数学模型与人工智能应用（本科教材）	龙红明　编	28.00
现代冶金工艺学（国规教材）	朱苗勇　主编	49.00
炼钢学（本科教材）	雷　亚　主编	42.00
连续铸钢（本科教材）	贺道中　主编	30.00
炉外精炼教程（本科教材）	高泽平　主编	40.00
炼钢厂设计原理（本科教材）	王令福　主编	29.00
炼钢工艺及设备（高职高专教材）	郑金星　等编	49.00
热工仪表及其维护（职业技能工人培训教材）	张惠荣　主编	26.00
电气设备故障检测与维护（培训教材）	王国贞　主编	28.00
冶金过程自动化基础	孙一康　等编	45.00
冶金原燃料生产自动化技术	马竹梧　编著	58.00
炼铁生产自动化技术	马竹梧　编著	46.00
炼钢生产自动化技术	蒋慎言　等编	53.00
连铸及炉外精炼自动化技术	蒋慎言　编著	52.00
热轧生产自动化技术	刘　玠　等编	52.00
冷轧生产自动化技术	孙一康　等编	52.00
冶金企业管理信息化技术	漆永新　编著	56.00